岩心钻探工程设计实务

李国民　主　编

王贵和　徐能雄　副主编

北　京

冶金工业出版社

2015

内 容 提 要

本书讲述了岩心钻探工程设计，主要内容包括岩石的物理力学性质、岩心钻探设备、钻孔结构、机场布置及设备安装、岩心钻探技术、地质岩心钻探用管材、护壁堵漏、钻探工程质量、钻探工作成本预算、孔内复杂情况处理预案及组织管理等。

本书可供高等院校地学类专业师生使用，也可供地质、煤炭、冶金、建材、矿山地质等企业及相关科研单位中从事钻探工作的工程技术人员阅读参考。

图书在版编目(CIP)数据

岩心钻探工程设计实务 / 李国民主编 . —北京：冶金工业出版社，2015. 9

ISBN 978-7-5024-7020-3

Ⅰ. ①岩… Ⅱ. ①李… Ⅲ. ①取心钻进—工程—设计 Ⅳ. ①P634. 5

中国版本图书馆 CIP 数据核字(2015)第 198894 号

出 版 人　谭学余
地　　 址　北京市东城区嵩祝院北巷 39 号　邮编　100009　电话　(010)64027926
网　　 址　www. cnmip. com. cn　电子信箱　yjcbs@ cnmip. com. cn
责任编辑　徐银河　美术编辑　彭子赫　版式设计　孙跃红
责任校对　石　静　责任印制　李玉山
ISBN 978-7-5024-7020-3
冶金工业出版社出版发行；各地新华书店经销；三河市双峰印刷装订有限公司印刷
2015 年 9 月第 1 版，2015 年 9 月第 1 次印刷
169mm×239mm；20 印张；387 千字；306 页
45. 00 元
冶金工业出版社　投稿电话　(010)64027932　投稿信箱　tougao@ cnmip. com. cn
冶金工业出版社营销中心　电话　(010)64044283　传真　(010)64027893
冶金书店　地址　北京市东四西大街 46 号(100010)　电话　(010)65289081(兼传真)
冶金工业出版社天猫旗舰店　yjgycbs. tmall. com
(本书如有印装质量问题，本社营销中心负责退换)

前　　言

　　岩心钻探工程设计是钻探工程施工的首要工作，也是进行钻探工程规范性项目管理的第一步。该项工作不仅关系到施工能否顺利进行，更关系到工程的质量与效益。因此，做好岩心钻探工程设计十分必要，也是钻探技术人员必须具备的专业素质。

　　岩心钻探工程设计的主要内容包括：钻探工程的目的，施工矿区的地理条件和地质条件，钻孔结构设计，施工场地及地基类型选择，钻探设备的选择及计算，钻探方法的选择，钻头的选择与规程参数的确定，提高钻探工程质量的技术措施（如护壁堵漏措施、提高岩矿心采取率的措施、防斜措施、提高钻进效率的措施等），孔内事故预防的预案，安全管理措施，机台组织与人员配备，生产定额，综合成本预算等。本书针对钻探工程设计内容，较系统地收录了与钻探工程技术相关的技术文献资料，共分 12 章，分别介绍岩石的物理力学性质、岩心钻探设备、钻孔结构、机场布置及设备安装、岩心钻探技术、地质岩心钻探用管材、护壁堵漏、钻探工程质量、钻探工作成本预算、孔内复杂情况处理预案、组织管理等。

　　本书注重现场应用，并归纳总结了钻探施工中常出现的技术问题的解决办法及预防预案，既可作为高等院校学生的岩心钻探课程设计用书，也可供从事岩心钻探工作的工程技术人员、施工管理人员参考。

　　随着技术的不断进步，新设备、新技术、新材料不断涌现，未能在书中涉及全面。由于作者水平所限，书中不足之处敬请读者批评指正。

中国地质大学（北京）　地质资源勘查实验教学中心　　　李国民
　　　　　　　　　　　国土资源部深部地质钻探技术重点实验室
　　　　　　　　　　　2015 年 5 月

目　录

1 岩石的物理力学性质

岩石性质分为两种，一种是指岩石与外力场相互作用而呈现的各种性质，称为岩石物理性质。另一种是岩石的力学性质，即岩石在机械外力作用下显现出的特性，如强度、硬度、弹性、塑性和研磨性等。

1.1 岩石的强度

岩石的强度是指岩石在各种形式的外力作用下抵抗破碎的能力。强度的单位为 Pa(帕) 或 MPa (兆帕)。根据受力形式不同，岩石的极限强度可分为抗压强度、抗拉强度、抗剪强度和抗弯强度等。常见岩石的强度指标见表 1-1 和表 1-2。

表 1-1　几种常见岩石单轴抗压强度

岩石名称	抗压强度/MPa	岩石名称	抗压强度/MPa
石英磁铁矿	290.0~315.7	蚀变闪长岩	55.1
石英镜铁矿	330	致密灰岩	95.6
硅化流纹斑岩	306.8	闪长岩	200.2
硅质板岩	261.1	绢云母拉长片岩	142.6
环状流纹岩	257.2	石英片岩	187.5
伟晶岩	204.7	细粒硅化硬砂岩	186.9
黑云母花岗岩	134.2	大理岩矽卡岩互层	64.8
斜长黑云母片岩	78.4	煌斑岩	132.0
蚀变凝灰岩	115.2	黑云母石英闪长岩	207.0
花岗闪长岩	169.8	角闪石闪长岩	144.0
钠长斑岩	102.4	蚀变正长斑岩	29.0
细粒花岗岩	183.3	强硅化粉砂岩	164.6
细中粒花岗岩	154.8	绿泥石化闪长玢岩	231.0
辉绿岩	254	闪长玢岩	143.0
粗粒花岗岩	130	硅化灰岩	241.0
细粒斜长花岗岩	170.2	安山岩	122.0
中粒斑状花岗岩	153.0	含铁石英岩	247.0
石灰闪长岩	192.0	硅质灰岩	166.0

岩石名称	抗压强度/MPa	岩石名称	抗压强度/MPa
砂纸页岩	174.8	风化花岗闪长岩	36.0
结晶灰岩	40.0	白云岩	157.4
粉砂岩	223.1	周口店花岗岩	220.0
千枚岩	183.7	纯橄榄岩	56.0
二云母石英片岩	65.4	变质安山岩	33.0
黑云母片岩	125.2	橄榄岩	22.0
粉砂岩	63.1	辉长岩	82.8
黄铁铝锌矿	358.6	菱镁岩	95.3
凝灰色硅质页岩	75.5		

表 1 - 2　某些岩石的强度极限

岩石名称	强度极限/MPa		
	抗　压	抗　拉	抗　弯
砂岩（粗粒）	1420	51.4	103.0
砂岩（中粒）	1510	52.0	131.0
砂岩（细粒）	1850	79.5	249.0
砂质泥质页岩	180	32.0	35.0
含有石膏的灰岩	420	24.0	65.0
泥质页岩	140 ~ 610	17 ~ 80	40 ~ 360
石　膏	170	19.0	60.0
闪　石	1700 ~ 1808	90 ~ 120	—
灰　岩	900 ~ 1200	120	120
石英岩	2900 ~ 3000	108 ~ 150	150 ~ 207
大理岩	600 ~ 1900	60 ~ 160	240 ~ 310
砂　岩	350 ~ 1500	30 ~ 100	230
煤	200 ~ 500	15 ~ 25	30
玄武岩	300 ~ 400	—	175 ~ 460
花岗岩	1000 ~ 2500	100 ~ 150	100 ~ 300

　　岩石强度条件不同，强度极限差别较大，一般规律是抗压强度 > 抗剪强度 > 抗弯强度 > 抗拉强度。如果把岩石的抗压强度设定为 100%，则其他强度相对的大小见表 1 -3。

表 1-3 常见岩石强度相对比较值

岩石名称	相对强度/%			
	抗压	抗剪	抗弯	抗拉
花岗岩	100	9	8	2~4
砂岩	100	10~12	2~6	2~6
石灰岩	100	15	8~10	4~10
页岩	100	25	14	6

岩石的强度存在各向异性，即沿不同方向受力，岩石的强度大小不同，垂直层理方向的强度大于平行层理方向的强度。表 1-4 为岩石在垂直层理与平行层理方向受力时，其强度值的差别。岩石的强度直接影响岩石的承载能力以及孔壁（硐室、隧道）的稳定性。

表 1-4 几种岩石的垂直层理和平行层理方向的抗压强度对比

岩石名称	抗压强度/MPa		$\sigma_c^{\perp}/\sigma_c^{//}$
	垂直层理 $\sigma_c^{\perp}$	平行层理 $\sigma_c^{//}$	
石灰岩	180	151	1.19
粗粒砂岩	142.3	118.5	1.20
细粒砂岩	156.8	153.7	1.02
砂质页岩	78.9	51.8	1.52
页岩	51.7	36.7	1.41
泥板岩	114.2	65	1.76
碳酸盐化泥板岩	103.2	59.7	1.73

岩石的强度是影响钻进碎岩难易程度的重要因素之一。众所周知，随着岩石强度值的升高，破碎岩石的效率降低，钻进速度下降。随着孔深的增加，岩石的致密程度升高，岩石的强度升高，破碎岩石的效率也降低，钻速下降。

对于钻进碎岩来讲，用哪种性质的岩石强度来解释岩石的破碎机理和钻进过程，目前有着不同的认识。这同样与破碎工具对岩石的作用性质有关，例如，回转钻进以切削方式破碎岩石时，一般认为岩石的抗剪强度较能说明破碎的实质，但也有人认为是抗压强度。

1.2 岩石的硬度

岩石的硬度是指岩石抵抗工具侵入的能力。岩石硬度与抗压强度有一定联系，但又有很大区别。岩石抗压强度是岩石整块抗破碎的阻力，而岩石的压入硬度是岩石局部的力学性质。试验表明，压入硬度与单向抗压强度之比达到 5~

20。造成差别的原因是：测定压入硬度实际上是使岩样产生局部压碎，而这种局部压碎是在多向受压状态下进行的，其硬度的单位是 MPa（兆帕）。常见岩石矿物的压入硬度见表 1-5 和表 1-6。

表 1-5　常见岩石的压入硬度

岩石名称	压入硬度/MPa	岩石名称	压入硬度/MPa
泥质板岩泥质页岩	200～750	石英闪长岩	4000～4300
中粒砂岩	1700～2500	辉绿岩	5000～5500
细粒砂岩	2500～3300	玄武岩	1000～1400
粉砂岩	700～950	辉岩	3400～3800
多孔石灰岩	850～1150	石英岩	5800～7300
致密石灰岩	1100～2000	碧玉铁质岩	7000～8100
致密白云岩	1200～1400	大理岩	950～1300
硅化白云岩	4000～4500	霓石角岩	8000～8500
燧石	6000～7000	正长斑岩	3150～3300
含泥质和钙质的燧石	3600～4300	辉长岩	2000～2400
花岗岩	3000～3700	石灰岩	700～1500
正长岩	3500～3800		

表 1-6　不同矿物的各种硬度

矿物名称	莫氏硬度 HM	显微硬度			赫兹硬度 HZ	压入硬度 Hy	肖氏硬度 HS
		布氏 HB	维氏 HV	诺氏 HK			
滑石	1	—	25		50	50	6
盐岩	—	—	200	—	—	—	—
石膏	2	222	360	330	140	205	8
方解石	3	818	1100	1350	920	1170	33
硬石膏			2200	1700	—	—	—
白云石	—		3250				
萤石	4	1500	1890	1630	1100	1600	37
磷灰石	5	2660	5360	3600～4930	2370	2410	40
长石	6	4150	7950	4900～5600	2530	2930	79
燧石	—	—	9250～10000	7450			
石英	7	5840	11200	7100～9020	3080	4830	86
黄玉	8	—	14300	12500	5250	5020	89
刚玉	9	—	20600	17000～22000	11500	7100	88
金刚石	10	—	100000	80000～85000			

对于钻进破碎岩石来说，因为工具对孔底岩石的破碎方式在大多数情况下是局部破碎，所以硬度指标更接近钻进破碎岩石的实质。因此，岩石的压入硬度比单向抗压强度更接近实际情况，更具有研究的意义。

岩石的硬度也存在各向异性，通常垂直层理方向的硬度最小，而平行层理方向硬度最大。岩石的硬度直接影响到钻速的大小和钻头的寿命。钻探行业依据硬度指标将岩石可钻性分成12级，见表1－7。

表1－7 依岩石硬度对岩石可钻性的分级

组别	I组：软岩				II组：硬岩				III组：坚硬岩			
可钻性等级	1	2	3	4	5	6	7	8	9	10	11	12
硬度/MPa	≤100	100~250	250~500	500~1000	1000~1500	1500~2000	2000~3000	3000~4000	4000~5000	5000~6000	6000~7000	>7000

岩石硬度受埋深条件影响，即围压条件影响，在各向均匀压缩的情况下，岩石硬度增加。如：各向压力加大到100MPa时，大理岩的硬度提高到1.86倍，泥灰岩提高到3.06倍，白云岩提高到1.35倍（见表1－8）。对泥质碳酸盐岩、砂岩、粉砂岩的试验也表明：硬度可增大到1.1~3.6倍。在常压下硬度越低的岩石，随着围压增加，其硬度值增长越快。

表1－8 岩石硬度随围压变化情况

各向压力/MPa		0.1	35	65	85	100
压入硬度/MPa	大理岩	80.8	98.0	108.3	118.0	149.0
	泥灰岩	49.8	63.3	77.3	130.1	152.5
	白云岩	367.0	414.9	429.1	456.5	494.4

由此可见，孔底围压越大，岩石硬度越高，破碎岩石越难，钻进速度将会下降。

1.3 岩石的研磨性

岩石的研磨性是指岩石磨损工具的能力，它决定了钻头及切削具的消耗。钻头被磨损，一方面增加了钻头的消耗，另一方面降低了破碎岩石的效率。因此，研究岩石研磨性直接关系到钻头寿命、生产效率和成本。岩石研磨性指标视测定方法而定。岩石按研磨性分类见表1－9。岩石摩擦系数见表1－10和表1－11。

表1－9 研磨杆法所得岩石研磨性分类

研磨性等级	研磨性程度	研磨性指标（每10min磨损质量）/mg	代 表 岩 石
1	极低	<5	石灰岩、大理岩、不含石英的软流化矿（方铅矿、闪锌矿、磁黄铁矿）磷灰石岩盐、页岩

研磨性等级	研磨性程度	研磨性指标（每10min 磨损质量）/mg	代 表 岩 石
2	低	5~10	硫化矿及重晶石、硫化矿泥岩、软的片岩（石灰质、泥质、绿泥质、绿泥板状）
3	中下	10~18	碧玉岩、角岩、石英硫化矿石细粒岩浆岩、石英长石细粒砂岩、铁矿石、矽化石灰岩
4	中	18~30	石英长石细粒砂岩、辉绿岩、粗粒黄铁矿砷黄铁矿脉石英、石英硫化矿石细粒岩浆岩、矽化灰岩、碧玉铁质岩玄武熔岩
5	中上	30~45	石英及长石中粗砂岩、斜长花岗岩、霞石正长岩、细粒花岗岩及闪长岩珍岩、云英岩、煌斑岩辉长岩、片麻岩、矽片黄铁长英岩、滑石梭镁片岩
6	较高	45~65	中粗粒花岗岩、闪长岩、花岗闪长岩、正长岩、玢岩霞石正长岩、角斑岩、辉岩二长岩、闪长岩、石英及矽化片岩、片麻岩
7	高	65~90	玢岩闪长岩、花岗岩、花岗霞石正长岩
8	极高	>90	含刚玉岩石

表1-10 几种岩石的摩擦系数

岩石名称	摩擦系数	岩石名称	摩擦系数
铁质石英岩	0.35~0.45	石灰岩	0.25~0.35
花岗岩	0.30~0.45	泥灰岩	0.20~0.30
石英质砂岩	0.35~0.50	黏 土	0.11~0.29

表1-11 不同介质下的岩石摩擦系数

岩石名称	岩石表面状况		
	干 燥	水湿润	泥浆湿润
泥质页岩	0.20~0.25	0.15~0.20	0.11~0.13
石灰岩	0.35~0.40	0.33~0.38	0.31~0.35
白云岩	0.38~0.42	0.36~0.40	0.34~0.38
弱胶结尖角颗粒砂岩	0.32~0.42	0.27~0.40	0.25~0.35

岩石名称	岩石表面状况		
	干 燥	水湿润	泥浆湿润
弱胶结圆角颗粒砂岩	0.22 ~ 0.34	0.20 ~ 0.30	0.17 ~ 0.25
硬质砂岩	0.43 ~ 0.48	0.43 ~ 0.45	0.40 ~ 0.43
石英岩	0.46 ~ 0.48	0.44 ~ 0.46	0.42 ~ 0.44
花岗岩	0.47 ~ 0.55	0.46 ~ 0.53	0.45 ~ 0.52
无水石膏	—	0.39 ~ 0.45	0.37

1.4 岩石的可钻性

岩石的可钻性表示钻进过程中，衡量钻进难易程度的主要指标，是岩石的综合特性。岩石的可钻性是进行生产定额、生产工期、工程概算、施工技术方案制定等的主要依据。一般来讲，岩心钻探岩石可钻性分级见表 1 - 12，对工具磨损能力见表 1 - 13，掘进难易见表 1 - 14。

表 1 - 12 岩心钻探岩石可钻性分级

岩石级别	岩石类别	岩石物理性质			时 效			回次长度	代 表 性 岩 石
		压入硬度/MPa	摆球硬度		统计效率/m·h⁻¹				
			弹次	塑性系数	金刚石	硬合金	钢粒		
1	松软散	< 100						280	次生黄土、次生红泥土、泥质土壤、软砂质土壤、冲积砂土层、湿的软泥硅、土泥灰质腐殖层
2	较软散	100 ~ 250						240	黄土层、红土层、松散的泥灰层、松散的高岭土类、砂浆、黄土层、冰、含有 10% ~20% 砾石的黏土、砂质土层
3	软的	250 ~ 500			>3.9			200	全部风化变质的页岩、板岩、千枚岩、片岩、轻微胶结的砂岩、泥灰岩、石膏质土层、褐煤烟煤、松软镁矿
4	较软的	500 ~ 1000				1.70			页岩类、较致密的泥灰岩、泥质砂岩、块状石灰岩、白云岩、风化剧烈的橄榄岩和蛇纹岩、铝矾土中硬煤层、岩盐钾盐无水石膏高岭土层、褐铁矿、火山炭灰岩

岩石级别	岩石类别	岩石物理性质			时 效			回次长度	代 表 性 岩 石
		压入硬度/MPa	摆球硬度		统计效率/m·h⁻¹				
			弹次	塑性系数	金刚石	硬合金	钢粒		
5	稍硬的	900 ~ 1900	28 ~ 35	0.33 ~ 0.37	2.90 ~ 3.60	2.50		1.50	卵石碎石砾石层、崩层泥质板岩、细粒石灰岩、细粒结晶的石灰岩大理岩、蛇纹岩、纯橄榄岩、风化的角闪斑岩、硬烟煤、无烟煤、松散砂质硅灰石
6	中等硬度	1750 ~ 2750	34 ~ 42	0.29 ~ 0.35	2.30 ~ 3.10	2.00	1.50	1.30	黑色角闪斜长片麻岩、白云斜长片麻岩、黑云母大理岩、白云岩、蚀变角闪闪长岩、角闪岩角岩
7	中等硬度	2600 ~ 3600	40 ~ 48	0.27 ~ 0.32	1.90 ~ 2.60	1.40	1.35	1.10	白云斜长片麻岩、石英白云石大理岩、透辉石化闪长玢岩、黑云角闪斜长岩、透辉石岩、白云石大理岩、石英闪长玢岩、黑云母石英片岩
8	硬的	3400 ~ 4400	46 ~ 54	0.23 ~ 0.29	1.50 ~ 2.10	0.80	1.20	0.85	花岗岩、矽卡岩、闪长玢岩、石榴子矽卡岩、石英闪长斑岩、石英角闪岩,混合伟晶岩黑云母花岗岩、斜长闪长岩、斜长角闪岩、混合片麻岩、凝灰岩
9	硬的	4200 ~ 5200	52 ~ 60	0.20 ~ 0.26	1.10 ~ 1.70		1.00	0.65	混合岩化浅粒岩、花岗岩、斜长角闪岩、混合闪长岩、斜长角闪岩、钾长伟晶岩、橄榄岩斜长混合岩、闪长玢岩、斑状花岗闪长岩
10	坚硬的	5000 ~ 6100	59 ~ 68	0.17 ~ 0.24	0.80 ~ 1.20		0.75	0.50	硅化大理岩、矽卡岩、混合斜长片麻岩、钠长斑岩、钠长伟晶岩、斜长角闪岩、长英质混合岩化角闪岩、斜长岩、花岗岩、石英岩、硅质凝灰砂砾岩、英安质角砾熔岩
11	坚硬的	6000 ~ 7200	67 ~ 75	0.15 ~ 0.22	0.5 ~ 0.95		0.50	0.32	凝灰岩、石英角岩、英安岩
12	最硬的	>7000	>70	<0.20	<0.60			0.16	石英角岩、玉髓熔凝灰岩、纯石英岩

岩石的硬度影响钻进速度，而岩石的研磨性影响钻头的使用寿命。岩石的研磨性系数（又称磨损系数 ω）是标准件在单位压力作用下，经过单位摩擦路程所产生的体积磨损量（$cm^3/(N \cdot m)$）。即：

$$\omega = \Delta V/p$$

式中　ΔV——单位路程的磨损量，cm^3/m；

　　　p——正压力，N。

磨损比 ω_0（又称相对磨损）是单位摩擦路程中钢的磨损体积 ΔV_S 与岩石磨损体积 ΔV_R 的比值，即：

$$\omega_0 = \Delta V_S/\Delta V_R$$

依据 ω 和 ω_0 对岩石分级，见表 1-13。

表 1-13　岩石研磨性分级

等级	岩石类型	岩石研磨性指标			
		对 Y8 钢		对 YG15 硬质合金	
		$\omega \times 10^{-3}/cm^3 \cdot (9.8N \cdot m)^{-1}$	$\omega_0 \times 10^{-3}$	$\omega \times 10^{-3}/cm^3 \cdot (9.8N \cdot m)^{-1}$	$\omega_0 \times 10^{-3}$
I	硫化物	3.5~12	3~12	0.1~0.3	0.25
II	石灰岩	22	12~20	0.6	1~1.5
III	白云岩	20	30~40	1.2	3~4
IV	菱铁-镁矿和含石英5%的岩石	35	120	2.5	6
V	长石质岩石	40	150	3.0	7
VI	含石英大于15%的长石质岩石和含石英10%的岩石	45	150~250	4.0	7~10
VII	硅质岩石	31	250	2.0	10
VIII	结晶石英类岩石	57	300	4.5	12
IX	石英碎岩屑 Hy≥3500MPa	57~90	5.0		
X	石英碎岩屑 Hy=2000~3500MPa 或含石英小于20%	90~120	5.0		
XI	石英碎岩屑 Hy=1000~2000MPa 或含石英30%	120~200	5.0		
XII	石英碎岩屑 Hy<1000MPa	200~300	5.0		

碎岩比功法是指破碎单位体积岩石所需要的能量。由此对岩石进行可钻性分级，见表 1-14。

表 1 - 14   按单位体积破碎比功对岩石可钻性分级

岩石级别	1	2	3	4	5	6	7
软硬程度	极软	软	中等	中硬	硬	很硬	极硬
凿碎比功 a /N·m·cm^{-3}	≤190	200~290	300~390	400~490	500~590	600~690	≥700

1.5　与岩石力学性质有关的计算

1.5.1　压入硬度

压入硬度（Hy）用专用仪器或液压机确定，以破碎压力（p）与压模面积（S）之比表示，即

$$Hy = \frac{p}{S} \tag{1-1}$$

式中　Hy——压入硬度，MPa；

　　　p——压头发生跃进时的载荷，N；

　　　S——压头端面面积，mm^2。

1.5.2　单轴抗压强度

单轴抗压强度（σ_c）在液压机上试验，按式（1-2）计算：

$$\sigma_c = \frac{p_c}{S} \tag{1-2}$$

式中　σ_c——压入强度，MPa；

　　　p_c——破碎力，N；

　　　S——试样面积，mm^2。

1.5.3　弹性模数

如图 1-1 所示，通常取应力-应变曲线上直线区应力增量 $\Delta\sigma$ 和应变增量 $\Delta\varepsilon$，然后用式（1-3）确定弹性模数 E：

$$E = \frac{\Delta\sigma}{\Delta\varepsilon} \tag{1-3}$$

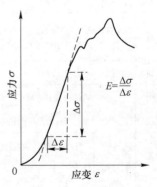

图 1-1　由应力-应变曲线
确定岩石弹性模数

1.5.4　泊松比

泊松比 μ 按式（1-4）计算：

$$\mu = \left| \frac{\varepsilon'}{\varepsilon} \right| \tag{1-4}$$

式中 ε'——横向应变；

ε——纵向应变。

1.5.5 剪切弹性模量

剪切弹性模量 G 按式（1-5）计算：

$$G = \frac{E}{2(1+\mu)} \tag{1-5}$$

1.5.6 压缩模数

岩石受各向均匀压缩时，体积的变化具有弹性性质，此时应力与相对形变之比称为各向压缩模数。各向压缩模数 K 用式（1-6）计算：

$$K = \frac{E}{3(1-2\mu)} \tag{1-6}$$

1.5.7 塑性系数

在地质钻探和石油钻井中通常利用压头静压入时得到的载荷–侵深曲线确定岩石的塑性系数 k_n。如图 1-2 所示，纵轴代表压头静压入的载荷，横轴代表压头侵入岩石的深度，OA 段为弹性区，AB 段为塑性区，A 点为屈服极限，B 点为破碎极限。$OABC$ 面积是岩石破碎前所消耗的总能量，ODE 面积是弹性变形所消耗的能量。岩石的塑性系数 k_n 用破碎前所消耗的总能量与弹性变形所消耗能量之比来表示，即；

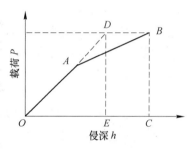

图 1-2 岩石压入时的
载荷–侵深曲线

$$k_n = \frac{A}{A_e} = \frac{OABC \text{ 面积}}{ODE \text{ 面积}} \tag{1-7}$$

式中 A——变形总能量；

A_e——弹性变形能量。

塑性系数 $k_n = 1$，岩石为脆性体岩石；塑性系数 $k_n > 6$，岩石属于塑性岩石；而塑性系数 k_n 在 1~6 的岩石为塑脆性岩石。

1.5.8 岩石的破碎条件

岩石产生有效体积破碎条件是：

$$\frac{p_s}{S_k} \geq p_m \tag{1-8}$$

式中 p_s——孔底轴向压力，N；

S_k——钻头切削刃与岩石的总接触面积，m^2；

p_m——岩石硬度，Pa。

1.5.9 岩石的各向异性

岩石的各向异性是指沿不同方向测试其指标所得结果的差异性，岩石力学各向异性测定方法很多。

（1）A. 鲁滨斯基各向异性系数。

鲁滨斯基引入的"钻进各向异性系数"由式（1-9）决定：

$$1 - a = \frac{C_1}{C_2} \qquad (1-9)$$

式中 a——岩石各向异性指标（$a=0$ 相应于各向同性岩石）；

C_1，C_2——平行和垂直岩石层理面的可钻性。

（2）声波法各向异性系数。

岩石各向异性可根据两个正交方向（岩心上两个正交直径或高度及直径）的超声传播速度的比来加以评估。测量波在岩石中传播时，若岩石属各向异性，则波在上述方向以不同速度传播。波速不仅取决于岩石弹性和密度，还取决于其结构和构造特性。声波试验岩样的各向异性系数是：

$$K_A = \frac{v_1}{v_2} \qquad (1-10)$$

式中 v_1，v_2——顺向和横向岩样的超声通过速度。

（3）硬度法各向异性系数。

根据岩石在其平行层理和垂直层理两个正交方向的硬度数值计算岩石的各向异性系数：

$$K_A = \frac{H_\perp}{H_{/\!/}} \qquad (1-11)$$

式中 $H_\perp$，$H_{/\!/}$——垂直层理方向及平行层理方向的硬度。

岩石各向异性指标很多，具体可根据工程性质加以选择利用，钻探中岩石各向异性系数是由钻孔钻进指标经分析后靠经验提出的。

2 岩心钻探设备

钻探设备主要指钻探用的"四大件",即钻机、水泵(或空压机)、钻塔、动力机(内燃机或内燃发电机)等。

选择岩心钻探设备主要依据施工地区的地质条件、地理条件、钻探目的、钻进方法、孔径、孔深、交通条件等。

对于山区,除了考虑设备能力外,设备的可拆装性能、设备最大解体部件的质量、是否方便搬迁等也是主要考虑的因素。

2.1 钻机

常用的岩心钻机有立轴式、转盘式和全液压动力头式钻机。

2.1.1 立轴钻机的性能参数

过去以 XU 型为主,目前还保留使用。现在以"XY"液压立轴式岩心钻机系列为主,有 XY-1、XY-2、XY-3、XY-4、XY-5、XY-6、XY-6B、XY-8 (8B)、XY-9(9B)等数种(见图2-1)。此外,还发展了车载全液压动力头钻机和超深孔钻机。

图 2-1 岩心立轴钻机

2.1.1.1 XY-1 型钻机

XY-1 型钻机的主要技术参数见表2-1。

表 2 - 1 XY - 1 型钻机主要技术参数

技术参数		型 号	XY - 1	XY - 1A
		钻进深度/m	100	100、180
		钻杆直径/mm	42	42、43
		钻孔倾角/(°)	75～90	75～90
立轴回转器		通孔内径/mm	44	44
	转速/r·min⁻¹	正转	142、285、570	160～1035(五挡)
		反转		
给进机构		形 式	双油缸	双油缸
		上顶力/kN	24.5	29.4
		给进力/kN	14.7	22.5
		给进行程/mm	450	450

2.1.1.2 XY - 2 型钻机

XY - 2 型钻机主要技术参数见表 2 - 2。

表 2 - 2 XY - 2 型钻机主要技术参数

技术参数		型 号	XY - 2	XY - 2B	XY - 2P
		钻进深度/m	320、530、640	300、500	230、305
		钻杆直径/mm	60、42、43	60、42	50、42
		钻孔倾角/(°)	0～360	0～360	0～360
立轴回转器		通孔内径/mm	68、76	96	61
	转速/r·min⁻¹	正转	65、114、180、248 310、538、849、1172	57、99、157、217 270、470、742、1024	101、206、415、843 147、299、602、1223
		反转	51、242	45、212	
给进机构		形 式	液压双缸	液压双缸	液压双缸
		上顶力/kN	58.8	60	44.1
		给进力/kN	44.1	45	29.4
		给进行程/mm	600	560	600
升降机		形 式	行星式	行星式	行星式
		最大提升能力/kN	29.4	30	19.6

型　号 技术参数		XY－2	XY－2B	XY－2P
升降机	提升速度/m·s⁻¹	0.51、0.89、1.4、1.94	0.51、0.89、1.4、1.94	1.56、1.145
	卷筒直径/mm	200	200	150
	钢绳直径/mm	12.5、14	14	10
	容绳量/m	50、45	45	36
移动油缸行程/mm		400	410	开合式
动力机			Y180L－4 电动机 或 ZH4100G43 柴油机	
钻机自重（不含动力机）/kg			1200	

2.1.1.3　XY－3 型钻机

XY－3 型钻机主要技术参数见表 2－3。

表 2－3　XY－3 型钻机主要技术参数

钻进深度/m		600	给进机构	形　式	液压双缸
钻杆直径/mm		50、53		上顶力/kN	49.0
钻孔倾角/(°)		75～90		给进力/kN	24.5
立轴回转器	通孔内径/mm			给进行程/mm	600
	转速/r·min⁻¹	正转	170、425、600、310、785、1100	移动液压缸行程/mm	350
		反转	115、210	动力机	形　式	JQ₂－72－4 2135G
升降机	形　式	液压双缸		功率/kW	30、30
	最大提升能力/kN	36.8		转速/r·min⁻¹	1470、1500
	提升速度/m·s⁻¹	0.72、1.80、2.50	液压泵	形　式	YBC－45/80
	卷筒直径/mm	264		工作压力/MPa	7.85
	钢绳直径/mm	15		排量/L·min⁻¹	45
	容绳量/m	60	质量	总质量（不含动力机）/kg	1500
				最大部件质量/kg	220
外形尺寸/mm×mm×mm		2670×1100×1750	生产厂家		北京探矿机械厂

2.1.1.4　XY－4 型钻机

XY－4 型钻机主要技术参数见表 2－4。

表2-4 XY-4型钻机主要技术参数

钻进深度/m		1000、700	给进机构	形 式	液压双缸
钻杆直径/mm		42、50		上顶力/kN	80
钻孔倾角/(°)		360		给进力/kN	60
立轴回转器	通孔内径/mm	68		给进行程/mm	600
	转速/r·min⁻¹	正转	$n=1500$时，101、187、267、388、311、574、819、1191	移动液压缸行程/mm	400
		反转	83、251	动力机	形 式	JQ$_2$-72-4 495
升降机	形 式	行星带水冷		功率/kW	30、37
	最大提升能力/kN	29.4		转速/r·min⁻¹	1470、2000
	提升速度/m·s⁻¹	0.82、1.51、2.16、3.13	油泵	形 式	BC-32/80
	卷筒直径/mm	285		工作压力/MPa	7.85
	钢绳直径/mm	16		排量/L·min⁻¹	32
	容绳量/m	52		额定转速/r·min⁻¹	1500
	闸轮直径/mm	490	质量	总质量（不含动力机）/kg	1750
	制带宽度/mm	120		最大部件质量/kg	218
外形尺寸/mm×mm×mm		2710×1100×1750	生产厂家		无锡、黄海探矿机械厂

2.1.1.5 XY-44A型钻机

XY-44A型钻机是用量比较普遍的一款钻机，是在XY-42型和XY-44型钻机的基础上改进发展的机型，除具备以上两种机型钻机的技术性能参数外，立轴给进部分增加了导向杆结构，配有水刹车、手压油泵。

该钻机主要适用于以合金和金刚石钻进为主的岩心钻探，也适用于工程地质勘探、水文水井钻进，以及大口径基础桩工程施工。除在国内应用外，还在东南亚、非洲、美洲和欧洲等地区应用。

XY-44A型钻机的主要特点：

（1）具有较多的转速级数（8级）和合理的转速范围，低速扭矩大（最大可达3200N·m），既适合于合金、金刚石岩心钻进，也可用于工程地质勘察、水文水井钻进和基础桩工程施工。

（2）立轴通孔直径大（直径93mm），双轴缸液压给进行程较长（可达600mm），工艺适应性强，特别适合大直径钻杆绳索取心（上部取心）钻进，有利于提高钻进效率和减少孔内事故。

（3）钻进能力大，直径71mm绳索取心钻杆额定钻进深度可达1000m。

（4）质量轻，可拆性好，钻机净重2300kg，主机可分解为10个部件（最大可拆部件质量300kg），搬迁方便，宜于山区工作。

（5）液压卡盘采用单向供油，卡盘夹持力大，夹持稳定。

（6）配有水刹车，深孔钻进，下钻平稳安全。

（7）采用单联齿轮油泵供油，安装简单，方便使用，功率消耗少，液压系统油温低，工作稳定。系统中装有手摇油泵，当动力机不能工作时仍可用手摇油泵起出孔内钻具。

（8）钻机结构紧凑，布局合理，所有部件表露在外，不相互重叠，便于维护、保养和修理。

（9）重心低，移车距离长（可达460mm），固定牢靠，高速钻进稳定性好。

（10）配有防震仪表，仪表寿命长，利于掌握孔内情况。操纵手把较少，操作灵活可靠。

（11）通用化程度高，该机与XY-4型钻机的通用件达60%，与XY-42型钻机的通用件达75%。

XY-44A型钻机主要技术参数见表2-5。

表2-5 XY-44A型钻机主要技术参数

		钻杆类别		钻杆规格	钻进深度/m
1. 钻进能力	岩心钻进	国产钻杆	内外平式钻杆	φ43×6 钻杆	1400
				φ54×6 钻杆	1000
				φ67×6 钻杆	830
			内加厚式钻杆	φ50×5.5 钻杆	1300
				φ60×6 钻杆	950
			绳索取心钻杆	φ55.5×4.75 钻杆	1400
				φ71×5 钻杆	1000
				φ89×5 钻杆	800
		DCDMA钻杆（金刚石岩心钻机制造商协会）	内加厚式钻杆	BW 钻杆	1250
				NW 钻杆	1000
				HW 钻杆	660
			绳索取心钻杆	BQ 钻杆	1400
				NQ 钻杆	1100
				HQ 钻杆	750
	水文水井钻进	钻杆规格		钻孔直径/mm	钻进深度/m
		60mm（外加厚）钻杆		200	800
		73mm（外加厚）钻杆		350	500
		89mm（外加厚）钻杆		500	300
		用89mm（外加厚）钻杆		松散地层	1
		钻孔直径		硬岩地层	0.6
		钻孔深度/m		100	

续表 2 - 5

2. 钻孔角度/(°)			0 ~ 360		
3. 动力机	电动机		Y225S - 4	37kW	1480r/min
	柴油机		YC4108ZD	50kW	1500r/min
4. 回转器	形 式		双油缸液压给进机械回转式		
	立轴通孔直径/mm		93		
	立轴转速 /r·min⁻¹	动力机转速	970（用于工程钻进）		1480（用于岩心钻进）
		正转低速	54、100、142、207		70、152、217、316
		正转高速	166、306、437、635		254、468、667、970
		反 转	44、135		67、206
	立轴最大扭矩/kN·m		3.8		
	立轴行程/mm		600		
	立轴最大起重力/kN		120		
	立轴最大加压力/kN		90		
5. 卷扬机	形 式		行星齿轮传动		
	钢丝绳直径		17.5mm绳6W（16）或18.5mm绳6×19		
	卷筒钢丝绳容量/m		17.5mm 钢丝绳（170kg/mm²）110		
			18.5mm 钢丝绳（170kg/mm²）90		
	单绳最大提升力/kN		45		
	钢丝绳提升速度 /m·s⁻¹	当动力机转速为1000r/min 时	0.47、0.86、1.22、1.78		
		当动力机转速为1500r/min 时	0.70、1.29、1.84、2.68		
6. 离合器	形 式		干式单片摩擦离合器		
7. 变速箱	形 式		滑移齿轮变速箱（4正1反）		
8. 油泵	形 式		单联齿轮油泵		
	排量/mL·r⁻¹		20		
	工作压力/MPa		20		
	最大压力/MPa		25		
9. 水刹车	工作转速/r·min⁻¹		700 ~ 1800		
	单绳平衡速度/m·s⁻¹		3 ~ 8		
	单绳平衡负荷/kN		45		
10. 机架	形 式		滑橇式（带滑动底座）		
	钻机后退行程/mm		460		
11. 外形尺寸（长×宽×高）/mm×mm×mm			3042×1100×1920		
12. 钻机质量（不包括动力机）/kg			2300		
13. 最大部件质量/kg			300		

2.1.1.6 XY-5型钻机

XY-5型钻机主要技术参数见表2-6。

表2-6 XY-5型钻机主要技术参数

钻进深度/m		1000、1500		形 式		液压双缸
钻杆直径/mm		60、50	给进机构	上顶力/kN		132.4
钻孔倾角/(°)		80~90		给进力/kN		88.2
立轴回转器	通孔内径/mm	80		给进行程/mm		500
	转速/r·min⁻¹	正转	58、166、261、355、294、577、906、1232	移动液压缸行程/mm		450
		反转	65、225	动力机	形 式	JQ₂-91-4 135G
升降机	形 式		行星式带水刹车		功率/kW	55、60
	最大提升能力/kN		39.2		转速/r·min⁻¹	1470、1500
	提升速度/m·s⁻¹		0.89、1.74、2.73、3.13、3.72、6.08	油泵	形 式	YBC-45/80
	卷筒直径/mm		350		工作压力/MPa	7.85
	钢绳直径/mm		18.5		排量/L·min⁻¹	45
	容绳量/m		140	质量	总质量（不含动力机）/kg 最大部件质量/kg	3500
外形尺寸/mm×mm×mm		3190×1450×2140		生产单位		张家口探矿机械厂

2.1.1.7 XU型钻机

XU型钻机主要技术参数见表2-7。

表2-7 XU型钻机主要技术参数

技术参数 ＼ 型号	XU-100	XU300-2	XU-600	XU800-3
钻进深度/m	100	300	600	1000、600
钻杆直径/mm	42	42	50	42.50
钻孔直径/mm	75~100	75~150	75~150	46~150
钻孔倾角/(°)	75~90	0~90	65~90	85~90
回转器形式	立轴式	立轴式	立轴式	立轴式
回转器转速（正）/r·min⁻¹	142、285、570	118、226、308、585	160、285、470	165、280、270、388、655、1096

型　号 技术参数	XU – 100	XU300 – 2	XU – 600	XU800 – 3
回转器转速（反） /r·min^{-1}		73、140		122
给进机构形式	油压双缸	油压双缸	油压双缸	油压双缸
给进机上顶力/kN		50	30	80
给进机给进力/kN	8	30	60	60
给进机给进行程/mm	350	450	500	500
升降机形式	游星式	游星式	游星式	游星式
升降机提升能力/kN	10	20	25	25
升降机提升速度/m·s^{-1}	0.41、0.82、 1.64	0.64、1.28、 1.68、3.21	1.14、1.94、 3.26	1.41、1.94、 3.26
动力机功率/kW	7.5	15	30	30
总重/kg	419	900	1500	2100
外形尺寸/mm×mm×mm	2280×1080×1400	2100×970×1500	2640×1150×1810	2640×1150×1810
生产单位	北京探矿机械厂	重庆探矿机械厂	张家口探矿机械厂	张家口探矿机械厂

2.1.1.8　JU 型岩心钻机

JU 型岩心钻机主要技术参数见表 2 – 8。

表 2 – 8　JU 型岩心钻机主要技术参数

型　号 技术参数		JU600 – 1000	JU – 1500
钻进深度/m		1000、800	1500、1000
钻杆直径/mm		42、50	50、60
钻孔直径/mm		56 ~ 150	56 ~ 150
钻孔倾角/(°)		0 ~ 360	80 ~ 90
回转器形式		立轴式	立轴式
回转器转速/r·min^{-1}	正转	101、104、264、390、310、 574、815、1188	101、104、264、390、310、 574、815、1188
	反转	83、230	83、230
给进机构形式		油压双缸	油压双缸
给进机上顶力/kN		100	140

型 号 技术参数	JU600-1000	JU-1500
给进机给进力/kN	75	100
给进机给进行程/mm	600	500
升降机形式	游星式带水冷	游星式带水刹车
升降机提升能力/kN	35	35~40
升降机提升速度/m·s⁻¹	0.82、1.51、2.16、3.14	0.69~9.17
动力机功率/kW	36	48.8
总重/kg	1650	3700
外形尺寸/mm×mm×mm	2720×1180×1782	3190×1450×2021
生产单位	无锡探矿机械厂	张家口探矿机械厂

2.1.1.9 HXY-6型钻机

随着找矿工作的深入和科学技术水平的提高，岩心钻机的工作能力也得到提高，XY系列钻机得到了新的发展，出现了相应的新机型。

HXY-6A型钻机（见图2-2）是HXY-6型钻机的改进型产品，除保留HXY-6型钻机的各项优点之外，对回转器、变速箱、离合器和机架等做了较大改进，对双导向杆、变速箱的变速比重新做了调整，主轴给进行程由原600mm增加到720mm，主机前后移动行程由原460mm增加到600mm。HXY-6A型岩心钻机可用于斜、直孔钻进，具有结构简单紧凑、布局合理、质量适中、拆卸方便、转速范围宽的优点。钻机配有水刹车，卷扬能力大，提升制动低位操作方便。HXY-6A型钻机主要性能参数见表2-9。

图2-2 HXY-6A型钻机

表 2-9 HXY-6A 型钻机主要性能参数

钻进深度/m		1000~2100
钻孔角度/(°)		90~75(360)
立轴转速/r·min⁻¹	正转	92、162、244、284、357、471、678、994
	反转	85、234
最大扭矩/N·m		7800
立轴行程/mm		720
立轴内径/mm		ϕ93
立轴最大起重力/kN		200
立轴最大加压力/kN		150
卷扬机最大提升力/kN		85
钢丝绳直径/mm		21.5
卷筒容绳量/m		160
动力功率	电动机	Y280S-4 75kW/1480r/min
	柴油机	YC6108ZD 84kW/1500r/min
外形尺寸（$L \times W \times H$）/mm × mm × mm	电机	3548×1300×2305
	柴油机	3786×1300×2305
质量（不含动力）/kg		4100

　　HXY-6B 型岩心钻机（见图2-3）是综合国内外各类岩心钻机的优点和特性，改进设计的一种具有较大钻进能力的液压给进、立轴回转、金刚石钻进的岩心钻机。主要适用于金属、非金属固体矿床勘探，是广泛应用于地质、冶金、煤炭、水文水井、工程等行业以金刚石和硬质合金钻进为主的岩心钻探设备，也适用于浅层石油和天然气开采、矿山坑道通风、排水以及大口径基础桩工程施工等。

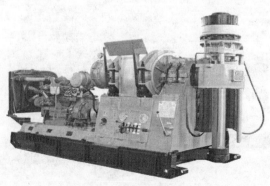

图 2-3 HXY-6B 型钻机

HXY-6B 型岩心钻机可用于斜、直孔钻进。具有结构简单紧凑、布局合理、质量适中、拆卸方便、转速范围宽的优点。钻机配有水刹车，卷扬能力大，提升制动低位操作方便。HXY-6B 型钻机主要性能参数见表 2-10。

表 2-10 HXY-6B 型钻机主要性能参数

钻进深度/m		1200~2400
钻孔角度/(°)		90~75(360)
立轴转速/r·min⁻¹	正转	96、178、253、369、268、494、705、1025
	反转	78、218
最大扭矩/N·m		7800
立轴行程/mm		720
立轴内径/mm		ϕ118
立轴最大起重力/kN		200
立轴最大加压力/kN		150
卷扬机最大提升力/kN		85
钢丝绳直径/mm		21.5
卷筒容绳量/m		160
动力功率	电动机	Y280S-4　75kW/1480r/min
	柴油机	YC6108ZD　84kW/1500r/min
外形尺寸（$L \times W \times H$）/mm×mm×mm	电机	3590×1300×2350
	柴油机	3790×1300×2350
质量（不含动力）/kg		4700

2.1.1.10　HXY-8 型钻机

HXY-8（8B）型岩心钻机是机械传动、立轴回转、液压给进，应用金刚石和硬质合金钻进的中深孔岩心钻机。

该型钻机适用于金属、非金属固体矿藏勘探，浅层石油和天然气开采，地热井勘探，矿山坑道通风、排水以及大孔位基础桩工程施工等，是广泛应用于地质、冶金、煤炭、水文、水井、工程等行业，以金刚石和硬质合金钻进为主的岩心钻探设备。

HXY-8（8B）型岩心钻机的主要技术特点是钻速范围宽、钻速分布合理、动力配置大、输出扭矩大、立轴回转和转盘式回转结构兼顾、卷扬机横向布置等，且配有水刹车，提升能力大、制动灵活、操作方便、安全可靠。

HXY-8 型钻机为立轴式，HXY-8B 型钻机为立轴＋转盘式。HXY-8B 型钻机既可作为传统的立轴式钻机使用，又可作为转盘式钻机使用，是中深孔钻进和适应我国目前中深孔勘探工作的优选设备。图2-4为HXY-8B钻机。

HXY-8型和HXY-8B型钻机主要性能参数见表2-11和表2-12。

图2-4　　HXY-8B型钻机

表2-11 HXY-8型钻机主要性能参数

钻进深度/m		1000~3000	钢丝绳规格/mm	ϕ21.5
立轴转速 /r·min^{-1}	正转	63、95、175、250、363、264、487、695、1011	卷扬机提升速度/m·s^{-1}	0.663、1.09、1.693、2.90、1.761、3.034、4.713、8.083
	反转	77、215	电动机型号	Y2-280M-4
钻杆直径/mm		ϕ50、ϕ60、ϕ71、ϕ89、ϕ114	电动机功率/kW	90
立轴行程/mm		1000	电动机转速/r·min^{-1}	1480
钻机移动行程/mm		690	柴油机型号	YC6108ZLD（玉柴）
钻机最大起重力/kN		310	柴油机功率/kN	134
钻机最大加压力/kN		145	柴油机转速/r·min^{-1}	1800
单绳最大提升力/kN		135	钻机外形尺寸 /mm×mm×mm	配电动机 3905×1692×2603 配柴油机 4105×1892×2803
卷筒最大容绳量/m		160	钻机质量/kg	7900

表 2 –12 HXY –8B 型钻机主要性能参数

钻进深度/m		1000~3200	钢丝绳规格/mm	φ21.5
立轴转速/r·min⁻¹	正转	63、95、175、250、363、264、487、695、1011	卷扬机提升速度/m·s⁻¹	0.663、1.09、1.693、2.90、1.761、3.034、4.713、8.083
	反转	77、215	转盘通径/mm	φ395
转盘转速/r·min⁻¹	正转	33、60、86、125、91、167、238、347	电动机型号	Y2–280M–4
	反转	26、74	电动机功率/kW	90
钻杆直径/mm		φ50、φ60、φ71、φ89、φ114	电动机转速/r·min⁻¹	1480
立轴行程/mm		800	柴油机型号	YC6108ZLD（玉柴）
钻机移动行程/mm		690	柴油机功率/kW	134
钻机最大起重力/kN		310	柴油机转速/r·min⁻¹	1800
钻机最大加压力/kN		145	钻机外形尺寸/mm×mm×mm	配电动机 4413×1692×2653 配柴油机 4413×1892×2803
单绳最大提升力/kN		135	转盘最大回转扭矩/N·m	27690
卷筒最大容绳量/m		160	钻机质量/kg	9100

2.1.1.11 HXY –9(9B) 型钻机

HXY –9(9B) 型岩心钻机是根据我国深部找矿要求，在 HXY –8(8B) 型钻机的基础上设计开发的新型深孔岩心勘探技术装备。主要适用于地质、冶金、煤炭、水文、工程等行业，以金刚石和硬质合金钻进为主钻探设备，也适用于工程地质勘探、地质科探特殊孔勘探，浅、中层石油和天然气开采、矿山坑道通风、排水、水文水井钻进以及大口径基础桩工程施工等。

该型钻机采用常开离合机构，结构简单紧凑，布局合理，具有操作维修方便，钻进可靠性强等优点。HXY –9 型钻机和 HXY –9B 型钻机如图 2 –5 和图 2 –6 所示。HXY –9 型和 HXY –9B 型钻机主要参数见表 2 –13 和表 2 –14。

图 2 – 5 HXY – 9 型钻机

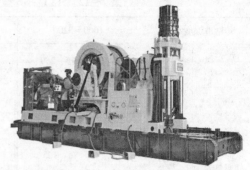

图 2 – 6 HXY – 9B 型钻机

表 2 – 13 HXY – 9 型钻机主要参数（按 160kW/1480r/min 电机计算）

钻机	钻进深度/m		2000~4000	立轴通孔直径/mm	118
	立轴输出 最大扭矩 /N·m	正转	16183	立轴转速 /r·min⁻¹	正转	82、119、170、234、 333、215、337、484、 682、948
		反转	18295		反转	29、82
	主动钻杆/mm×mm		φ114×102、φ89×79	钻杆直径/mm	φ102、φ89、φ71
	立轴行程/mm		1200	钻机移动行程/mm	800
	钻机最大起重力/kN		640	钻机最大加压力/kN	340
	卷筒容量/m		350	钢丝绳规格/mm	26
	单绳最大提升力 （第三层）/kN		150	卷扬机提升速度 /m·s⁻¹	0.84、1.21、1.74、 2.45、3.4
				钻孔倾角（拆去 立臂）/(°)	78~90
	钻机（配电机） 外形尺寸 /mm×mm×mm		5730×2040×3400	钻机（配电机） 质量/t	17
	钻机（配柴油机） 外形尺寸 /mm×mm×mm		6088×2040×3400	钻机（配柴油机） 质量/t	17.6
动力机	电动机型号		Y315L1 – 4	电动机功率/kW	160
	电动机转速 /r·min⁻¹		1480	柴油机型号	YC6M265L – D20 （M7900 – T1）
	柴油机功率/kW		170	柴油机转速/r·min⁻¹	1500

表2－14　HXY－9B型钻机主要参数（按160kW/1480r/min电机计算）

钻进深度/m		2000～4200	立轴通孔直径/mm		118
转盘通孔直径/mm		494	转盘最大动承载/kN		720
转盘最大静承载/kN		1335			
立轴转速 /r·min⁻¹	正转	82、119、170、234、333、215、337、484、682、948	转盘转速 /r·min⁻¹	正转	28、41、58、80、114、74、116、166、234、325
	反转	29、82		反转	10、28
立轴输出最大扭矩/N·m	正转	16183	转盘输出最大扭矩/N·m	正转	43348
	反转	18295		反转	44975
主动钻杆/mm×mm		φ114×102、φ89×79、110×110	钻杆直径/mm		φ114、φ102、φ89、φ71
立轴行程/mm		950	钻机移动行程/mm		800
钻机最大起重力/kN		640	钻机最大加压力/kN		340
卷筒容量/m		350	钢丝绳规格/mm		26
单绳最大提升力（第三层）/kN		150	卷扬机提升速度/m·s⁻¹		0.84、1.21、1.74、2.45、3.4
钻机（配电机）外形尺寸/mm×mm×mm		6940(7005)×2040×3400	钻机（配电机）质量/t		19.9
钻机（配柴油机）外形尺寸/mm×mm×mm		6940(7362)×2040×3400	钻机（配柴油机）质量/t		20.5
电动机型号		Y315L1－4	电动机功率/kW		160
电动机转速/r·min⁻¹		1480	柴油机型号		YC6M265L－D20（M7900－T1）
柴油机功率/kW		170	柴油机转速/r·min⁻¹		1500

2.1.1.12　钢丝绳冲击钻机

表2－15所示为钢丝绳冲击钻机技术参数。

表 2 - 15 钢丝绳冲击钻机技术参数

技术参数	钻机型号	CZ - 20	CZ - 22	CZ - 30
钻孔直径/mm	泥浆护壁	600	750	1000
	套管钻进	500	550	800
钻孔深度/m		120	200	250
钻具最大质量/kg		1000	1300	2500
钻具冲程/mm		450 ~ 1000	350 ~ 1000	500 ~ 1000
钻具冲击次数/min^{-1}		40、45、50	40、45、50	40、45、50
卷筒起重能力/kN	钻具卷筒	14.7	19.6	29.4
	抽筒卷筒	9.8	12.74	19.6
	辅助卷筒		14.7	29.4
钢绳平均卷速 /m·s^{-1}	钻具卷筒	0.52 ~ 0.65	1.28 ~ 1.47	1.24 ~ 1.56
	抽筒卷筒	0.92 ~ 1.27	1.26 ~ 1.56	1.38 ~ 1.74
	辅助卷筒		0.81 ~ 1.02	0.88 ~ 1.11
钢绳直径/mm	钻具卷筒	19.5	21.5	26
	抽筒卷筒	13	15.5	17.5
	辅助卷筒		15.5	21.5
桅杆	高度/m	12	13.5	16
	起重量/kN	49	117.6	245
动力机功率/kW	电动机	20	30	40
	柴油机	22.06	29.42	44.13
钻机质量/kg		6270	8200	13670
钻机外廓尺寸 （长×宽×高） /mm × mm × mm	工作状态	5800 × 1850 × 12300	5800 × 2330 × 12700	7700 × 2660 × 16300
	运输状态	8000 × 1850 × 2800	8670 × 2330 × 2750	10000 × 2660 × 3500
生产厂家		太原矿山机器厂	太原矿山机器厂	太原矿山机器厂

2.1.1.13 振动钻机

振动钻机性能参数见表 2 - 16。

2.1.2 常用转盘钻机

常用转盘钻机参数见表 2 - 17。

表 2-16 振动钻机性能参数

内容	单位	中国							荷兰			
性能参数		\<钻机型号及生产国别\>										
		黄铺钻	龙江-1	振动钻	CZ-325	SZC-325	SZC-168	班加钻	先锋式-150	麦加式班加钻	大口径砂钻	Miui 200
钻孔直径	mm	127、146	110、130	127、146	335	335	174	100、150	100、150、200	100、150、200	300、500、600	100、150、170
钻进深度	m	7~9	15	25~30	30	30	30	10~15	45~50	25~40	30~40	25~50
钻进方式		人力冲击	冲击、回转	振动	冲击、回转	冲击、回转	回转	人力冲击、回转	回转、冲击	回转、冲击	回转	回转钻进，空气反循环连续取样
冲击锤质量	kg	75~150	100~150		400	400		75~85		(劈刀)150	(劈刀)675	
冲击次数	min⁻¹		25~30		24					35~40		
冲击行程	mm	1000~4000	1000~4000		500~600	500~1000		1000~1500		400		
振动频率	min⁻¹		1100~1400	1100~1400								
回转转速（正转）	r/min				3.5、30	3.55、15.34、35.08	19、24、28、33、44		2	2	2	2
回转转速（反转）					3.5	3.55	13		5、125			5
最大回转扭矩	kN·m				10	20	8				7	
最大卸扣扭矩	kN·m					35	8					
卷扬机提升速度	m/min				0.62	0.62	1.18、1.35、1.56、1.85、2.50			0.72		
卷扬机提升能力	kN				15	15	10			64	20	
主要取样工具		提砂筒、半合管	提砂筒	双层岩心管	提砂筒	抓斗、钻斗、提砂筒	提砂筒、取土器	提砂筒	提砂筒	提砂筒	抓斗、提砂筒	
钻塔形式		三角架	三角架	三角架	管式钻塔	方箱式桅杆	管式钻塔	管式钻塔	铝制四角架	A字形	吊杆式	
钻塔高度	m		5.5		7.9	7.2	7.35		6.5	6.5	7	
钻机动力		15~20人	8.83kW	3kW 和7kW	25.74kW	55.16kW	55.16kW	15~20人	4.41kW	7.35kW	25.74kW	19.86kW
钻机装载方式		地表固定式	地表固定式 手扶拖拉机	地表固定式 拖车式	拖车式	履带自行式	履带自行式	地表固定式	拖车式	拖车式	拖车式	拖车式
钻机总质量	t			6	6	9.5	9			1.7		2

续表 2-16

性能参数内容	单位	荷兰 Combi 71	荷兰 Grofuff-1-MK2	俄罗斯 УБР-1	俄罗斯 УБР-2	俄罗斯 БУУ-2	俄罗斯 УБСР-25	俄罗斯 振动钻	俄罗斯 КПП潜孔锤	加拿大 贝克-180	美国 Yost抓斗钻
钻孔直径	mm	100、150	150	127	219	168、219	715	146、168	161、184、216	140~225	933.4
钻进深度	m	40~50	15~20	15	25	50	25	15~25	250	37.5~75	30
钻进方式		回转钻进，空气反循环连续取样	振动钻进，空气反循环连续取样（沉没式海底遥控钻机）	回转、冲击	回转、冲击	回转、冲击	回转、冲击	振动	冲击、回转	冲击钻进，空气反循环连续取样	冲击、回转
冲击锤质量	kg			（劈刀）150	（劈刀）300	（劈刀）1000	（抓斗）500				（抓斗重）1800
冲击锤次数	min⁻¹			27、45	37	41、62			900~1200	93	
冲击行程	mm			650	60	500、700、1000					
振动频率	min⁻¹							1250			
回转转速（正转）	r/min	2~15		7、12	12、24、76	91、137	5.5、10.5	24、44、86、150、180	15~30		
回转转速（反转）	r/min							23			
最大回转扭矩	kN·m	56									
最大卸扣扭矩	kN·m										
卷扬机提升速度	m/min			0.16、0.78	0.51	1.03、1.57、1.50、2.25	0.38、0.82				
卷扬机提升能力	kN	40		10	18	267、415	30				
主要取样工具				提砂筒	提砂筒，无泵钻具等	提砂筒，无泵钻斗，匀形钻具等	抓斗、钻斗、提砂筒	（由ББ-7M型无弹簧无锤振动构成）	（由 PП-130型潜孔锤成，与БУУ-2型砂钻配用）		抓斗
钻塔形式				管式椭杆	管式椭杆	折叠式椭杆	杆				
钻塔高度	m			7	8	12	7.5				
钻机动力		4.41kW		4.41kW	10.30kW	44.20kW	55.16kW	5.15kW			175.05kW
钻机装载方式		车装自行式	地表固定式	地表固定式	地表固定式	履带自行式	履带自行式			履带自行式	车装自行式
钻机总质量	t	0.885		0.885	2.15	11	12.5	0.4		21.77	19.05

表2-17 常用转盘钻机参数

技术参数 \ 钻机型号		SPC-150	SPJ-300	SPJT-300	SPC-300H	SPC-300Q	红星-300	红星-400	SPC-500	SPC-600R	SPC-600	SPS-2000
钻孔直径/mm		350/150、500/350	500	500	500(700)	330/220	560~400	650	500	500/190	650/350	520/605
钻孔深度/m		200、150、100	300	300	200~300(80)	200~300	300	400	500	600	600	1000、1300、1100
钻杆直径/mm		60、73、89、114	89	89	89	73、60	89、114	114				73、89、111
转盘	通孔直径/mm	180	500	500	505	400			550	670	670	450
	转速 正 /r·min^{-1}	32.6、61、107、166、251	40、70、128	40、70、128	52、78、123	25、48、83、156、195	21、43、61、83	22、59、80、120	29、57、90、189	25、45、74、120、191	32、53、83、153	49、72、112、189
	转速 反	30	40、70、128	40、70、128	40	21			34、69、108、229	32、89.5	38、64、100、184	42
	最大扭矩/kN·m	4.9				6.73			3.92	11.23	34.3	16.7
主卷机	最大提升力/kN	19.6	29.4	39	29.4	19.8	19.6	29.4	34.9	44.1	19.6	78.4
	提升速度/m·s^{-1}	0.6~1.0、1.8~2.8	0.65、1.16、2.08	0.65、1.16、2.08	0.716、1.42、2.04	1.3	0.368、0.757、1.07、1.46	0.497、1.1、1.58、2.13	0.7、1.5、2.36、4.79		0.5、0.88、1.3、2.39	0.19~1.27
抽筒(副)卷扬机	最大提升力/kN	19.6	19.6	20	19.6	9.8	4.9	9.8	19.6	19.6		
	提升速度/m·s^{-1}	0.22~0.5、0.6~1.4	0.45、0.80、1.44	0.46、0.80、1.44	0.353、0.898、1.00	1.3	0.43、0.716、1.04、1.4	0.503、1.45、2.0、3.13	1.45			
工具卷扬机	最大提升力/kN				19.5					4.9		
	提升速度/m·s^{-1}				0.332、0.638、0.945					0.1~0.4		
液压卸管扭矩/kN·m						24.5			156.8			
导向加压机构	加压力/kN				37.4	44.1			49	40.2	39.2	
	提升力/kN	49			19.6	53.9			78.4	49		
	行程/mm	5000			1000	7000				2000		

续表 2-17

技术参数		SPC-150	SPJ-300	SPJT-300	SPC-300H	SPC-300Q	红星-300	红星-400	SPC-500	SPC-600R	SPC-600	SPS-2000
钻机型号												
钻塔(桅杆)	垂直高度/m	8.5	10.5	10.5	11	10.5	9.4	11	12.5	15	18	23
	额定负荷/kN	78.5	23.5		147	117.5	196	245	392	245	352.3	637
泥浆泵	型号	4/3C-AH 泥浆泵	BW-850	BW-800	BW-600/80	BW-600/90	双缸双作用	双缸双作用	BW-850	BW600/30-1R	BW-1200	BW-1200
	台数	1	1	1	1	1	1	1	1	2	1	2
	排量/L·min⁻¹	2000	850、600		600	600	600	1000、670	350、600	600、427、279	1200、800	1200、800
	压力/MPa	2.0	1.96、2.94		2.94	2.94	1.18	1.31、2.94	1.96、2.94	2.94、3.92、4.9	2.45、3.92	7.45、3.92
动力机	柴油机 型号	X4105	4135T	4135M	6135Q(6120Q-1)	6150Q			6135Q2	D2156HMNB	4135AN	钻机6135K
	柴油机 功率/马力	48	80	80	160	130			220	215	100	泵150×2、102
	电动机 型号		JO3-200					钻机JO2-82-4 泵JO2-82-6			JO3-2505-4	
	电动机 功率/kW		40					40、30	75		75	
主机总质量/kg		9900	11000	11000	15000	10000	9000、10460	9700、10600	14000、26000	23900	20000	16000
钻机外廓尺寸 /mm×mm×mm	工作状态	8000×2300×10550					4400×3000×12500	5420×2690×12700			10000×5000×19000	
	运输状态	9200×2300×3400	11700×2450×2670	11700×2450×3670	10850×2470×3550	10500×2400×3100	3200×2500×3000	9900×2690×3509	12330×2560×3730	14180×2500×3920		12270×6500×2350
生产单位		上海探矿机械厂	上海探矿机械厂	上海探矿机械厂	天津探矿机械厂				上海探矿机械厂	天津探矿机械厂	上海探矿机械厂	张家口探矿机械厂

注：冲击机构参数：冲击行程500mm、600mm；冲击钻具质量1000kg；冲击次数25min⁻¹、50min⁻¹、70min⁻¹。

2.1.3 动力头钻机

2.1.3.1 HYDX 型钻机

A HYDX-2型全液压岩心钻机

HYDX-2型全液压岩心钻机如图2-7所示。

图2-7 HYDX-2型全液压岩心钻机

HYDX-2型全液压动力头式岩心钻机是针对地势复杂交通不便地区，专门设计的一种分体便携式地质勘探用轻型全液压岩心钻机，主要适用于金刚石绳索取心钻进工艺。主机包括柴油机动力钻、液压系统、操控系统、主卷扬、绳索取心卷扬、动力头、给进系统以及井口夹持器等。HYDX-2型全液压地表取心钻机的所有功能均为液压驱动，具有解体性强、解体部件质量轻、组装简单、操作方便、控制精准、搬迁方便、取心作业效率高等特点。

该钻机主要结构特点是模块化设计，搬迁方便，对工艺要求适应性强。可根据客户要求提供动力及形式改造，分为五动力分体式、双动力分体式和单动力履带式。HYDX-2型全液压岩心钻机参数见表2-18。

表2-18 HYDX-2型全液压岩心钻机参数

	BQ/m	350
钻机能力	NQ/m	230
	HQ/m	120
动力系统1	型 号	5台双缸 R2V870 风冷柴油机
	单台额定功率（转速）/kW(r·min^{-1})	11(2500)

动力系统 2	型 号	2 台玉柴 YC2108 柴油机
	单台额定功率（转速）/kW(r·min⁻¹)	33(2400)
动力系统 3	型 号	1 台康明斯 4BTA3.9 – C100 柴油机
	单台额定功率（转速）/kW(r·min⁻¹)	74(2200)
动力头	扭矩范围/N·m	334 ~ 930
	转速范围/r·min⁻¹	0 ~ 900
给进机构	油缸给进、提升行程/mm	1700
	提升能力/kN	50
	给进能力/kN	25
主卷扬	最大提升力/kN	18
	提升速度/m·min⁻¹	84
	绳容量/m	30
	钢丝绳直径/mm	ϕ12
绳索取心卷扬	提升力/kN	8.4
	提升速度/m·min⁻¹	90 ~ 240
	绳容量/m	500
	钢丝绳直径/mm	ϕ6
泥浆泵	型 号	BW – 100A
主机外形尺寸	长×宽×高/mm×mm×mm	3500 × 1500 × 1300
质量（不含动力）	解体部件最大质量/kg	100

B HYDX – 4 型全液压岩心钻机

HYDX – 4 型全液压岩心钻机是采用绳索取心金刚石钻探技术的全液压动力头式岩心钻机，已成为发达国家用于固体矿床勘探的主导机型，也成为当前我国钻探技术与装备发展的主导趋势。在这种趋势下，连云港黄海机械股份有限公司根据我国的国情，成功开发出 HYDX – 4 型履带式岩心钻机，该钻机可替代进口产品，适用于地质、冶金、煤炭、石油、天然气、地下水等行业。

HYDX – 4 型钻机主要技术特点为履带式布置，动力头给进与提升采用油缸直推结构。行程 3.5m；主轴回转采用单马达驱动，机械四挡变速箱辅以液压无级调速；桅杆有滑移触地功能，油缸起落；桅杆可折叠运输和存放；大通孔，高精度主轴回转结构。主要技术参数见表 2 – 19，示意图如图 2 – 8 所示。

表 2 - 19 HYDX - 4 型全液压岩心钻机主要技术参数

	型 号	康明斯 6BTA5.9 - C180
柴油机	功率/kW	132
	转速/r·min⁻¹	2200
钻进能力	BQ/m	1000
	NQ/m	700
	HQ/m	500
动力头能力	转速/r·min⁻¹	四挡无级 0~1100
	扭矩/N·m	4200
	主轴通孔直径/mm	φ98
	最大起拔力/kN	150
	最大给进力/kN	60
主卷扬能力	提升力（单绳）/kN	57
	钢丝绳直径/mm	12
	钢丝绳长度/m	50
绳索卷扬能力	提升力（单绳）/kN	12（空载）
	钢丝绳直径/mm	6
	钢丝绳长度/m	1000
桅 杆	桅杆总高度/m	11
	桅杆调整角度/(°)	0~90
	钻进角度/(°)	45~90
	给进行程/mm	3500
	桅杆滑动行程/mm	600
其 他	总质量/kg	9300
	外形尺寸（L×W×H）/mm×mm×mm	5100×2200×2890
	移动方式	钢履带自行式
泥浆泵	型 号	BW150
下夹持器	夹持范围/mm	55.5~117.5（通孔 φ154）

图 2 - 8 HYDX - 4 型全液压岩心钻机

C HYDX - 5A 型全液压岩心钻机

HYDX - 5A 型全液压岩心钻机是采用绳索取心金刚石钻探技术的全液压动力头式岩心钻机，已成为发达国家用于固体矿床勘探的主导机型，也成为当前我国钻探技术与装备发展的主导趋势。在这种趋势下，连云港黄海机械股份有限公司根据我国的国情，成功开发出 HYDX - 5A 型岩心钻机，该钻机可替代进口产品，适用于地质、冶金、煤炭、石油、天然气、地下水等行业。

HYDX - 5A 型钻机主要技术特点是主要液压泵、阀和马达均选用国际著名品牌的进口件。底盘分轮胎牵引式（带有转向装置）或钢履带自行行走式（可选择订购），配有液压支腿装置，桅杆用油缸起落，可折叠运输存放，有触地功能，液压系统采用负载敏感控制，配有高位工作台和孔口工作台装置。动力头给进采用油缸链条倍速机构，长给进行程，动力头回转采用双马达驱动，配有变速箱和液压无级变速，有上扶正和下导向装置，孔口配有液压夹持器。整体结构分履带自行式、轮胎式、平台式。

HYDX - 5A 型全液压岩心钻机的主要技术参数见表 2 - 20，其示意图如图 2 - 9 所示。

表 2 - 20 HYDX - 5A 型全液压岩心钻机主要技术参数

	型 号	康明斯 6CTA5. 9 - C195
柴油机	功率/kW	145
	转速/r · min⁻¹	1900

钻进能力	BQ/m	1500
	NQ/m	1300
	HQ/m	1000
	PQ/m	680
动力头能力	转速/r·min⁻¹	二挡无级 0~1145
	扭矩/N·m	4650
	主轴通孔直径/mm	121
	最大起拔力/kN	150
	最大给进力/kN	75
主卷扬能力	提升力（单绳）/kN	77
	钢丝绳直径/mm	18
	钢丝绳长度/m	60
绳索卷扬能力	提升力（单绳）/kN	12（空毂）
	钢丝绳直径/mm	6
	钢丝绳长度/m	1500
桅杆	桅杆总高度/m	12
	桅杆调整角度/(°)	0~90
	钻进角度/(°)	45~90
	给进行程/mm	3800
	桅杆滑动行程/mm	1100
其他	总质量/kg	12500
	外形尺寸（L×W×H）/mm×mm×mm	6250×2220×2500
	移动方式	钢履带自行式
泥浆泵	型号	BW250
下夹持器	夹持范围/mm	55.5~117.5（通孔 φ154）

D HYDX-5C 型全液压岩心钻机主要技术参数

HYDX-5C 型全液压岩心钻机是采用绳索取心金刚石钻探技术的全液压动力头式岩心钻机，已成为发达国家用于固体矿床勘探的主导机型，也成为当前我国钻探技术与装备发展的主导趋势。在这种趋势下，连云港黄海机械股份有限公司根据我国的国情，成功开发出 HYDX-5C 型全液压岩心钻机，该钻机可替代进口，适用于地质、冶金、煤炭、石油、天然气、地下水等行业。

图 2 – 9   HYDX – 5A 型全液压岩心钻机

HYDX – 5C 型钻机主要技术特点是主要液压泵、阀和马达均选用国际著名品牌的进口件，主轴回转采用双马达驱动闭式回路，工作效率高，扭矩大；动力头给进采用油缸链条倍速机构或油缸直推结构，动力头离开孔口方式分平移式或者翻转式结构；桅杆油缸起落，可折叠，运输存放方便，有触地功能；液压系统采用负载敏感控制，上置工作台和孔口工作台，有上扶正和下导正装置，孔口配有液压夹持器。主要技术参数见表 2 – 21。

表 2 – 21   HYDX – 5C 型全液压岩心钻机主要技术参数

	型　　号	康明斯 6CTA8.3 – C195
柴油机	功率/kW	145
	转速/r · min^{-1}	1900
钻进能力	BQ/m	1500
	NQ/m	1300
	HQ/m	1000
	PQ/m	680
动力头能力	转速/r · min^{-1}	二挡无级 0 ~ 1145
	扭矩/N · m	4650
	主轴通孔直径/mm	121

动力头能力	最大起拔力/kN	150
	最大给进力/kN	75
主卷扬能力	提升力（单绳）/kN	77
	钢丝绳直径/mm	18
	钢丝绳长度/m	60
绳索卷扬能力	提升力（单绳）/kN	12（空载）
	钢丝绳直径/mm	6
	钢丝绳长度/m	1500
桅杆	桅杆总高度/m	12
	桅杆调整角度/(°)	0 ~ 90
	钻进角度/(°)	45 ~ 90
	给进行程/mm	3800
	桅杆滑动行程/mm	1100
其 他	总质量/kg	10000
	外形尺寸（$L \times W \times H$）/mm × mm × mm	6250 × 2200 × 2730
	移动方式	轮胎式
泥浆泵	型 号	BW250
下夹持器	夹持范围/mm	55.5 ~ 117.5（通孔 ϕ154）

E HYDX - 6 型全液压岩心钻机

HYDX - 6 型全液压岩心钻机是采用绳索取心金刚石钻探技术的全液压动力头式岩心钻机，已成为发达国家用于固体矿床勘探的主导机型，也成为当前我国钻探技术与装备发展的主导趋势。在这种趋势下，连云港黄海机械股份有限公司根据我国的国情，成功开发出 HYDX - 6 型全液压岩心钻机，该钻机可替代进口产品，适用于地质、冶金、煤炭、石油、天然气、地下水等行业。

HYDX - 6 型钻机主要技术特点是液压泵组、主阀、液压马达均选用国际品牌纯进口件。马达组和减速机给进提升机构，长给进行程；主轴回转采用双马达驱动闭式回路，两挡机械变速液压无级调速；桅杆用油缸起落，有触地功能，可折叠；液压系统采用负载敏感控制，履带自行行走；配备高位工作台和孔口工作台装置；配有液压支腿装置；有上扶正和下导向装置；孔口配有液压夹持器。主要技术参数见表 2 - 22。

表 2-22 HYDX-6 型全液压岩心钻机主要技术参数

	型 号	康明斯 6CTA8.3-C240
柴油机	功率/kW	179
	转速/r·min⁻¹	2200
钻进能力	BQ/m	2000
	NQ/m	1600
	HQ/m	1300
	PQ/m	1000
动力头能力	转速/r·min⁻¹	二挡无级 0~1100
	扭矩/N·m	6400
	主轴通孔直径/mm	121
	最大起拔力/kN	220
	最大给进力/kN	110
主卷扬能力	提升力（单绳)/kN	120
	钢丝绳直径/mm	22
	钢丝绳长度/m	60
绳索卷扬能力	提升力（单绳)/kN	15（空毂)
	钢丝绳直径/mm	6
	钢丝绳长度/m	2000
桅 杆	桅杆总高度/m	12
	桅杆调整角度/(°)	0~90
	钻进角度/(°)	45~90
	给进行程/mm	3800
	桅杆滑动行程/mm	1100
其 他	总质量/kg	14500
	外形尺寸 ($L \times W \times H$) /mm×mm×mm	6250×2220×2500
	移动方式	钢履带自行式
泥浆泵	型 号	BW250
下夹持器	夹持范围/mm	55.5~117.5（通孔 ϕ154)

2.1.3.2　HCR 型钻机

HCR-8 型全液压岩心钻机是在 HYDX 系列全液压岩心钻机研发、生产制造和用户使用反馈意见的基础上最新开发的一种高效、多功能全液压岩心钻机。该钻机适应平原、丘陵地带、高温、严寒等恶劣环境下工作,主要适用于金属非金属固体矿床勘探、煤层气、天然气、水文水井、地热井、矿山坑道、通风排水孔及工程抢险施工,是广泛应用于地质、煤炭、冶金、有色、石油、水文、工程等行业,以金刚石和硬质合金钻进为主,满足绳索取心、顶驱钻进等多功能钻探要求的性能卓越的钻探设备之一。

HCR-8 型全液压岩心钻机主要技术特点如下:

(1) 全液压驱动,钢履带行走,组合式桅杆,动力机、主副卷扬机、泥浆泵等一体布置,结构紧凑,集中操控灵活方便。

(2) 液压系统采用先导控制,负载传感,电、液比例联合集中操作控制。

(3) 动力头给进与提升采用油缸链条倍速结构,提升力达到 295kN,给进力达到 152kN。

(4) 动力头主轴回转采用双马达驱动,辅以三挡机械变速箱,主轴输出最大扭矩达到 7200N·m (170r/min),并有效地满足了高转速大扭矩的高效施工要求。

(5) 动力头采用液压马达齿条平移装置,使主轴偏离钻孔孔口,便于绳索取心和其他机具的施工。

(6) 桅杆前端配有夹持卸扣器,便于钻杆的上卸扣操作,减轻了操作者劳动强度和提高工作效率。

(7) 上下工作台方便操作者的操作需求。

(8) 孔口配有液压夹持器、导正器。

HCR-8 型全液压岩心钻机如图 2-10 所示,其主要性能参数见表 2-23。

图 2-10　HCR-8 型全液压岩心钻机

表 2 - 23　HCR - 8 全液压岩心钻机主要性能参数

动力机	潍柴 WP12. 375/kW(r · min⁻¹)		276(2100)
钻进能力 （钻杆规格和 钻孔深度）	NQ/m		3000
	HQ/m		2400
	PQ/m		1700
动力头能力	主轴转速范围/r · min⁻¹		0 ~ 1250
	主轴最大回转扭矩/N · m		7200(170r/min 时)
			1300(1250r/min 时)
	主轴通孔直径/mm		ϕ121
	最大起拔力/kN		295
	最大给进力/kN		152
主卷扬机	提升力（单绳）/kN		120(空载)
	钢丝绳直径/mm		22
	钢丝绳长度/m		60
绳索卷扬能力	提升力/kN		15
	钢丝绳直径/mm		6
	钢丝绳长度/m		2800
	有效提升高度/m		9.6
桅杆	调整角度/(°)		0 ~ 90
	钻进角度/(°)		45 ~ 90
	给进行程/mm		4700
	滑移行程/mm		1100
其 他	总质量/kg		25000
	运输尺寸/mm × mm × mm		8300 × 2400 × 3260
泥浆泵	型 号		BW320
下夹持器	夹持范围/mm		55.5 ~ 117.5(通孔 ϕ154)

2.1.3.3　HCDU 型履带式全液压岩心钻机

HCDU 型履带式全液压岩心钻机分为 HCDU - 5 型和 HCDU - 6 型（见图 2 - 11），广泛借鉴了国内外液压岩心钻探设备，并针对金刚石绳索取心钻探工艺特点，由中国地质装备总公司技术中心与张家口中地装备探矿工程机械有限公司共同研发和制造，主要服务于矿山地质、环境地质、工程地质等勘探作业，广泛应用于地矿、煤田、有色、核工业、黄金等领域的勘探工程中。

HCDU 型履带式全液压岩心钻机主要特点如下：

（1）长行程给进，稳定加压，减少孔内事故，提高钻探效率。

图 2 - 11　HCDU - 6 型履带式全液压岩心钻机

（2）可无级调速，调速平稳、宽泛，过载保护，低速大扭矩。

（3）伸缩式桅杆，倾角方便，实现垂直、斜孔（45°）钻探。

（4）大通径卡盘，适用 PQ、HQ、NQ 及 BQ 相应孔径钻探施工。

（5）独立操作台，操作便利，监控整机运行和孔内工况。

（6）附具液压化，夹持器、泥浆泵、搅拌器都实现液压操控。

（7）关键件可靠，液压泵、阀、马达采用知名厂家通用品牌。

（8）一体化设计，便于施工现场整体就位、移位、快速搬迁。

HCDU 型履带式全液压岩心钻机主要技术参数见表 2 - 24。

表 2 - 24　HCDU 型履带式全液压岩心钻机主要技术参数

钻机型号	HCDU - 6	HCDU - 5
钻孔深度/m	BQ（55.6mm）：3000 NQ（69.9mm）：2200 HQ（88.9mm）：1500 PQ（114.3mm）：900	BQ（55.6mm）1800 NQ（69.9mm）1500 HQ（88.9mm）1000
柴油机	康明斯 6BTA5.9 - C180 5.9L/6 缸涡轮增压 水空中冷	
功率（额定转速） /kW(r·min^{-1})	194(2200)	132(2200)

钻机型号	HCDU - 6	HCDU - 5
动 力 头		
1 挡（转速/扭矩）/(r·min⁻¹/N·m)	0 ~ 388/6100 ~ 3500	0 ~ 388/3600 ~ 1800
2 挡（转速/扭矩）/(r·min⁻¹/N·m)	0 ~ 1240/1100 ~ 550	0 ~ 1240/1100 ~ 550
主轴通径/mm	ϕ117	ϕ95
液压卡盘结构类型	弹簧夹紧，液压张开	弹簧夹紧，液压张开
卡瓦数量	5(易拆装)	5(易拆装)
夹持力/kN	360	200
给 进 系 统		
给进行程/mm	3300	3300
给进力/kN	100	45
起拔力/kN	220	125
桅杆摆角/(°)	90 ~ 45	90 ~ 45
立根长度/m	3(×3)	3(×2)
液 压 系 统		
主泵（流量/压力）/(L·min⁻¹/MPa)	280/31	156/28
主 卷 扬		
单绳拉力/kN	高速挡 220，低速挡 120	高速挡 183，低速挡 128
提升速度/m·min⁻¹	高速挡 140，低速挡 70	高速挡 53，低速挡 34
容绳量/m	80(ϕ24mm 钢丝绳)	45(ϕ24mm 钢丝绳)
绳 索 卷 扬		
第一层单绳拉力/kN	11	11
第一层绳速/m·min⁻¹	110	110
最外层绳速/m·min⁻¹	443	443
容绳量/m	2500(ϕ5mm 钢丝绳)	1800 (ϕ5mm 钢丝绳)
泥浆泵	BW320A 高压泥浆泵	BW160/10 高压泥浆泵
整机质量/t	22	9
外形尺寸（$L \times W \times H$）/mm × mm × mm	10660 × 2500 × 2600	4100 × 2200 × 10360

2.1.3.4 HCDF - 6 型履带式全液压岩心钻机

HCDF - 6 型履带式全液压岩心钻机是适用于金刚石绳索取心钻探工艺方法的专用机型，主要服务于矿山地质、环境地质、工程地质等的勘探作业，广泛应用于地矿、煤田、有色、核工业、黄金等领域的勘探工程中。

HCDF - 6 型履带式全液压岩心钻机主要特点如下：

（1）长行程给进，稳定加压，减少孔内事故，提高钻探效率。

（2）可无级调速，调速平稳、宽泛，过载保护，低速大扭矩。

（3）大通径卡盘，适用 PQ、HQ、NQ 及 BQ 相应孔径钻探施工。

（4）独立操作台，操作便利，仪表监控整机运行和孔内工况。

（5）附具液压化，夹持器、泥浆泵、搅拌器都实现液压操控。

（6）关键件可靠，液压泵、阀，马达采用知名厂家通用品牌。

（7）保留了全液压钻机的优势，吸收高钻塔在深孔钻中的长处。

（8）给进油缸起拔力大，油缸给进行程 4.8m，适合 3m 及 4.5m 两种绳索。

（9）取心钻杆，保证一个回次即可完成全管取心，人人提高岩心采取率。

（10）机械换挡和液压调速结合，并采用电子数码显示，可实现每分钟 0 ~ 1200 转的无级变速以及动力头转速的精准控制。

（11）钻机可让开井口位置 500mm，旧时保留动力头沿水平方向移开孔口。

（12）液压卡盘安全可靠。内藏 5 块带硬质合金的卡瓦片，最大夹持力可达 360kN，而且保证拆卸、更换不同规格卡瓦组的便利性。

（13）备有桅杆上段，可达到一机两用。

HCDF - 6 型履带式全液压岩心钻机主要技术参数见表 2 - 25。

表 2 - 25　HCDF - 6 型履带式全液压岩心钻机主要技术参数

钻 进 能 力	
钻孔深度/m	BQ(55.6mm) 3000、NQ(69.91mm) 2200 HQ(88.9mm) 1500、PQ 900
主电机（型号/功率/转速）	Y315M - 4/132kW/1500r/min
辅助电机（型号/功率/转速）	Y132M - 4/11kW/1500r/min
主泵（流量/压力）	210 × 21/min/32MPa
辅助泵（流量/压力）	391/min/30MPa
液压油箱容量/L	600
动 力 头	
1 挡（转速/扭矩）/(r·min^{-1}/N·m)	0 ~ 367/5960 ~ 3800
2 挡（转速/扭矩）/(r·min^{-1}/N·m)	0 ~ 1200/1820 ~ 1166
主轴通径/mm	ϕ117
调速方式	变量调速马达以及末级齿轮传动调速
液压卡盘结构类型	弹簧夹紧，液压张开
卡瓦数量	5（易拆装）
卡盘能力/kN	220

续表 2 – 25

给 进 系 统	
给进行程/mm	4800
给进力（起拔力）/kN	100（200）
主 卷 扬	
单绳拉力/kN	高速挡96，低速挡148
提升速度/m·min⁻¹	高速120，低速挡78
钢绳直径（容绳量）/mm（m）	24（130）（φ24mm 钢丝绳）
绳 索 卷 扬	
绳索卷扬第一层单绳拉力/kN	11
第一层绳速/m·min⁻¹	140
最外层绳速/m·min⁻¹	550
容绳量/m	2500（φ5mm 钢丝绳）
主机后移距离/mm	500
整机质量/t	22
外形尺寸（$L \times W \times H$）/mm×mm×mm	10660×2500×2600
运输尺寸（$L \times W \times H$）/mm×mm×mm	6960×1500×2670

2.2 泥浆泵

泥浆泵是钻探工作主要配套设备之一。其作用是把冲洗液送入孔内，以冷却钻头，清洗孔底，排出岩粉、岩屑，反循环钻进中还可以输送岩心，保护孔壁，润滑钻具等，以保证正常钻进。钻探用泥浆泵有往复式泥浆泵和螺杆泵两大类型，以往复式泥浆泵应用最广泛，此外排水和泵浆时有用到离心泵和砂石泵。

2.2.1 往复式泥浆泵

钻探中常用往复式泥浆泵，主要根据所需的泵量泵压进行选择，图 2 – 12 所示为 BW – 250 型三缸单作用往复式泥浆泵外形。往复式泥浆泵按其缸数可分为单缸、双缸和三缸；按作用次数分为单作用和双作用；按活塞形式又分为活塞式和柱塞式；按缸的位置又分为卧式和立式；按排出液体压力大小又分为低压泵（≤4MPa）、中压泵（4～32MPa）和高压泵（32～100MPa）。根据活塞的往复次数可分为低速泵（≤80 次/分）、中速泵（80～250 次/分）和高速泵（250～550 次/分）。

在选择泵时，应根据钻孔的深度和孔径加以正确选择。一般钻孔的口径越大，要求泵的排量越大；钻孔的深度越大，要求泵的压力越高。通常岩心钻探多配用三缸单作用泵，水文水井钻探多用双缸双作用泵，这些泵也多属于中、低压及中、低速泵。常用往复式泥浆泵的技术性能见表 2 – 26～表 2 – 28。

图 2 - 12　岩心钻探常用泥浆泵（BW - 250 型）

表 2 - 26　岩心钻探常用泥浆泵主要技术参数

泵的型号	BW - 100	BW - 120	BW - 150	BW - 200	BW - 200	BW - 250	BW - 320
类　型	三缸单作用活塞泵	单缸双作用活塞泵	三缸单作用活塞泵	三缸单作用活塞泵	双缸双作用活塞泵	三缸单作用活塞泵	三缸单作用活塞泵
泵量/L·min^{-1}	18、23、28、35、43、53、72、90	120	32、38、47、58、72、90、125、150	102、125、164、200	200、125	250、145、90、52、166、96、60、35	320、250、165、118、180、130、92、66
泵压/MPa	5.6、5.6、5.6、5.6、5.4、5.4、4.5、32.5	1.8	7、7、6、4.8、4、3.2、2.3、18	8.0、7.0、6、5	3.92、5.88	2.45、4.41、5.88、5.88、3.92、5.88、6.86、6.86	4、5、6、8、6、8、9、10
泵缸内径/mm	60	85	70	70	80、65	80、65	80、60
活塞行程/mm	65	85	70	100	85	100	110
活塞往复次数/min^{-1}	38、47、57、70、87、106、147、181	150	47、57、71、86、107、130、183、222	107、130、171、209	145	200、116、72、42、200、116、72、42	214、153、109、78
皮带轮直径/mm	无皮带轮	270	无皮带轮	410(节径)		410(节径)	480(节径)
驱动功率/kW	5.5	4.4	7.35	23.53	15	15	30
吸水管内径/mm	45	32	45	76	53	76	76

泵的型号	BW－100	BW－120	BW－150	BW－200	BW－200	BW－250	BW－320
排水管内径/mm	32	25.4	32	51	28	51	51
调节流量方式	变速箱改变往复次数		变速箱改变往复次数	变速箱改变往复次数	更换缸套	四级变速箱改变往复次数及换缸套	四级变速箱改变往复次数及换缸套
外形尺寸/mm×mm×mm	1840×835×840	900×700×92	2050×625×986	1000×995×650	1050×630×820	1000×995×650	1905×1100×1200（带电机）
质量/kg	314（不含动力机）	140（不含动力机）	516（不含动力机）	520	300	500	1000（含电动机）
生产单位	北京探矿机械厂	无锡探矿厂	衡阳探矿厂	衡阳探矿厂	无锡探矿机械厂	衡阳探矿机械厂	衡阳探矿机械厂
泵的型号	BWJ－30	BWJ－80	BWJ－125	BW－100	BW－100	长江ZBB－2	长江ZBB－200/40
类型	三缸单作用活塞泵	三缸单作用活塞泵	三缸单作用活塞泵	三缸单作用活塞泵	双缸双作用活塞泵	三缸单作用活塞泵	三缸单作用活塞泵
泵量/L·min^{-1}	30、20	80、57、42	27、37、46、55、66、92、35、50、65、85、125	60、100	100	30~154	150~200
泵压/MPa	3(最大)	3(最大)	4.5(最大)	3、1.5	3	2.7~6	4(最大)

表 2－27 岩心钻探常用大泵量泥浆泵主要技术参数

泵的型号	NBH－350/80	BWT－500	SBW－600	BW600/90－1	BW－850	BW－1200	BW－1200
类型	三缸单作用活塞泵	三缸双作用活塞泵	三缸双作用活塞泵	双缸双作用活塞泵	双缸双作用活塞泵	双缸双作用活塞泵	双缸双作用活塞泵
泵量/L·min^{-1}	350	500、350	600、370、245、150	230、340、520	850、600	1200、800	1200、900、630、360
泵压/MPa	8	1.2、2	1.5、2、3、3	5、4、3	2、3	2、4	3.2、4.4、6.2、11
泵缸内径/mm	100	100	105	130、110、50	150	170	150、130、110、85
活塞行程/mm	140	85	100	180	180	220	250

泵的型号	NBH－350/80	BWT－500	SBW－600	BW600/90－1	BW－850	BW－1200	BW－1200
活塞往复次数 /min⁻¹	120	170、115	34、55、83、135	80	82、58	76、51	71
皮带轮直径/mm		390			700(节径)		
驱动功率/kW	43	16	22	30～40	40	100	75
吸水管内径/mm	100	89			127		152
排水管内径/mm	50	51			63.5		75
调节流量方式	改变往复次数	改变往复次数	更换缸套	更换缸套	改变往复次数	更换缸套	
外形尺寸 /mm×mm×mm	1290×1140 ×1092	1350×810 ×820			2000×1030 ×1450		2750×1300 ×2150
质量/kg	2250	540	720	1450	1500	3000	4000
生产单位	石家庄煤矿机械厂	天津探矿机械厂	衡阳探矿机械厂	天津探矿机械厂	上海探矿机械厂	上海探矿机械厂	张家口探矿机械厂

表 2－28　常用往复式泥浆泵技术参数

类型 技术规范	SNB 90	WX－200
形式	三缸单作用卧式	双缸双作用卧式
最大排量/L·min⁻¹	90、72、53、43、35、25、18	200、125
最大压力/MPa	6.5、2.5、3.0	4.0、6.0
缸套直径/mm	60	80、65
活塞行程/mm	65	85
活塞往复次数/V·min⁻¹		145
拉杆直径/mm		
传动轴转速/r·min⁻¹	1500	530
传动轮直径/mm		
三角皮带轮节径/mm		385
三角皮轮类型及槽数		BX5
所需功率/kW	5.5	15
吸水口径/mm	45	65
排水口径/mm	25	28
外形尺寸/mm×mm×mm	1840×835×840	1050×630×820
泵体质量/kg	185	300

2.2.2 螺杆泵

部分螺杆泵的技术参数见表2-29。

表2-29 部分螺杆泵技术参数

技 术 规 格	单 位	200/40 型	LG01 200/30	100/30
排 量	L/min	200	200	100
最大工作压力	MPa	4（单级2）	3	3
转 速	r/min	500	1200 或 600	
最大吸水高度	m	6	7	
吸水管直径	mm	76.2	64	
排水管直径	mm	38.1	37	
转子断面圆直径	mm	63.5	69	
转子偏心距	mm	10.5	12.5	
转子螺距	mm	100	56	
外形尺寸（长×宽×高）	mm×mm×mm	1850×400×400	1390×1190×500	
质 量	kg	205	155	
所需功率	kW	17	13	
生产单位		张家口探机	二部三局	北京探机

2.2.3 砂石泵

部分砂石泵的技术参数见表2-30和表2-31。

表2-30 部分砂石泵技术参数（一）

型 号	连接形式	配带功率/kW	流量/m³·h⁻¹	扬程/m
$2\frac{1}{2}$PS	直 接	Y160L-4 15	30、50、70	23.3、23、21
	间 接	Y160L-4 22	30、50、70	33、34.5、33
4PS	直 接	Y200L-4 30	90、120、160	25、24、21
	间 接	Y250M-4 55	90、120、160	37、36.5、35.5
	直 接	Y280M-6 55	180、240、320	29、28、25
	间 接	Y280S-4 75	180、240、320	36、35、31

表2-31 部分砂石泵技术参数（二）

型号	流量 m³/h	流量 L/s	扬程/m	转速/r·min⁻¹	轴功率 kW	电机功率 kW	效率/%	允许吸上真空高度/m	叶轮直径 mm	口径 进口 mm	口径 出口 mm	外形尺寸 长×宽×高 mm	质量/kg
1½B 17 (1½BA 6)	6 11 14	1.6 3.0 3.9	20.3 17.4 14.0	2900	0.724 0.932 1.01	1.5 (2.2)	44.0 55.5 53.0	6.6 6.7 6.0	128	40	32	(389×214×242)	17 (30)
1½B 17A (1½BA 6A)	5 9.5 13.5	1.4 2.6 3.8	16.0 14.2 11.2	2900	0.578 0.703 0.835	1.1 (2.2)	38.0 51.5 50.0	6.5 6.9 6.1	115	40	32	(389×214×242)	17 (30)
2B-31 (2BA-6)	10 20 30	2.8 5.5 8.3	34.5 30.8 24.0	2900	1.87 2.60 3.07	4 (4.5)	50.6 64.0 63.5	8.7 7.2 5.7	162	50	40	(442×270×273)	37 (35)
2B-31A (2BA-6A)	10 20 30	2.8 5.5 8.3	28.5 25.2 20.0	2900	1.44 2.07 2.54	3 (2.8)	54.5 63.0 64.0	8.7 7.2 5.7	148	50	40	(442×270×273)	37 (35)
2B-19 (2BA-9)	11 20 25	3.0 5.5 7.0	21.0 18.5 16.0	2900	1.10 1.47 1.66	2.2 (2.8)	56.0 68.0 66.0	8.0 6.8 6.0	127	50	40	(457×225×250)	19 (36)
2B-19A (2BA-9A)	10 17 22	2.8 4.7 6.1	16.8 15.0 13.0	2900	0.85 1.06 1.23	1.5 (1.7)	51.0 66.0 63.0	8.1 7.3 6.5	117	50	40	(457×225×250)	19 (36)
3B-57 (3BA-6)	30 45 60 70	8.3 12.5 16.7 19.5	62.0 57.0 50.0 44.5	2900	9.3 11.0 12.3 13.3	17 (20)	54.4 63.5 66.3 64.0	7.7 6.7 5.6 4.7	218	(80)	(50)	(752×365×340)	70 (116)
3B-57A (3BA-6A)	30 40 50 60	8.3 11.1 13.9 16.7	15.0 41.5 37.5 30.0	2900	6.65 7.3 7.98 8.8	10 (14)	55.0 62.0 64.0 59.0	7.5 7.1 6.4	192	(80)	(50)	(752×365×340)	70 (116)
3B-33 (3BA-9)	30 45 55	8.3 12.5 15.1	35.5 32.6 38.8	2900	4.6 5.56 6.25	7.5 (7)	62.5 71.2 68.2	6.7 5.0 3.0	168	(80)	(50)	(515×289×289)	40 (50)
3B-33A (3BA-9A)	25 35 45	7.0 9.7 12.5	26.2 35.0 22.5	2900	2.83 3.35 3.87	5.5 (4.5)	63.7 70.8 71.2	7.0 6.4 5.0	145	(80)	(50)	(515×289×289)	40 (50)

型 号	流量		扬程/m	转速/r·min⁻¹	功率/kW		效率/%	允许吸上真空高度/m	叶轮直径	口径		外形尺寸	质量/kg
	m³/h	L/s			轴功率	电机功率				进口	出口	mm	
3B-19 (3BA-13)	32.4 45.0 52.2	9.0 12.5 14.5	21.6 18.8 15.6	2900	2.5 2.88 2.92	4 (4.5)	76.0 80.0 75.0	6.25 5.5 5.0	132	80	65	(372×245 ×261)	23 (40)
3B-19A (3BA-13A)	29.5 39.6 48.6	8.2 11.0 13.5	17.4 15.0 12.0	2900	1.86 2.02 2.15	3 (2.8)	75.0 80.0 74.0	6.0 5.0 4.5	120	80	65	(372×245 ×261)	23 (40)
4B-91 (4BA-6)	65 90 115 135	18 25 32 37.5	98 91 81.5 72.5	2900	27.6 32.8 37.1 40.4	55	63.0 65.0 68.5 66.0	7.1 6.2 5.1 4.0	227	100	80 (70)	(760×386 ×510)	89 (138)
4B-91A (4BA-6A)	65 85 105 125	18 23.6 29.2 34.7	82.0 76.0 69.5 61.6	2900	22.9 26.1 29.1 31.7	40	63.2 67.5 68.5 66.0	7.1 6.4 5.5 4.6	250	100	80 (70)	(760×386 ×510)	89 (138)
4B-54 (4BA-8)	70 90 109 120	19.4 25 30.4 33.4	59.0 54.2 47.6 43.0	2900	17.5 19.3 20.6 21.4	30	64.5 69.0 69.0 66.0	5.0 4.5 3.8 3.5	218	100	80 (70)	(740×365 ×366)	78 (116)
4B-54A (4BA-8A)	70 90 109	19.4 2.5 30.4	48 43 36.8	2900	13.6 15.3 16.8	22 (20)	67.0 69.0 65.0	5.0 4.5 3.8	200	100	80 (70)	(740×365 ×366)	78 (116)
4B-35 (4BA-12)	65 90 120	18 25 33.3	37.7 34.6 28	2900	9.25 10.8 12.3	17 (20)	72 78 74.5	6.7 5.8 3.3	178	100	80	(744×355 ×362)	48 (108)
4B-35A (4BA-12A)	60 85 110	16.7 23.6 30.6	31.6 28.6 23.3	2900	7.4 8.7 9.5	13 (14)	70 76 73.5	6.9 6 1.5	163	100	80	(744×355 ×362)	48 (108)
4B-20 (4BA-18)	65 90 110	18 25 30.6	22.6 20 17.1	2900	5.32 6.28 6.93	10	75 78 74	5	143	100	80	(520×296 ×302)	51.6 (59)
4B-20A (4BA-18A)	60 80 95	16.7 22.2 26.4	17.2 15.2 13.2	2900	3.80 4.35 4.80	7	74 76 77.1	5	130	100	80	(520×296 ×302)	51.6 (59)

型　号	流　量		扬程/m	转速/r·min⁻¹	功率/kW		效率/%	允许吸上真空高度/m	叶轮直径	口径		外形尺寸	质量/kg
	m³/h	L/s			轴功率	电机功率				进口	出口	长×宽×高	
									mm			mm	
4B-15 (4BA-25)	54 79 99	15 22 27.5	17.6 14.8 10	2900	3.69 4.10 4.02	5.5 (4.5)	70 78 67	5	126	100	80	(579×220 ×295)	27 (44)
4B-15A (4BA-25A)	50 72 86	14 20 24	14 11 8.5	2900	2.80 2.87 2.78	4 (4.5)	68.5 75 72	5	114	100	80	(579×220 ×295)	27 (44)

注：括号内的数据为原 BA 型泵的数据。

2.3 钻塔

钻塔在钻进过程中主要用途是起下钻具；减压钻进时，悬挂钻具；在某些情况下处理孔内事故，起下套管等。常用钻塔的主要技术参数见表 2-32。SG 系列四角钻塔、AG 系列 A 型钻塔主要用于岩心钻机和水井钻机提升钻具用（见表 2-33 和表 2-34），是经国家鉴定定型的系列产品，具有质量轻、负荷能力大、安装使用方便等特点。

表 2-32　常用钻塔主要技术参数

钻塔类型 主要技术参数	角　钢					钢　管				人字
	直塔			斜塔		直塔		斜塔		
	12.5	17	22	12	16	SG-18	SG-23	SG-13	SG-17	13
钻塔高度/m	12.5	17	22	12	16	18	23	13	17	13
通用钻孔深度/m	350	650	1200	350	650	600	1200			300
有效载荷/kN	58.8	78.4	165	58.8	78.4	98	147	98	147	78.4
顶宽/m	1.4× 1.4	1.5× 1.5	1.6× 1.6	1.3× 1.5	1.6× 1.6	1.4× 1.4	1.1× 1.1	1.2× 1.3	1.2× 1.22	0.98× 0.65
提升钻杆根数与长度/根×m	2× 4.5	3× 4.5	4× 4.5	2× 4.5	3× 4.5	3× 4.8	4× 4.8	2× 4.8	3× 4.8	2× 4.5
滑车组数×减轻负荷倍数	2× 1.5	2.5× 2	3×2	2× 1.5	3×2					
钻塔质量/t	29.4	44.1	57	36.3	46.2	18.5	28.6	22.2	27.9	22.1

续表 2 – 32

钻塔类型 \ 主要技术参数	角 钢					钢 管				
	直塔		斜塔			直塔		斜塔		人字
	12.5	17	22	12	16	SG – 18	SG – 23	SG – 13	SG – 17	13
工作台高度/m	8.30	13.20	17.60	9.00	13.00	15.00	20.00			
底框尺寸/m	4.3 × 4.3	5.0 × 5.0	5.5 × 5.5	4.5 × 7.6	5.0 × 9.2	5.0 × 5.0	5.0 × 5.0	4.2 × 5.15	4.5 × 6.4	4.3 × 3.7

表 2 – 33　SG 系列四角钻塔主要技术参数

钻塔型号	SGZ26	SGZ24	SGZ23	SGZ18	SGX17	SGX13
名义高度/m	26	24	23	18	17	13
移摆立根长度/m	18	18	18 ~ 19	13.5 ~ 14.5	13.5 ~ 14.5	9 ~ 10
底层名义面积/m × m	7 × 7	6.5 × 6.5	5.5 × 5.5	4.5 × 4.5	45.5 × 4.5	4.2 × 5.15
顶层名义面积/m × m	1.39 × 1.39	1.38 × 1.38	1.2 × 1.2	1.2 × 1.2	1.2 × 1.2	1.2 × 1.2
天车轮数量	5	4	4	3	3	2
天车正常负荷/t	70	50	23	15	15	10
天车最大负荷/t	90	68	30	20	25/20	15
活动工作台最大负荷/t	80	80	80	80	80	80
质量/kg	16000	11000	6630	4434	5150	4140

注：SGZ 为四角管子直塔，SGX 为四角管子斜塔。

表 2 – 34　AG 系列 A 型钻塔主要技术参数

钻塔型号	AG13	AG15	AG18	AG24	AG27	AG31	AGY22
名义高度/m	13	15	18	24	27	31	22
移摆立根长度/m	9	9	13.5	17.5	17.5	17.5	17.5
底层名义面积/m × m	4.5 × 4.5	4.5 × 4.5	4.5 × 6.4	6 × 6	6 × 6	7 × 1.2 × 2.2 (m × m × m)	4.2 × 5.15
天车轮数量	3	4	4	4	5	6	4
天车负荷/t	20	30	30	75	90	135	75
质量/kg	5000	5000	5800	13000	19000	41000	23000

一般选取原则如下：

（1）SGZ23 型钻塔适用于 1500m 左右的深孔钻进。

（2）SGX17 型和 SGX18 型钻塔适用于 1000m 左右直斜孔钻进。

（3）SGX13 型钻塔适用于倾角 75° ~ 90°，孔深 600m 左右直斜孔钻进。

（4）AG 系列 A 型钻塔适用于岩心地质勘探，也可用于水井或者石油及天然气勘探。

2.4 动力机的选择

动力机的选择包括类型的选择与所需功率的确定。

2.4.1 电动机

凡是有电源的地方，常选用交流感应电动机，因其质量轻、结构简单、使用维护方便、不污染环境。常用型号的 JQ 系列三相异步电动机技术参数见表 2 - 35。

表 2 - 35　JQ 系列三相异步电动机技术参数

系列	型　号	额定值				启动电流	启动转矩	最大扭矩	外形尺寸/mm			质量
		功率/kW	电压/V	电流/A	转速/r·min^{-1}	额定电流/A	额定转矩/kN·m	额定转矩/kN·m	长	宽	高	
JQ$_2$系列	JQ$_2$-61-4	13	380	25.6	1460	7.0	1.3	2.0	635	455	425	150
	JQ$_2$-62-4	17	380	32.9	1460	7.0	1.3	2.0	675	455	425	158
	JQ$_2$-71-4	22	380	42.5	1470	7.0	1.2	2.0	780	515	505	235
	JQ$_2$-72-4	30	380	57.6	1470	7.0	1.2	2.0	785	515	505	275
	JQ$_2$-82-4	40	380	75	1470	6.5	1.2	2.0	920	625	560	425
	JQ$_2$-91-4	55	380	102.5	1470	6.5	1.2	2.0	990	720	630	538
	JQ$_2$-92-4	75	380	137.5	1470	6.5	1.1	2.0	1040	720	630	625
	JQ$_2$-93-4	100	380	184	1470	6.5	1.1	2.0	1040	720	630	670
JQ$_4$系列	JQ$_4$-21-4	1.1	380	2.83	1410	7.0	1.8	2.0	300	230	105	20
	JQ$_4$-22-4	1.5	380	3.65	1410	7.0	1.8	2.0	300	230	115	22
	JQ$_4$-31-4	2.2	380	50.2	1430	7.0	1.8	2.0	330	250	185	26
	JQ$_4$-41-4	3	380	6.7	1430	7.0	1.8	2.0	360	270	205	32
	JQ$_4$-42-4	4	380	85.2	1440	7.0	1.8	2.0	390	270	205	40
	JQ$_4$-51-4	5.5	380	11.4	1440	7.0	1.8	2.0	400	290	275	50
	JQ$_4$-52-4	7.5	380	15.1	1450	7.0	1.6	2.0	440	290	275	60
	JQ$_4$-61-4	10	380	20.4	1450	7.0	1.6	2.0	460	350	325	80
	JQ$_4$-62-4	13	380	25.8	1460	7.0	1.6	2.0	510	350	325	93
	JQ$_4$-71-4	17	380	33	1460	7.0	1.6	2.0	600	415	395	148
	JQ$_4$-72-4	22	380	42.4	1470	7.0	1.6	2.0	640	415	395	167
	JQ$_4$-73-4	30	380	57.5	1470	7.0	1.6	2.0	685	415	395	113

注：1. JQ$_2$ 系列为一般用途的三相鼠笼型异步电动机，适用于对启动性能、调速性能及转差率均无特殊要求的机构设备上，电动机为封闭自扇冷式，可用在灰尘较多、水土飞溅的场所；

　　2. JQ$_4$ 系列可用于在启动性能上无特殊性要求的机械设备，如水泵运输机械及矿山机械等。

在没有电源的地方可使用柴油机，常用型号柴油机技术参数见表2-36。

表 2-36 常用柴油机技术参数

型　号		类型	汽缸数	汽缸直径/mm	活塞行程/mm	压缩比	额定功率/kW	最大功率/kW	额定转速/r·min⁻¹	额定功率时燃油消耗率/g·(kW·h)⁻¹	冷却方法	润滑方法	启动方法	柴油机净重/kg
	1105	复合式	1	105	120	17	9	909	1500	240	水冷	飞溅压力		
	2105	复合式	2	105	120	16.5	18	19.8	1500	247	水冷	飞溅压力	手摇	215
	2105干	复合式	2	105	120	17	15	16.5	1500	247	风冷	飞溅压力	手摇	
	3105	复合式	3	105	120	17	33.8	37.5	2000	247	水冷	飞溅压力		
105系列	4105	复合式	4	105	120	17	33.8 45	39.6 49.5	1500 2000	247	水冷	飞溅压力	电动机	400
	4105	复合式	4	105	120	17	30 37.5	33 45	1500 2000	247	风冷	飞溅压力	电动机	
	6105Q	复合式	6	105	120	17	67.5 81	67.5 90	2000 2400	247	水冷	飞溅压力	电动机	
115系列	4115V₁	复合式	4	115	130	16.5	48.8		1700	267	水冷	飞溅压力	电动机	600
	4115L 4115Q 4115S	复合式	4	115	130	16.5	33.8		1500	260	水冷	飞溅压力	电动机	600
125系列	东方红54	复合式	4	125		16	40.5		1300	293	水冷	飞溅压力	汽油机	
135系列	2135G	复合式	2	135	140	16.5	30		1500	240	水冷	飞溅压力	电动机	670
	4135G	复合式	4	135	140	16.5	60		1500	233	水冷	飞溅压力	电动机	870
	6135G	复合式	6	135	140	16.5	90		1500	233	水冷	飞溅压力	电动机	1160
	12V135	复合式	12	135	140	16.5	180		1500	233	水冷	飞溅压力	电动机	1160
146系列	4162A		4	146	204	15.8	67.5	75	1050	280	水冷		汽油机	1850
	6146A	复合式	6	146	204	15.8	97.5	104	1000	280	水冷		汽油机	2420
	g35		4	100	130	17	26.5 28.5		1400	293			汽油机	825
	-54	复合式	4	125	152	10	40.5		1300	293	水冷	飞溅压力	汽油机	

2.4.2 启动设备

启动设备主要包括以下几种：

（1）三相闸刀开关。一般用来启动低电压 500V、功率 10kW 以下的电动机。选用开关的额定电流不应小于电动机额定电流的 3 倍，但不应大于供电变压器的额定电流。其常用规格由三线 500V、15A、20A、60A 等。

（2）三相铁壳开关。选用铁壳开关额定电流应为电动机额定电流的 3 倍以上，它可用于 22~28kW 以下低电压电动机的全压启动，其常用规格 500V，20A、30A、60A、100A 等。

（3）磁力启动器（电磁开关）。主要用于 75kW 以下电动机的启动及保护（见表 2-37）。

表 2-37 QC10 系列电磁启动器技术参数

型　号	额定电流/A	所配交流接触器型号	可控鼠笼型电动机最大功率/kW		
			220V	380V	500V
QC10-1	5	CJ10-5	1.2	2.2	2.2
QC10-2	10	CJ10-10	2.2	4	4
QC10-3	20	CJ10-20	5.5	10	10
QC10-4	40	CJ10-40	11	20	26
QC10-5	60	CJ10-60	17	30	
QC10-6	100	CJ10-100	29	50	
QC10-7	150	CJ10-150	47	75	

（4）Y-△启动器。主要作为感应电动机 Y-△换接启动即停止用。适用于在正常运行时，绕组△接法的较大容量的电动机。自动式具有过载及失压保护（见表 2-38）。

表 2-38 常用 Y-△启动器主要技术参数

型　号	额定电压/V	额定电流/A	可控电动机最大功率/kW
QX$_4$-17		26	13
		33	17
QX$_4$-30		42.5	22
	380	58	30
QX$_4$-55		77	40
		105	55
QX$_4$-75		142	75
QX$_4$-125		260	125

（5）自耦式降压启动器（启动补偿器）。常用于 QJ$_2$、QJ$_3$ 系列电动机。适用于容量较大和正常运行及接成 Y 而不允许采用 △ 启动器的鼠笼式异步电动机（见表 2 - 39）。

表 2 - 39　QJ$_2$、QJ$_3$ 系列自耦减压启动器主要技术参数

型　号	额定电流/A	启动电动机功率/kW	型　号	额定电流/A	启动电动机功率/kW
QJ$_2$ - 10	22.5	10	QJ$_3$ - 10	19 ~ 24	10
QJ$_2$ - 14	30	14	QJ$_3$ - 14	27 ~ 33	14
QJ$_2$ - 20	43	20	QJ$_3$ - 20	38 ~ 45	20
QJ$_2$ - 28	60	28	QJ$_3$ - 28	52 ~ 61	28
QJ$_2$ - 40	75	40	QJ$_3$ - 40	70 ~ 90	40
QJ$_2$ - 55	100	55	QJ$_3$ - 55	90 ~ 123	55
QJ$_2$ - 75	140	75	QJ$_3$ - 75	135 ~ 152.6	75

2.4.3　照明发电机

岩心钻探照明用直流发电机主要技术参数见表 2 - 40。

表 2 - 40　岩心钻探照明用直流发电机主要技术参数

型　号	额定功率/kW	额定电压/V	额定电流/A	激磁方式	激磁电流/A	质量/kg	额定转速/r·min^{-1}	外形尺寸（长×宽×高）/mm×mm×mm
Z$_2$ - 21	0.7	115	6.8	复激	0.35	50	1450	420 × 358 × 201
Z$_2$ - 22	1.0	115	6.7		0.50	55		443 × 358 × 301
Z$_2$ - 21	0.7	230	3.04	复激	0.20	50	1450	420 × 388 × 301
Z$_2$ - 22	1.0		4.35		0.20	55		443 × 358 × 301
Z$_2$ - 22	0.8	115	9.50	复激或他激（110V）		56	1450	442 × 362 × 320
Z$_2$ - 31	1.1		9.56			65		485 × 390 × 243
Z$_2$ - 22	0.8	230	3.46	复激或他激（110V/220V）		56	1450	442 × 362 × 320
Z$_2$ - 31	1.1		4.78			65		485 × 390 × 340

2.4.4　柴油发电机组

如没有电源，但钻机比较集中，可考虑设置小型电站，常用柴油发电机组技术参数见表 2 - 41。

表 2-41　几种柴油发电机组主要技术参数

序号	型号	形式	额定功率	额定频率	额定电压	额定电流	外形尺寸（长×宽×高）	质量	型号	12h标定工况	发电机型号	控制屏型号	生产厂家
			kW	Hz	V	A	mm×mm×mm	kg		$\dfrac{kW}{r/min}$			
1	$12GT_3$	拖车	12	50	400	21.7	3200×1620×1940	1270	$2100D_2$	$\dfrac{16.2}{1500}$	T2S-12A 101	PF5-12	辽宁大连柴油机厂
2	$20GF_1$	固定	20	50	400	36.1	1800×600×1160		495AD-4	$\dfrac{28}{1500}$	T2S-TH	PFZ_1-20TH	上海内燃机厂
3	$24GF_{52}$		24	50	400	43.3	1876×750×1418	1763	2135D-1	$\dfrac{29.4}{1500}$	$T2W_2$-200B	24BFS2-LT	江苏南通内燃机厂
4	30GF	移动	30	50	$\dfrac{400}{230}$	54.5	2300×895×1880	2100	4125C	$\dfrac{44.2}{1500}$	TZH-30	F-1-30	洛阳拖拉机制造厂
5	$40GF_1W$	滑移	40	50	400	72	2273×830×1279		4120	$\dfrac{48.6}{1500}$	40TFWM		江苏无锡内燃机厂
6	$50GF_1$	移动	50	50	$\dfrac{400}{230}$	90.5	2300×895×1880	2250	4135	$\dfrac{58.8}{1500}$	TZH-50	HT-1-50	洛阳拖拉机制造厂
7	1~60	固定	60	50	400	106.5	2770×1020×1570	3000	4160A	$\dfrac{66.2}{750}$	T_2WN-849.3/30	HF51-121	武汉内燃机厂
8	$075GF_{11}$	滑移	75	50	400	135.5	2730×900×1384	2240	6135D-3	$\dfrac{88.3}{1500}$	TZH-75	$BF_1$222 X-A	沈阳柴油机厂

续表 2-41

序号	机组							柴油机		发电机型号	控制屏型号	生产厂家
	型号	形式	额定功率	额定频率	额定电压	额定电流	外形尺寸（长×宽×高）	质量	型号	12h标定工况			
			kW	Hz	V	A	mm×mm×mm	kg		kW/r/min			
9	90GF$_{52}$		90	50	400/230	162.38	2924×904×1468	2357	6135AG	110/1500	T2W$_2$-280A	90BF$_2$-LT	江苏南通柴油机厂
10	SC120BG	滑行	120	50	400/230	216	2890×1145×1570	3300	12V135D	177/1500	TZT-104-120	HF-120-B	上海柴油机厂

2.5 附属设备

2.5.1 泥浆搅拌机

泥浆搅拌机分立式和卧式两种，岩心钻探用泥浆搅拌机可采用0.4m³卧式搅拌或0.5~1.0m³立式搅拌。立式搅拌机见图2-13和表2-42。LH型搅拌机如图2-14所示。

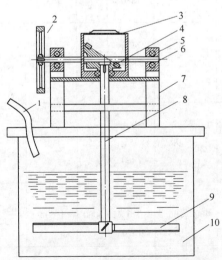

图 2-13 立式搅拌机结构示意图

1—输水管；2—工作轮；3—齿轮箱；4—伞齿轮；5—轴承；6—传动轴；
7—机架；8—搅拌轴；9—搅拌叶；10—搅拌池

表 2-42 泥浆搅拌机技术规格

型 号	NL-300 型	NJ-600 型
有效容量/L	400	750
总容量/L	300	600
搅拌筒直径/mm	850	1000
螺旋桨个数	2	2
螺旋桨转速/r·min^{-1}	600	600
螺旋桨直径/mm	320	325
外形尺寸/mm×mm×mm	1310×1130×1640	
质量/kg	200	400
最大分解质量/kg	150	200
动力机	JQ$_2$-42-2：7.5kW 电动机；195 型：8.8kW，1200r/min 柴油机	

图 2-14 LH 型泥浆搅拌机

2.5.2 游动滑车

滑车技术规格见表 2-43。

表 2-43 滑车主要技术规格

名 称	规格/t	起重能力/t	绳轮直径/mm	质量/kg	外形尺寸（长×宽×高）/mm×mm×mm	适用孔深/m	制造单位
单轮滑车	3	3	260	30	346×122×320	<300	天津探矿厂
	6	6	320	63	426×165×566	<600	
	10	10	390	72	476×165×703	<1000	

名　称	规格 /t	起重能力 /t	绳轮直径 /mm	质量 /kg	外形尺寸 （长 × 宽 × 高） /mm × mm × mm	适用孔深 /m	制造 单位
双轮滑车	5	5	260	57	198 × 346 × 516	< 500	天津 探矿厂
	8	8	290	75	216 × 376 × 707	< 600	
	12	12	320	1025	245 × 106 × 770	< 1000	
三轮滑车	18	18	320	133	406 × 290 × 694	< 1200	

2.5.3 钢丝绳

升降机用钢丝绳主要有 6×19、6×37 两种结构，表 2 - 44 列出常用的钢丝绳规格。若选用的规格超出表 2 - 44 可查阅《机械设计手册》。

选择钢丝绳时应保证有一定的安全系数，即：

$$S_{\max} \cdot n \leqslant S_p$$

式中　$S_{\max}$——钢绳最大静拉力，kN；

　　　S_p——钢绳的破断拉力，kN；

　　　n——钢绳的安全系数，对于升降机用钢绳 $n = 4 \sim 6$。

表 2 - 44　常用的钢丝绳规格

类　型	直径/mm		钢丝总断面积 /mm²	参考质量 （每100m） /kg	钢丝绳公称抗拉强度/MPa				
	钢钢丝	绳丝			1400	1542	1700	1850	2000
					钢绳破断拉力总和 $\sum S$/kN				
6 × 19 $S_p = \Phi \sum S$ $\Phi = 0.85$	14.0	0.9	72.49	68.50	101	112	123	134	144.5
	15.0	1.0	89.49	84.57	125	138.5	152	165	178.5
	17.0	1.1	108.28	102.3	151.5	167.5	184	200	216.5
	18.5	1.2	128.87	121.8	180	199	219	238	257.5
	20.0	1.3	151.24	142.9	211.5	234	257	279.5	302
	21.5	1.4	175.40	165.8	245.5	2715	298	324	350.5
	23.0	1.5	201.35	190.3	281.5	312	342	372	402.5
	24.5	1.6	229.09	216.5	320.5	355	389	423.5	458
	26	1.7	258.63	214.4	362	400.5	439.5	478	577
6 × 37 $S_p = \Phi \sum S$ $\Phi = 0.80$	15.0	0.7	85.39	80.27	119.5	132	145	157.5	170.5
	17.5	0.8	111.53	104.8	156	172.5	189.5	206.0	223
	19.5	0.9	141.66	132.7	191.5	218.5	239.5	261	282
	21.5	1.0	174.27	163.8	243.5	270	296	322	348.5
	24.0	1.1	210.87	198.2	295	326.5	388	390	421.5
	26.0	1.2	250.95	235.9	351	388.5	426.5	464	501.5
	28.0	1.3	294.52	276.8	412	456.5	500.5	544.5	589
	30.5	1.4	341.57	321.1	478	529	580.5	631.5	683
	32.5	1.5	392.11	368.6	548.5	607.5	666.5	725	784

根据计算的钢绳的破断拉力 S_p 值，按表 2-44 选用钢绳直径。选用时，将表 2-44 算出的全部钢绳破断拉力总和 $\sum S$ 乘以相应的钢丝绳破断拉力换算系数 Φ 值。即：$S_p = \Phi \sum S$。

2.5.4 拧管机

岩心钻探中常用拧管机技术参数见表 2-45 和表 2-46。

表 2-45 岩心钻探中常用拧管机技术参数

拧管机类型		辽宁式	辽煤 1000-5 型	电动式	液压式 (重探厂)	液压式 (张探厂)	JSN
动力机类型		钻机动力	钻机动力	电动式	液马达	液马达	液马达
动力机功率/kW		—	11.1	10	—	7.5	
动力机转速/r·min⁻¹		—	—	970	1500	1500	
减速器形式		齿轮皮带	齿轮皮带	涡轮蜗杆	两极齿轮	两极齿轮	
最大扭矩/N·m		1000	1000	1560	1000	拧管机 1500 卸扣 6530	420 助推达 4360
拧管机转数/r·min⁻¹		60、100、160	26、57、107	60	100	70、200	60~80
钻杆直径/mm		42、50	42、50	42、50	42、50	42、50、60	50、51
通孔直径/mm		140	110~140	135	156	135	62
拧管时间/s		—	—	—	4~6	—	
轮廓尺寸 /mm	长	900	1280	1150	—	590	940
	宽	300	390	580	—	380	418
	高	300	395	400	—	352	495
质量/kg		145	220	180	93	95	190
适用于何种钻杆		有切口钻杆	有切口钻杆	有切口钻杆	有切口钻杆	有切口钻杆	外平钻杆

表 2-46 岩心钻探中常用拧管机型号及参数

	型 号	NY-2	NY-3	NY-100	YNG-132	YNG-160	TK-2N (悬吊式)	TK-200
拧合部分	拧管最大扭矩/N·m	600	600	1000			1900	
	拧合工作扭矩/N·m	400	400		870	940	1600	1900~2000
	拧管转速/r·min⁻¹	75	75	100	91	85	2~31.5	40~50
	油缸活塞最大推力/kN	42	60、42					

型 号		NY – 2	NY – 3	NY – 100	YNG – 132	YNG – 160	TK – 2N (悬吊式)	TK – 200
拧合部分	油缸活塞工作推力/kN	25、2	35、25					
	油缸活塞扭矩/N·m							
	油缸活塞行程/mm	130	130					
	通孔直径/mm	135	175	156			78（钳口）	
	拧卸钻杆直径/mm	60、50、42	60、50、42	50、42			55.5（56）、71	43.5 ~ 73
油泵	型 号							
	流量/L·min⁻¹	45	45					
	最大压力/MPa	12	12	12				
	工作压力/MPa	8	8		8	8	10	10
	转速/r·min⁻¹	1450	1450					
液压马达	型 号	YMC – 30	YMC – 30	ZM7 – 14				
	排量/mL·r⁻¹	290	230	15、75				
	工作扭矩/N·m	200	200	18				
	最大扭矩/N·m	300	300					
	转速/r·min⁻¹	175	175	1500				
质量/kg		150					92（钳体）	70
生产单位		张家口探矿机械厂	张家口探矿机械厂	北京探矿机械厂	石家庄煤矿机械厂	石家庄煤矿机械厂		

2.6　与岩心钻探设备有关的主要计算

在给定工作条件下钻探设备的选择包括以下几个方面：

（1）钻机。

相对于每一个大钩提升速度的钻机升降机起负质量 Q_n 由式（2 – 1）计算：

$$Q_n = \frac{102N\eta}{v_{kp}} \tag{2 – 1}$$

式中　N——动力机功率，kW；

η——滑车系统效率，$\eta = 0.97 \sim 0.85$；

v_{kp}——大钩提升速度，m/s；

Q_n——钻机升降机起负质量，kg。

可利用升降机卷筒缠绳速度 v_H 值确定每个提引速度 v_{kp} 值：

$$V_{kp} = \frac{v_H}{m_T} \tag{2-2}$$

式中　m_T——滑车系统工作绳数（传动比），如在 2×3 装置中，$m_T = 4$；

　　　v_H——升降机卷筒缠绳速度，m/s；

　　　v_{kp}——提引速度，m/s。

（2）水泵。

双缸双作用泵的泵量按式（2-3）计算：

$$Q_H = 2\frac{(2F-f)Sn_x a}{60} \tag{2-3}$$

式中　F, f——活塞、拉杆的面积，m^2；

　　　S——活塞行程，m；

　　　n_x——每分钟往复次数；

　　　a——泵的充满系数，$a = 0.8 \sim 0.9$。

（3）动力机。

1）水泵发出的水马力由式（2-4）确定：

$$N_0 = Q_H p_H \tag{2-4}$$

式中　Q_H——水泵泵量，m^3/s；

　　　p_H——泵压，Pa；

　　　N_0——水泵发出的水马力，W。

2）由于机械损失和水力损失，泵驱动功率会大于水马力。该功率可按式（2-5）计算：

$$N_H = \frac{k_M Q_H p_H}{\eta} \tag{2-5}$$

式中　k_M——功率备用系数，$k_M = 1.1 \sim 1.2$；

　　　η——泵的效率（考虑机械损失和水力损失），$\eta = 0.8 \sim 0.75$；

　　　N_H——泵驱动功率，W。

3）钻机提升功率由式（2-6）计算：

$$N_L = k_{np} G\cos\theta(1 + f\tan\theta)v_k \tag{2-6}$$

式中　k_{np}——考虑提升时钻具运动的附加阻力系数（见第5章）；

　　　G——钻具重量，N；

　　　θ——钻孔顶角，(°)；

　　　f——钢与岩石（$f = 0.3 \sim 0.4$）或套管（$f = 0.1 \sim 0.18$）的摩擦系数；

　　　v_k——钻具提升速度（大钩提升速度），m/s；

　　　N_L——钻机提升功率，W。

（4）钻塔（桅杆）。

选择塔高时应考虑到设计孔深和大约钻探期限，后者又与岩石物理力学性质、钻进方法和利用的技术装置（升降工序机具）有关。钻孔愈深，钻进时间愈长，钻塔应愈高。

塔高可由式（2－7）确定：

$$H = k(l_{CB} + l_k) \qquad (2-7)$$

式中　k——考虑钻具可能超高的系数，$k = 1.2 \sim 1.5$；

　　　l_{CB}——钻杆立根长度，依设计孔深选定（见表 2－47）；

　　　l_k——提升工具组（提引器或提引水接头、滑车、大钩）长度；

　　　H——塔高，m。

表 2 -47　立根推荐长度

孔深/m	<50	50～100	100～300	300～500	500～800	800～1200	1200～2000	2000～3500
推荐立根长/m	4.5	6	9	12～13.5	13.5～15	18～24	24	28

钻塔（桅杆）负荷量依照天车载荷选定。天车载荷值取决于最大可能的大钩载荷、滑车装置方式、钢绳固定端固定方法等。

1）钢绳固定在大钩上。

对最简单的滑车（0×1），天车载荷（kN）由式（2－8）确定：

$$Q = 2Q_{kp} \qquad (2-8)$$

式中　Q_{kp}——由最重的钻杆柱或套管柱产生的最大载荷，kN，由式（2－9）确定：

$$Q_{kp} = kagqL\left(1 - \frac{\rho}{\rho_M}\right) \times 10^{-3} \qquad (2-9)$$

　　　k——考虑钻杆（套管）柱与孔壁的摩擦力以及可能产生卡阻的系数：提升钻杆柱时，$k = 1.25 \sim 1.50$，提升套管柱时，$k = 1.5 \sim 2.0$；

　　　a——考虑由于连接件而增加管子质量的系数，对接头连接 $a = 1.05$，对锁接箍连接 $a = 1.1$；

　　　q——每米管子的加权平均质量（考虑两端加厚），kg/m；

　　　L——钻柱长度，m；

　　　ρ——冲洗液密度，kg/m³；

　　　ρ_M——管材密度，kg/m³。

2）绳端固定在天轮或滑车上（不对称滑车装置）时，天车载荷（kN）见式（2－10）：

$$Q = Q_{kp}\left(1 + \frac{1}{m_T\eta}\right) \qquad (2-10)$$

式中　m_T——滑车工作绳数；

　　　η——滑车系统效率，取决于滑轮数目（见表 2－48）。

表 2 – 48 滑轮效率

m_T	1	2	3	4	6	8
η	0.96 ~ 0.97	0.95 ~ 0.93	0.92 ~ 0.90	0.90 ~ 0.88	0.87 ~ 0.85	0.85 ~ 0.82

3）对绳端固定在地锚或钻塔底梁上（带死绳端的对称滑车装置，m_T 为偶数），天车载荷（kN）见式（2 – 11）：

$$Q = Q_{kp}\left(1 + \frac{2}{m_T\eta}\right) \qquad (2-11)$$

工作过程中钻塔（桅杆）上作用有垂直载荷和水平载荷。作用在钻塔底框上的垂直载荷 P_B(kN) 为：

$$P_B = Q_{kp} + Q_M + P_x + P_H$$

式中　Q_M——钻塔自重载荷，kN；

P_x，P_H——滑车钢绳活绳端和死绳端上的载荷的垂直分力，kN，其总和可简化为式（2 – 12）：

$$P_x + P_H = \frac{Q_{kp}}{m_T} \qquad (2-12)$$

m_T——滑车轮绳数目。

对塔腿倾角为 γ 的四脚钻塔，作用于塔腿轴线上的力（kN）为：

$$P_1 = \frac{Q}{4\sin\gamma} \qquad (2-13)$$

每个塔腿上的最大载荷（kN）将作用于塔的最下部分，它等于：

$$P_H = \frac{Q + Q_M}{4\sin\gamma} \qquad (2-14)$$

式中　Q_M——由钻塔自重产生的载荷，kN；

γ——塔腿轴线与底框平面的夹角，$\gamma = 75° \sim 80°$。

作用于钻塔的水平分载荷（kN）见式（2 – 15）：

$$P_r = P_{CB} + P_{BT} \qquad (2-15)$$

式中　P_{CB}——立根质量的水平分载荷，kN；

P_{BT}——作用于钻塔的风压载荷，kN。

上述载荷由式（2 – 16）确定：

$$P_{CB} \approx 0.025gM_{CB}$$
$$P_{BT} = q_H SK_0 = q_0 CS_{\Pi}K_{0\sigma}(1 + \xi K_{\Pi}) \qquad (2-16)$$

式中　　g——重力加速度，m/s²；

M_{CB}——立根质量，kg；

q_H——$q_H = q_0 C$，作用于钻塔表面的标准风载，kPa；

q_0——基本风压值，按照所在勘探区的水文气象资料取用，kPa。

C——空气动力系数（按建筑标准选取），对管子塔 $C=1$，对轧制钢材塔 $C=1.4$；

S——$S=S_\Pi K_{0\sigma}$，钻塔的承风面积，m^2；

S_Π——由钻塔外廓围起的平面在垂直于风向的平面上的投影总面积，m^2；

$K_{0\sigma}$——挡风系数，对钻塔有塔布围起部分取 $K_{0\sigma}=1$，对未围起部分取 $K_{0\sigma}=0.15\sim0.2$；

K_0——与高度有关的波动系数，$K_0=1+\xi K_\Pi$；

ξ——动载系数，取决于钻塔自振周期和性质；

K_Π——取决于距地高度的基本风压脉动系数，相应于距地高度为 20m、40m、60m 和 80m 的条件下取值如下：对建筑物为 0.35、0.32、0.28 和 0.25，对绳索和导线为 0.25、0.22、0.20 和 0.18。

风载施力点距离（m）由式（2-17）确定：

对四脚塔：
$$h_\Pi = \frac{1}{3}H\frac{b+2b_1}{b+b_1}$$

对三脚架：
$$h_\Pi = \frac{1}{3}H$$

$$(2-17)$$

式中 H——钻塔总高，m；

b，b_1——钻塔底框和顶框的边长（按塔腿轴线计算）。

4）绷绳。

为了使钻塔在风载和其他水平载荷作用下稳定，通常采用绷绳加固的方法，绷绳规格的选择主要依据绷绳的受力计算。

钻塔稳定的充分必要条件为：

$$Q_A\frac{b}{2} > P_{BT}h_\Pi \tag{2-18}$$

式中 Q_A——塔重，kg；

b——钻塔底框长度，m；

h_Π——塔上风载施力点高度，m，计算见式（2-17）；

P_{BT}——作用在钻塔的风载荷，kN，计算见式（2-16）。

如果该条件不成立，则钻塔有倾倒的危险，在钻塔加上绷绳后如图 2-15 所示，则力矩平衡方程式可写成式（2-19）：

$$Q_A\frac{b}{2} + TC_1 = P_{BT}h_\Pi\eta \tag{2-19}$$

$$C_1 = C\sin\alpha$$

式中 C——拴绳桩至钻塔迎风面底的距离；

α——绷绳与地面的倾角，一般为 45°；

η——1.5~2，为储备系数；

T——绷绳拉力，计算见式（2-20）：

$$T = \frac{P_{BT}h_{\Pi}\eta - Q_A\frac{b}{2}}{C\sin\alpha} \qquad (2-20)$$

如果绷绳的拉力与地面的倾角为 γ（如图2-15所示），则：

$$T_1 = \frac{T}{2C\sin\gamma} \qquad (2-21)$$

根据 T_1 大小以及其他水平载荷值，便可选择绷绳规格。

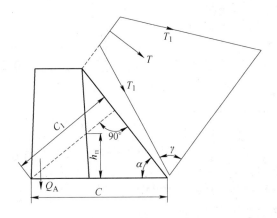

图2-15 绷绳受力分析

5）钻塔基础面积。

钻塔基座强度也影响钻塔的负荷量和稳定性。塔腿下面基础坑的底面积 $S(m^2)$ 由式（2-22）确定：

$$S = \frac{P_\phi + gM_\phi}{(\sigma_c)_{rp}} \qquad (2-22)$$

$$P_\phi = \frac{Q + gQ_M}{4}$$

式中 P_ϕ——钻塔分配给每个塔腿基础坑的力，kN；

   M_ϕ——混凝土基座质量。$M_\phi = 2000 \sim 3000kg$；

   $(\sigma_c)_{rp}$——土壤的允许单位压力，Pa。

6）滑车装置和滑车用钢绳。

钢绳直径按照静载强度，用式（2-33）计算：

$$P_p = K_{\Pi}P \qquad (2-23)$$

式中 P_p——钢绳拉断力，kN；

   K_{Π}——强度安全系数，$K_{\Pi} > 2.5$；

   P——绞车最低速时产生的最大力，见式（2-24）：

$$P = \frac{N\lambda\eta}{v_{\min}} \qquad\qquad (2-24)$$

N——动力机额定效率，W；

λ——动力机超载系数，对异步电动机 $\lambda = 1.8 \sim 2.2$，对内燃机 $\lambda = 1.1$；

η——动力机至绞车卷筒的传动效率系数，$\eta = \eta_s i \eta_\sigma$；

η_s——齿轮传动效率系数，$\eta_s = 0.98$；

i——传动链中的传动比；

η_σ——卷筒效率系数，$\eta_\sigma = 0.97$；

$v_{\min}$——卷筒最低缠绳速度，m/s。

钢绳强度校核计算在于确定绳丝中产生的总应力（MPa），见式（2-25）：

$$\sigma_{\sum} = \sigma_p + \sigma_H = \frac{Q_{kp}}{F} + \frac{K_t E}{D_\sigma} \qquad\qquad (2-25)$$

式中 σ_p——拉应力，MPa；

σ_H——弯曲应力，MPa；

F——钢绳中全部绳丝断面积，m^2；

K_t——考虑绳丝中扭应力，钢丝间摩擦力和钢丝工作条件的系数，K_t 取 3/4 ~ 3/8；

E——纵弹性模数，$E = 2 \times 10^{11} MPa$；

D_σ——升降机卷筒直径，m。

强度安全系数见式（2-26）：

$$K = \frac{\sigma_B}{\sigma_{\sum}} \qquad\qquad (2-26)$$

式中 σ_B——绳丝抗拉强度极限，MPa。

钢绳的强度安全系数应不小于2.5。

滑车钢绳最低必需长度（m）由式（2-27）确定：

$$L_K = m_r H + 5\pi D_\sigma \qquad\qquad (2-27)$$

式中 m_r——滑车工作钢绳总数；

H——塔高，m；

D_σ——升降机卷筒直径，m。

岩心钻探中主要采用下列滑车系统：0×1；1×2；2×3。

滑车系统中的工作绳数（不计死绳端和活绳端）由大钩载荷 Q_{KP} 与升降机负荷量 P_Π 之比确定，见式（2-28）：

$$m_r = \frac{Q_{KP}}{P_\Pi \eta} \qquad\qquad (2-28)$$

将所得值向大数方向取整值。

滑车总绳数：不对称滑车装置，$m_0(T) = m_r + 1$；对称滑车装置，$m_0(T) = m_r + 2$。

3 钻 孔 结 构

钻孔结构的选择应根据钻探目的、钻进方法、孔深、终孔直径、岩石物理力学性质、矿层特点以及其他可能发生的复杂情况等来决定。钻孔结构主要是确定不同直径钻进深度和下套管的规格和深度。如图 3-1 所示，不同直径钻进深度表现在图的左半部分，下套管的规格和深度表现在图的右半部分。为了确定钻孔结构设计，必须有以下原始资料即钻孔结构的设计的依据：

（1）钻孔的用途和目的。

（2）该地层的地质结构、岩石物理力学性质。

（3）钻孔的设计深度和钻孔的方位方向、顶角方向。

（4）必需的终孔直径。

（5）钻进方法、钻探设备参数。

在被钻进地层的地质条件许可并能满足地质要求的情况下，应力争少换径，少下或不下套管，以简化钻孔结构。再者，在满足地质要求的情况下，应尽可能使用小口径金刚石钻具钻进，以提高钻进效率，减少事故，降低钻探成本。

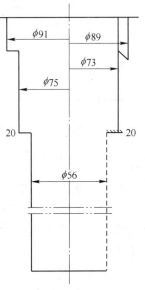

图 3-1 钻孔结构

3.1 终孔直径确定

影响终孔直径选择的因素是多种多样的，有钻头形式、钻进方法、地质要求、钻孔用途、孔内测井仪和装置的规格、钻机动力等。通常终孔直径是地质部门提供的，从经济角度出发，钻孔直径应当尽可能的小，但要满足钻进至给定深度和取样的要求。如用钻粒钻进时直径一般不小于91mm，金刚石小口径钻进常用 ϕ59mm，钻进煤层的直径不应小于75mm 等。终孔推荐直径见表 3-1。

表 3-1 终孔推荐直径

矿床类型	元素分布特点	有 用 矿 产	最小允许岩心直径/mm	对应的钻头直径/mm
I	很均匀	稳定的黑色金属矿和化工原料矿床（硫、砷、磷），大多数煤及油页岩矿床	22	36~46

矿床类型	元素分布特点	有用矿产	最小允许岩心直径/mm	对应的钻头直径/mm
Ⅱ	不均匀	大多数有色金属矿，某些镍、稀有金属、金矿，未列入Ⅰ类型中的复杂矿床	22~32	36~59
Ⅲ	很不均匀	大多数稀有金属，某些有色金属和贵金属脉状矿床，未列入Ⅱ类型的形状复杂遭受断裂破坏的有色金属矿床	32~42	46~75
Ⅳ	极不均匀	严重断裂及小型的元素分布很复杂的稀有金属和贵金属矿床以及未列入Ⅰ类及Ⅲ类型的矿床	42~60	59~75

终孔直径确定后，结合地层的复杂程度从下向上推算其他孔段的直径。

3.2 确定换径次数

换径次数由以下几个方面决定：

（1）用套管固定孔壁问题。地层有较大裂隙或溶洞，严重涌水漏水，坍塌缩径等，采用其他技术措施如优质泥浆，解决不了护壁堵漏问题时，则需考虑下入套管。下一层套管，钻孔直径就缩小一级。确定套管层次、下放深度和套管直径。是否有必要下套管，首先取决于地层的复杂情况和对地质情况的了解程度。为了加快钻进速度和节约管材，应力求用一般的方法处理钻孔中可能发生的坍塌、掉块、漏失或涌水等因岩性引起的事故（如采用各类泥浆护孔等）。只有当钻孔有特殊用途或地质情况特别复杂而采用各种冲洗液处理无效时，才决定下套管。一般遇到下列情况之一，往往需要换径钻进和下入套管。

1）钻进松散的砂砾石层、流沙层、受地下水影响，泥浆护孔无效时，需要下入套管，换径钻进。

2）穿过较厚的节理裂隙发育的破碎带，坍塌掉块严重时，需要下入套管护孔，换径钻进。

3）钻进遇到含水构造或与大裂隙贯通，严重涌水或漏失的地层。在该情况下进行套管止水工作后，换径钻进。

4）钻孔达到一定深度后，由较大口径换较小口径钻进，以适应设备负荷能力和提高经济效益。

5）接近地面的表土层、风化层较松软易坍塌，一般都下入孔口管，然后换径钻进。套管层次主要依据地层情况和换径次数而定。为了防止套管事故发生，可下入双层套管，内外两层采用相反丝扣连接，或者在已固孔的钻孔中下入第二层保护性套管柱。套管的下入深度主要考虑复杂地层深度和各级孔段深度。套管柱鞋必须安置在牢固的基岩上，对于任何套管柱下端来说，都必须把钻孔钻到两层薄弱接触带以下不少于 2 ~ 5m 处，才能下入套管柱。钻孔柱状图中预计有含气层时，为安全地钻开气层，中间套管的最小下入深度在 5m 以上：

（2）钻机能力问题。换径次数越多，则需增大开孔直径，但适于一定深度的钻机类型。用各种不同直径钻头的最大适应钻进深度是一定的。所以必须考虑孔径大小的安排与钻机的标准能力相一致。

（3）钻进效率问题。在满足地质要求的条件下尽量使用小孔径钻进，以提高钻进效率。

（4）钻具级配问题。要注意钻头的直径与钻杆直径的合理配合，应使钻杆的直径和钻头直径相配套。

在满足钻进要求的前提下钻孔结构越简单越好，越能提高钻井效率。套管尽量少下，比较理想的钻孔结构是开孔以后，下一层孔口导向管，然后是一径到底。

钻孔结构设计示例如图 3 - 1 所示。

3.3 确定各岩层的钻进方法

选择钻进方法的主要依据是被钻进地层的地质条件、孔深、孔径和钻孔剖面以及施工位置的自然地理条件，还应根据已完工孔的统计资料的分析结果。若施工地区未曾钻过一个孔，则在选择钻进方法时，应考虑相近地质条件的其他地区的经验和情况。不同钻进方法的合理应用范围建议如下（见表 3 - 2）：

（1）回转钻进。

1）孔深超过 1200m（不论地层地质条件如何，决定钻进方法的关键是孔深）。

2）在沉积岩、基性和超基性岩、深部岩浆岩、研磨性较小的岩层中钻进。

3）钻进定向孔、分支定向孔和水平孔。

4）需要采用加重冲洗液钻进。

5）大口径钻头钻进（ϕ150mm 以上）。

（2）液动冲击回转钻进。

1）钻进岩浆岩、变质岩和沉积岩交替出现的岩层，研磨性强的岩层。

2）孔深达 1000 ~ 1200m，地质剖面由不同岩性的岩石组成（动强度变化很大），矿区水源、动力供应充足。

3）在强烈造斜地层和坚硬、致密以及弱研磨性岩层钻进。

（3）风动冲击回转钻进。

1）钻进花岗岩类和火山变质岩以及强研磨性岩层，但孔深不超过 300m，而涌水时不超过 150m。

2）在沙漠及半沙漠区，常年冻土带，产生大量漏失的岩溶和裂隙发育区钻进。

（4）无岩心钻进。用于钻孔柱状图中遇到很厚的同种岩层和采用间接方法能完全掌握钻孔穿过岩层的地质情况。同时还广泛用于勘探煤、铁矿床及配合电测井等，对工作质量无损害。小口径无岩心钻进可取得良好的技术经济效果。

表 3-2 钻进方法选择

钻进方法	岩石可钻性	软			中硬			硬			坚硬		
		1	2	3	4	5	6	7	8	9	10	11	12
回转钻进	硬质合金	////	////	////	////	////	////	////					
	钢 粒						////	////	////	////	////	////	////
	金刚石				////	////	////	////	////	////	////	////	////
冲击回转	硬质合金				////	////	////	////					
	金刚石							////	////	////	////	////	////

3.4 钻孔加固有关计算

下套管是维护井身稳定的重要手段之一。

3.4.1 套管作用载荷

由套管柱自重在管子危险断面处产生最大拉应力。浸没在冲洗液中，且静止悬吊在套管夹持装置上的套管柱中产生的拉力（N）可由式（3-1）计算：

$$p_k = gqL\left(1 - \frac{\rho}{\rho_M}\right) \tag{3-1}$$

式中 q——管子每米质量，kg；

L——套管柱长度，m；

ρ，ρ_M——冲洗液和管材密度，kg/m³。

套管柱下放极限深度 $Z_{np}(m)$ 按照在管子中最弱断面处进行强度计算而得，可按式（3-2）计算：

$$Z_{np} = \frac{F_0\sigma_T}{2gq\left(1 - \frac{\rho}{\rho_M}\right)} \tag{3-2}$$

式中 σ_T——管材屈服极限，Pa；

F_0——管子车扣部分的危险断面，m²。

$$F_0 = \frac{\pi}{4}(d_{BP}^2 - d_{BH}^2) \tag{3-3}$$

式中　d_{BP}——丝扣内径，m；

　　　d_{BH}——接头内径（对无接头套管为管子内径 d_B），m。

套管上的允许拉伸载荷由式（3-4）确定：

$$p_p = \frac{F_0 \sigma_T}{K_s} \tag{3-4}$$

式中　K_s——考虑抗拉强度的安全系数，$K_s = 1.5 \sim 2$。

接箍连接式套管丝扣连接强度依据轴向拉伸力（滑脱载荷）计算，采用由 И. Н. 舒米洛夫校准的 Н. 雅科夫列夫公式：

$$P_{ct} = \frac{\pi d_c \delta_c \sigma_T}{1 + \frac{d_c}{2 l_\delta} \cot(\alpha + \varphi_0)} \tag{3-5}$$

式中　d_c——在基面（第一完整扣断面）中的丝扣平均直径，m；

　　　δ_c——同一丝扣扣根处管子壁厚，m；

　　　l_δ——有效丝扣（完全扣）长度，m；

　　　α——丝扣表面对丝扣轴线的倾角，对外丝钻杆 $\alpha = 60.5°$；

　　　φ_0——丝扣连接表面间的摩擦系数，实际计其时通常取 $\varphi_0 = 18°$。

按滑脱载荷计算的对连接强度安全的管柱极限下放深度为：

$$Z_{np} = \frac{p_{ct}}{2gq\left(1 - \dfrac{\rho}{\rho_M}\right)} \tag{3-6}$$

焊接管子的极限下放深度为：

$$Z_{np} = \frac{0.35 \delta_T F}{q} \tag{3-7}$$

在达到套管能承受的临界挤压力（抗压强度）时，最大应力达到了管材的屈服极限，由萨尔基索夫公式计算（不考虑管子壁厚不均匀）：

$$p_{kp} = 1.24 \left\{ \left[\sigma_T + Ek^2 \left(1 + \frac{3e}{2k}\right) \right] - \sqrt{\left[\sigma_T + Ek^2 \left(1 + \frac{3e}{2k}\right) \right]^2 - 4E\sigma_T k^2} \right\} \tag{3-8}$$

式中　p_{kp}——临界挤压力，Pa；

　　　k——$k = \delta/D$，管子壁厚及其外径之比；

　　　σ_T——比例（屈服）极限，Pa；

　　　E——纵向弹性模数，Pa；

　　　e——套管椭圆度，对岩心钻用套管，$e \leqslant 0.005$。

由内压力的套管抗断裂强度可近似地按拉梅公式计算：

$$P = \frac{D^2 - d^2}{2D^2} \sigma_T \tag{3-9}$$

式中　d——套管内径，m。

当套管下到孔斜较大的钻孔内时，会产生较大应力。套管最小许用弯曲半径为：

$$R_{min} = \frac{ED}{2(\sigma_N)} \qquad (3-10)$$

式中 D——套管外径，m；

  σ_N——静载时许用弯曲应力，对钢为 $200 \times 10^8 Pa$。

3.4.2 水泥固井

给定水灰比 m 时，水泥浆密度 ρ_{bn} 近似地按式（3-11）计算：

$$\rho_{bn} = \frac{\rho_n \rho_B (1 + m)}{\rho_B + m\rho_n} \qquad (3-11)$$

式中 ρ_B——淡水密度，kg/m^3；

  ρ_n——水泥密度，kg/m^3。

为获得给定密度的水泥浆的水灰比，按式（3-12）确定：

$$m = \frac{\rho_B (\rho_n - \rho_{bn})}{\rho_n (\rho_{bn} - \rho_B)} \qquad (3-12)$$

灌注钻孔内所需水泥浆 V_H 的体积为：

$$V_H = V_1 + V_2 = \frac{\pi}{4} \left[(K_1 D_c^2 - D^2) h_1 + d^2 h_2 \right] \qquad (3-13)$$

式中 V_1——高度为 h_1 的管外水泥浆体积，m^3；

  V_2——高度为 h_2 的管内水泥浆体积，m^3；

  K_1——考虑孔径增大和向孔隙性岩石渗漏的系数，$K_1 = 1.2 \sim 1.4$；

  D_c——孔径，m；

  D——套管外径，m；

  d——套管内径，m。

体积为 V_B 的水来制水灰比为 m 的水泥浆，需要的干粉水泥量 $Q_n (kg)$ 为：

$$Q_n = \frac{K_n \rho_{bn} V_B}{m} \qquad (3-14)$$

式中 K_n——考虑水泥损失的系数，$K_n = 1.05 \sim 1.15$；

  m——水灰比；

  ρ_{bn}——水泥浆密度，kg/m^3。

用 Q_n 水泥干粉制水灰比为 m 的浆，所需的水的体积 V_B 为：

$$V_B = \frac{mQ_n}{K_n \rho_B} \qquad (3-15)$$

压送液体积 V_s，由式（3-16）确定：

$$V_{S} = \frac{\pi}{4} K_2 d^2 (L - h_2) \qquad (3-16)$$

式中　K_2——考虑压送液压缩性的系数，$K_2 = 1.03 \sim 1.05$；

　　　L——套管柱长度，m。

水泥固井时间由式（3-17）确定：

$$t_n = \frac{V_S + V_H}{Q_H} + t_1 \qquad (3-17)$$

式中　Q_H——泵量，m^3/min；

　　　t_1——安装上塞所需时间，$t_1 = 10 \sim 15min$。

水泥浆初凝时间 t_s 应当大于注水泥固井时间，它等于：

$$t_s = t_n + \Delta t \qquad (3-18)$$

式中　Δt——备用时间，$\Delta t = 10 \sim 20min$。

4 机场布置及设备安装

4.1 修筑地盘、地基

4.1.1 地盘

地盘是指机场内外可利用的地区面积。常用钻机所需地盘面积见表 4 - 1。

表 4 - 1 常用钻机所需地盘面积

钻机类型	地盘面积	
	总面积/m²	长 × 宽/m × m
XU - 100，XJ100 - 1	65	10 × 8
XU300 - 2	82.5	11 × 7.5
XU - 600	143	13 × 11
XU - 1000	154	14 × 11
XY - 4	154	14 × 11
XY - 5	154	14 × 11
XY - 6	154	14 × 11
XY - 8	180	15 × 12
XY - 9	180	15 × 12

如果钻孔位所处地形比较复杂难于施工时，地盘面积可以适当缩小。钻探工作对地盘的要求：

（1）地面平整，有足够的面积，地表土层（或岩层）有一定的抗压强度。

（2）避风，在季节风较大地区考虑风的横向压力，地面上纵向长度与钻孔方位线一致。

（3）填方面积不大于总面积的 1/4。

（4）地盘选择应考虑防洪，易排水。

（5）山坡地盘靠山面坡度：岩石为 60° ~ 80°，松散土杂石或土层不大于 50°。

4.1.2 地基

选择地基类型时，应考虑地表情况、钻探设备、钻孔深浅等因素，一般常见的地基修筑方法有以下几种：

（1）浅槽地基：适用于较实土壤地面，如图4-1所示。

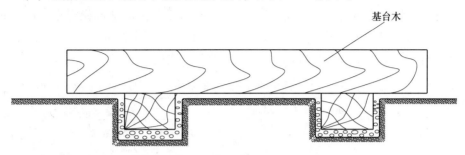

图4-1　浅槽地基

（2）卧枕地基：在比较松软或填方部分不够坚实时使用，如图4-2所示。

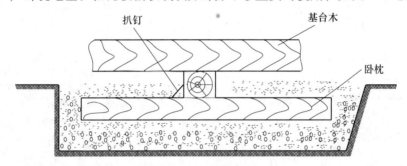

图4-2　卧枕地基

（3）深坑地基：一般用在较坚实的土壤上作柴油机底座的基础，如图4-3所示。

（4）混凝土地基：主要用于表土软硬不均或钻进深孔时。

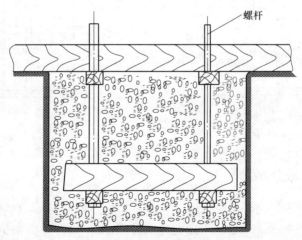

图4-3　深坑地基

4.2 基台木布置

　　基台木的规格见表4-2。常用钻机基台木布置在保证基台稳定牢固的前提下，基台的结构形式应尽量简单，力求少用基台木，以节约木材，应便于安装、拆卸。常用钻机的基台木布置如图4-4和图4-5所示。

表4-2　基台木的规格

钻机类型	基台木的规格及数量		连接螺丝杆规格及数量	
	基台木的规格 /mm×mm×m	数量/根	连接螺丝杆规格及数量（直径×长）/mm×mm	数量/根
XJ100-1	150×150×3.5	3	12×400	10
XU-100	150×155×2	2	12×250	6
	150×150×1	2		
XU300-2	200×220×5	8	15×500	20
	220×220×2	9	15×300	8
XU-600	220×220×5.5	8	15×550	20
	220×220×2.9	9	15×320	8

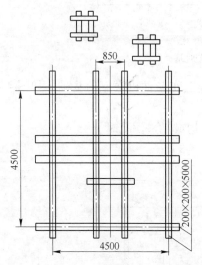

图4-4　XY-2型钻机基台木布置图

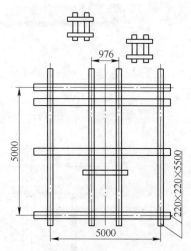

图4-5　XY-3型钻机基台木布置

4.3 钻机地脚螺栓安装

　　钻机与基台木的连接靠地脚螺栓来固定，不同类型钻机其地脚螺栓安装尺寸是不一样的，图4-6和图4-7分别为XY-2型、XY-3型钻机的地脚螺栓安装图。

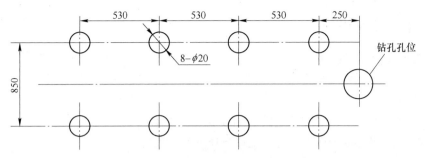

图 4-6 XY-2 型钻机地脚螺栓安装图

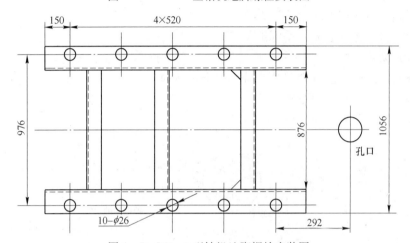

图 4-7 XY-3 型钻机地脚螺栓安装图

4.4 循环系统

循环系统包括水源箱、循环槽、沉淀箱等。一般使用泥浆时，应有两个沉淀箱 (0.3~0.5m³)、两个水源箱 (1~1.5m³)，循环槽长 12~15m，槽内宽 220~250mm，槽高 220~200mm，孔口→沉淀箱→水源箱都要有一定坡度 (1/100~1/30)，以保证冲洗液循环流通。循环系统布置如图 4-8 所示。

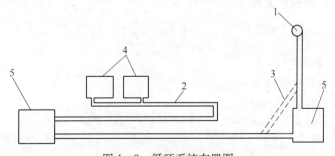

图 4-8 循环系统布置图

1—井口；2—循环槽；3—引流槽；4—泥浆池；5—沉淀池

4.5 机场安全设施

机场安全设施包括：

（1）设备安装的安全距离一般是人在机器运转时进行保养的通道不得小于 0.8 ~ 1.0m。

（2）设备转动及皮带通过的空间要安设防护罩。

（3）照明电压为 24V，每个工作场所必须安装照明灯。

（4）钻塔绷绳要按规格安装。

（5）钻塔避雷针一定要安设。

（6）基台板安装要合乎标准。

（7）防雨、防冻（冬季施工）、防暑（夏季施工）、防火设备。

（8）工人劳保要齐全（塔上作业，要有安全带）。

（9）上、下钻塔设备牢固。

避雷针的安装设计如图 4 - 9 所示。

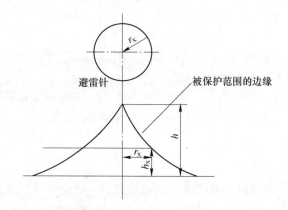

图 4 - 9　避雷针的保护范围

避雷针安装时，山区接地电阻不超过 10Ω，平原不超过 4Ω，避雷针保护角为 45°。其保护范围计算如下：

$$r_x = 1.6h \frac{h - h_x}{h + h_x}$$

式中　r_x——保护半径，m；

　　　h——避雷针高度，m；

　　　h_x——被保护物的高度，m。

5 岩心钻探技术

5.1 硬质合金钻进

5.1.1 硬质合金

钨钴硬质合金性能及钻探常用硬质合金型号尺寸见表 5 - 1 ~ 表 5 - 3。

表 5 - 1 常用硬质合金型号、形状及使用条件

名称	型号	几何形状	规格/mm			每个平均质量/g	使用条件
			a	b	c		
片状硬质合金 矩形薄片	K411		3	15	1.5	1.0	适用于补强刮刀式钻头
	K413		6	20	4	6.9	
	K414		8	20	6	13.3	
片状硬质合金 直角薄片	K511		5	7	3	1.4	适用于钻进 I ~ IV软岩层
	K512		7.5	10	3	3.0	
	K513		8.5	8	3	2.8	
	K515		10	14	4	7.6	
片状硬质合金 菱形薄片	K521		8.5	—	3	4.4	适用于钻进 I ~ III软岩层
	K522		12	—	4	12.9	
柱状硬质合金 八角柱	K531		5	101	—	2.3	适用于钻进 IV ~ VII软岩层
	K532		7	0	—	3.0	
	K533		7	15	—	7.3	
	K534		10	16	—	17.5	

名称	型号	几何形状	规格/mm			每个平均质量/g	使用条件
			a	b	c		
柱状硬质合金 四方柱	K571		5	8	—	2.8	适用于钻进 IV ~ VII 软岩层
	K572		5	10	—	3.4	
	K573		5	13	—	4.3	
针状硬质合金	K561		2	10	—	0.6	用于制自磨式钻头，钻进中硬以上
	K562		2	15	—	0.9	

表 5 – 2 硬质合金的化学成分及力学性能

型 号	化学成分/%		力 学 性 能		
	WC	Co	相对密度/10^3kg·m^{-3}	硬度（HRA）	抗弯强度/MPa
YG3	97	3	14.9 ~ 15.3	91	1050
YG3X	97	3	15.0 ~ 15.3	90	1000
YG4C	96	4	14.9 ~ 15.2	90	1400
YG6	94	6	14.6 ~ 15.0	89.5	1400
YG6X	94	6	14.6 ~ 15.0	91	1350
YG8	92	8	14.4 ~ 14.8	89	1500
YG8C	92	8	14.4 ~ 14.8	88	1750
YG11C	89	11	14.0 ~ 14.4	87	2000
YG15	85	15	13.9 ~ 14.1	87	2000
YG20	80	20	13.4 ~ 13.5	85	2600

注：X 表示细粒碳化钨粉；C 表示粗粒碳化钨粉。

表 5 – 3 胎块规格

规 格	尺寸/mm			适用口径/mm	产 地
	宽	长	厚		
13208.0	13	20	8	75 ~ 110	郑州探矿厂
15208.5	15	20	8.5	75 ~ 110	北京粉末研究所
15209.0	15	20	9	75 ~ 110	

规 格	尺寸/mm			适用口径/mm	产 地
	宽	长	厚		
152010	15	20	10	75 ~ 110	郑州探矿厂
15208.5	15	20	8.5	75 ~ 110	
152010	15	20	10	75 ~ 110	
202010	20	20	10	46 ~ 76	北京粉末研究所
202010.5	20	20	10.5	46 ~ 76	北京粉末研究所
20258.5	20	25	8.5	46 ~ 76	
202510	20	25	10	46 ~ 76	北京粉末研究所

5.1.2 硬质合金钻头

5.1.2.1 空白钻头

空白钻头规格见图 5 - 1 和表 5 - 4。

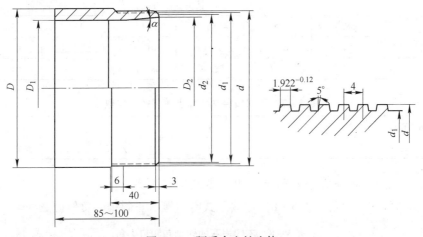

图 5 - 1 硬质合金钻头体

表 5 - 4 空白钻头尺寸规范

钻头外径 D	钻头内径 D_1	钻头上端内口 D_2	丝扣部分		d_2	内圆锥度 α
			d	d_1		
$58.5_{-0.12}$	$45.5^{+0.9}$	$48.5^{+0.3}$	$52_{-0.12}$	$50.5_{-0.12}$	50	3°25′
$75_{-0.12}$	$61^{+0.3}$	$64^{+0.3}$	$68_{-0.12}$	$66.5_{-0.12}$	66	3°25′
$91_{-0.12}$	$77^{+0.5}$	$80^{+0.5}$	$84_{-0.14}$	$82.5_{-0.14}$	82	3°25′
$110_{-0.14}$	$96^{+0.5}$	$99^{+0.5}$	$103_{-0.14}$	$101.5_{-0.14}$	101	3°25′
$130_{-0.16}$	$116^{+0.5}$	$118^{+0.5}$	$122_{-0.16}$	$120.5_{-0.15}$	120	1°47′28″
$150_{-0.16}$	$135^{+0.5}$	$137^{+0.5}$	$139_{-0.16}$	$139.5_{-0.16}$	139	1°47′28″

5.1.2.2 钻头的水口及水槽

钻头水口的总过水断面应不小于钻头及岩心之间或钻头与孔壁之间环状断面的面积。水口形状有矩形、梯形、三角形、半圆形。水口高一般 8 ~ 15mm。水槽开在水口上方，一般断面深为 2mm，宽为 6 ~ 8mm。

5.1.2.3 切削具排列形式、出刃及数量

切削具在钻头底唇面的排列形式基本有三种：单圈排列、多圈排列、密集排列。

切削具出刃数量见表 5 – 5 ~ 表 5 – 7。

表 5 – 5 普通硬质合金钻头切削具出刃规格

岩石性质	内出刃/mm	外出刃/mm	底出刃/mm
松软、塑性、黏性稍有研磨性	2 ~ 2.5	2.5 ~ 3	3 ~ 5
中硬、研磨性强	1 ~ 1.5	1.5 ~ 2	2 ~ 3

表 5 – 6 普通硬质合金钻头切削具数目

岩石性质	钻头直径/mm					
	58.5	75	91	110	130	150
研磨性岩石	4	6 ~ 8	8 ~ 10	10 ~ 12	12 ~ 14	12 ~ 14
弱研磨性岩石	4	4 ~ 6	6 ~ 8	8 ~ 10	10	10 ~ 12

表 5 – 7 不同口径钻头体上镶焊的胎块数

钻头直径/mm	110	91	75	59
胎块数	8	6	4 ~ 5	4

5.1.2.4 硬质合金切削角、刃尖角及镶嵌形式

切削角和刃尖角见表 5 – 8。镶嵌形式有直镶、正斜镶、负斜镶三种。

表 5 – 8 不同岩石的切削角和刃尖角

岩石性质	切削角 α/(°)	刃尖角 β/(°)
1 ~ 3 级均质岩石	70 ~ 75	45 ~ 50
4 ~ 6 级均质岩石	75 ~ 80	50 ~ 60
7 级均质岩石	80 ~ 85	60 ~ 70
7 级非均质有裂隙岩石	75 ~ 90	80 ~ 90

5.1.2.5 典型合金钻头

各种典型合金钻头的结构示意图如图 5 – 2 ~ 图 5 – 10 所示。

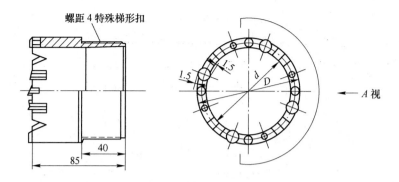

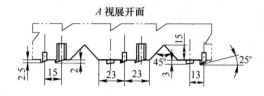

图 5 - 2　三八钻头

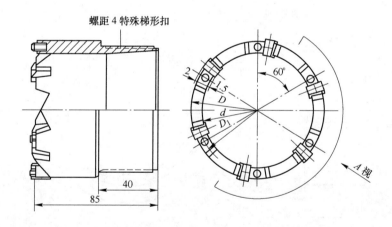

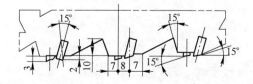

图 5 - 3　品子形钻头

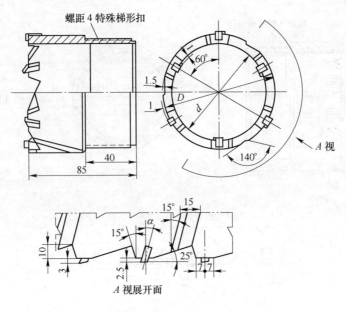

图 5-4 内外镶钻头

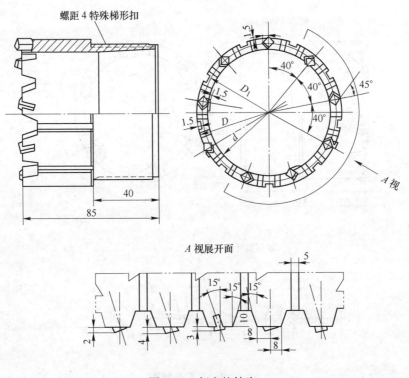

图 5-5 扭方柱钻头

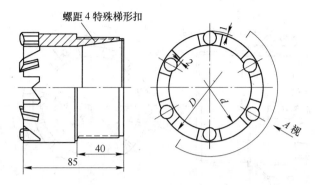

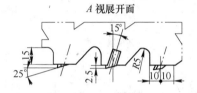

图 5-6 大八角柱钻头

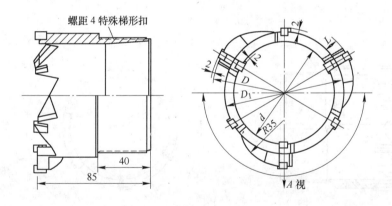

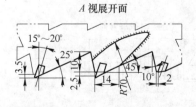

图 5-7 螺旋肋骨钻头

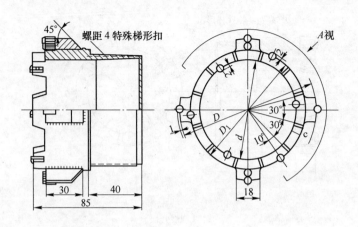

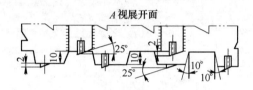

图 5 - 8 阶梯肋骨钻头

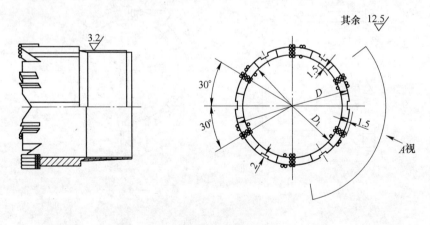

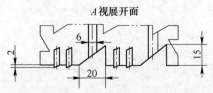

图 5 - 9 自锐合金钻头

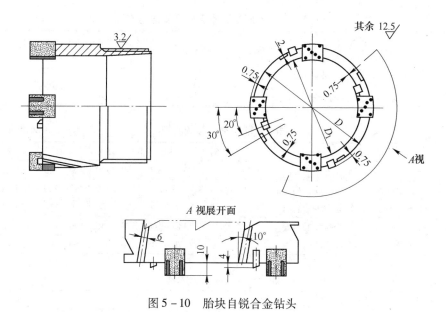

图 5 - 10   胎块自锐合金钻头

5.1.3   硬质合金钻进的钻进规程

5.1.3.1   钻压

钻压根据钻头上切削具的形状和数目确定，单粒切削具上的压力值见表 5 - 9。

表 5 - 9   单粒切削具上的压力

岩 石 性 质	切削具形状	单粒切削具上的压力/N
软的可塑性 1~4 级岩石	薄片状	350 ~750
致密的 4~6 级岩石	方柱状	700 ~1200
硬的 6~8 级岩石	八角状	900 ~1600
硬的 6~8 级岩石	针状硬质合金胎块	1500 ~2000

5.1.3.2   转速

转速根据所推荐的圆周线速度（见表 5 - 10）标出，或从表 5 - 11 中选取相应的经验数据。

5.1.3.3   冲洗液量

冲洗液量可采用下列经验公式计算（见表 5 - 12）：

$$Q = KD$$

式中 Q——冲洗液量，m^3/min；

K——经验系数，$K = 0.008 \sim 0.015 m^3/(m \cdot min)$；

D——钻头直径，m。

表 5 – 10　不同岩石推荐的圆周线速度

岩 石 性 质	钻头圆周线速度/m·s⁻¹
研磨性较小的软岩石	1.2 ~ 1.4
稍有研磨性的中硬岩石	0.9 ~ 1.2
研磨性的、硬的裂隙岩石	0.6 ~ 0.8

表 5 – 11　常推荐的转速　　　　　　　　（r/min）

钻头直径/mm	75	91	110	130	150
软的无研磨性、无裂隙，硬度均质的岩石	400 ~ 500	300 ~ 350	250 ~ 300	220 ~ 260	180 ~ 220
较软的、无研磨性、无裂隙、硬度均匀的岩石	350 ~ 400	250 ~ 300	180 ~ 230	180 ~ 220	150 ~ 180
中硬、研磨性小、裂隙少的岩石	300 ~ 350	200 ~ 250	150 ~ 200	120 ~ 150	100 ~ 120
硬的、研磨性大、有裂隙的岩石	160 ~ 180	140 ~ 160	120 ~ 140	100 ~ 140	80 ~ 100
硬的、破碎、裂隙多的岩石	90 ~ 110	70 ~ 80	6070	50 ~ 60	50 ~ 60

表 5 – 12　冲洗液流量　　　　　　　　（m³/min）

钻头直径/mm	150	130	110	91	75	冲洗液上升
钻杆类型/mm	φ50 钻杆			φ42 钻杆		流速/m·s⁻¹
软的岩石	0.20 ~ 0.25	0.18 ~ 0.20	0.14 ~ 0.18	0.10 ~ 0.12	0.06 ~ 0.08	0.3 ~ 0.4
中硬、硬的及研磨性岩石	0.18 ~ 0.20	0.14 ~ 0.18	0.10 ~ 0.14	0.08 ~ 0.10	0.04 ~ 0.06	0.2 ~ 0.3

5.1.4　硬质合金钻头类型及使用条件

硬质合金钻头类型及使用条件见表 5 – 13。

表 5 – 13　常用钻头选型

类别	钻头形式	岩石可钻性级别									岩 石
		I	II	III	IV	V	VI	VII	VIII	IX	
不取心钻头	闪电式钻头	▨	▨	▨							覆盖层，黏土，细砂岩
	矛式钻头		▨	▨	▨						覆盖层，黏土，细砂岩
	三翼阶梯钻头				▨	…					泥质页岩，砂页岩
	环翼钻头					▨	▨	…			泥岩，粉砂岩，石灰岩
磨锐式钻头	螺旋肋骨钻头		▨	▨							松软可塑性岩层
	阶梯肋骨钻头				▨	▨					页岩，砂页岩
	菱形薄片钻头	▨	▨	▨							可塑性岩层，黏土层
	斜角薄片钻头				▨	▨					砂页岩，细砂岩，大理岩
	内外镶钻头	▨	▨	▨							均质大理岩，灰岩，松软砂岩，页岩
	单双粒钻头				▨	▨	…				中研磨性铁质及钙质砂岩

类别	钻头形式	I	II	III	IV	V	VI	VII	VIII	IX	岩石
磨锐式钻头	品字形钻头				▨	▨	▨				灰岩，大理岩，细砂岩
	大八角钻头						▨	…			软硬不均夹岩，裂隙研磨性岩层
	三八式钻头					▨	▨				多裂隙研磨性灰岩，硅化灰岩
	负前角阶梯钻头					▨	▨				辉长岩，玄武岩，砂岩，灰岩
	破扩式钻头	▨	▨	▨	▨						大理岩，砂砾岩，砾岩
	小切削具钻头					▨	▨	▨			致密弱研磨性中硬岩层
自锐式钻头	胎块针状硬质合金钻头						▨	…			中硬及中研磨性岩层，片麻岩闪长岩
	钢柱针状硬质合金钻头					▨	▨	▨			中硬及研磨性岩层，石英砂层，混合岩
	薄片硬质合金钻头					▨	▨				中研磨性岩层，粉砂岩，砂页岩
	碎粒硬质合金钻头					▨	▨				中研磨性岩层，硅化灰岩

5.1.5 合金钻头选用原则

除参考表 5-13 所示的常用钻头选型外，合金钻头选用一般遵循如下原则：

（1）镶焊方式。

1）正斜镶：用于软岩；

2）负斜镶：用于中硬岩、裂隙发育地层；

3）直镶：用于软岩硬岩均可。

（2）锐化类型。

1）磨锐式硬质合金钻头：偏软且研磨性弱的地层；

2）自锐式硬质合金钻头：用于 5~7 级研磨性强的地层。

（3）切削具相对位置。

1）阶梯式：用于硬脆碎地层；

2）破扩式：用于硬而完整地层；

3）肋骨片钻头：用于软而易缩径的地层。

（4）切削具形状。

1）片状合金：适合 I~V 级软岩；

2）柱状合金：适用于 IV~VII 级的中硬岩石；

3）针状和薄片状合金：适用于硬地层和研磨性地层。

（5）合金成分。

1）含钴量高的：用于硬脆碎、裂隙发育、易产生振动冲击的地层；

2）含钴量低的：用于硬地层、研磨性强的地层。

5.2 钢粒钻进

5.2.1 钢粒规格

钢粒的规格性能见表 5-14。

表 5-14 钢粒的规格性能

钢粒规格/mm	$\phi 2.5$	$\phi 3.0$	$\phi 3.5$	$\phi 4.0$
允许高度和直径公差范围/mm	2.2~2.7	2.7~3.2	3.2~3.7	3.7~4.2
抗压强度（每粒）（不小于）/N	9800	12000	14000	16000
硬度 HRC	>50	>50	>50	>50
抗冲击能力/N·m·s^{-2}	>100	>125	>135	>150

5.2.2 钢粒钻头

钻头长度 500mm，壁厚为 9~10mm（直径 ϕ75~91mm，壁厚为 9mm；直径 ϕ110~150mm，壁厚为 10mm），水口高度为 120~180mm，下宽为钻头圆周长的 1/4~1/3，斜边倾斜角 65°左右，圆弧形半径变化范围为 160~250mm。水口形状有单斜边、双斜边、单弧边、双弧边等。

5.2.3 钻进规程

5.2.3.1 钻压

根据岩石的可钻性、钻头底唇面积以及钢粒的强度等条件综合考虑，钻压计算可参考表 5-15 和表 5-16。

表 5-15 不同岩石级别钻头单位面积钻压

岩石级别	单位压力/N·cm^{-2}	钢粒规格
7~8	300~350	直径：3mm；
8~9	350~400	抗破碎能力：1200 牛/粒；
>10	450 左右	洛氏硬度：HRC 50

表 5-16 钢粒钻进钻压

钻头直径/mm		水口宽度	钻头底唇面积/cm²	单位面积压力/N·cm^{-2}			
外	内			500	450	400	350
				钻头总压力/N			
150	130	1/4	33	16500	14800	13200	11500
		1/3	29.3	14500	13050	11600	10150

钻头直径/mm		水口宽度	钻头底唇面积/cm²	单位面积压力/N·cm⁻²			
外	内			500	450	400	350
				钻头总压力/N			
130	110	1/4	28.3	14250	12800	11400	9900
		1/3	25.1	12500	11250	10000	8750
110	90	1/4	23.6	11500	10500	9200	8050
		1/3	21	10500	9450	8400	7350
91	73	1/4	17.4	8500	7700	6800	5950
		1/3	15.5	7650	6890	6120	5360

5.2.3.2 转速

钢粒钻进转速的选择要考虑下列因素:

(1) 岩石的可钻性级别;

(2) 机械设备负荷;

(3) 管材质量;

(4) 孔深孔径。

钢粒钻进钻头的圆周速度一般采用 1.2 ~ 1.4m/s。表 5 - 17 所列为不同口径不同岩石级别的转速。

表 5 - 17 钢粒钻进转速

岩石级别	孔深/m	钻头圆周速度 /m·s⁻¹	钻头直径/mm		
			91	110	130
			主轴转速/r·min⁻¹		
7 ~ 9	0 ~ 200	1.4	280	240	200
	200 ~ 400	1.2	240	210	180
	>400	1.0	210	180	150
>10	0 ~ 300	1.2	240	210	180
	>300	1.0	210	180	150

5.2.3.3 冲洗液量

冲洗液量根据下列经验公式确定:

$$Q = KD$$

式中 Q——冲洗液量,m³/min;

K——经验系数,泥浆 K 值取 1.5 ~ 3,清水 K 值为 3 ~ 5;

D——钻头直径,m。

钢粒钻进时冲洗液量具体数值可参考表 5 - 18。

表5-18 钢粒钻进冲洗液量　　　　　　　（m³/min）

钻头直径/mm	75	91	110	130	150
清　水	0.025~0.040	0.030~0.045	0.035~0.055	0.040~0.065	0.045~0.075
泥　浆	0.012~0.020	0.015~0.030	0.018~0.035	0.020~0.040	0.023~0.045

钢粒钻进时，随着钢粒的不断磨耗，钻头的水口变小，必须适当地改小冲洗液量，每次改小水量5~8L。钢粒钻进隔40~60min改水一次，每回次改水两次。

5.2.3.4 投砂方法和投砂量

投砂方法有：回次投砂法、结合投砂法、连续投砂法等，其中以回次投砂法使用最为广泛。

投砂量根据岩石可钻性级别、钻头直径、岩石的完整程度等因素确定，可参照表5-19选取。

表5-19 回次投砂量

钻头直径/mm	75	91	110	130
钻头底唇面积/cm²	18.81	23.17	31.4	37.68
岩石级别	投砂量/kg			
7	2~2.5	2~3	3~4.5	3.5~5.5
8	2.5~3.5	3~4.5	4~6	5~7
9	3~5	3.5~6	5~8	6~9
10	4.5~6	5.5~7.5	7.5~10	9.5~12

5.3 金刚石钻进

5.3.1 金刚石的品级

人造金刚石、人造金刚石聚晶和天然金刚石的品级分类见表5-20~表5-24。

表5-20 人造金刚石单晶品种及其适用范围

品种系列	品种代号	适　用　范　围		
		粒　度		用　途
		窄范围	宽范围	
人造金刚石	RVD·	60/70~325/400	60/80~270/400	树脂、陶瓷结合剂磨具或研磨等
	MBD	50/60~325/400	60/80~270/400	金属结合剂磨具、电镀制品钻探工具或研磨等
	SCD	60/70~325/400	60/80~270/400	钢或钢和硬质合金组合件等
	SMD	16/18~60/70	16/20~60/80	锯切、钻探及修正工具等
	DMD	16/18~40/45	16/20~40/50	修正工具或其他单粒工具等

表 5 −21 人造金刚石单晶分级

品种系列 / 粒度	RVD	MBD$_4$	MBD$_6$	MBD$_8$	MBD$_{12}$	SMD	SMD$_{25}$	SMD$_{30}$	SMD$_{35}$	SMD$_{40}$	DMD
16/18						470.40 (48.0)	560.56 (57.2)	672.28 (68.6)	748.98 (60.1)	919.24 (93.8)	1076.04 (109.8)
16/20						435.12 (44.7)	518.42 (52.9)	621.32 (63.4)	725.40 (74.0)	849.66 (66.7)	994.70 (100.5)
18/20						398.86 (40.7)	475.30 (48.5)	570.36 (58.2)	665.42 (67.9)	779.10 (79.5)	912.38 (93.1)
20/25						338.10 (34.5)	402.73 (41.1)	483.14 (49.3)	563.50 (57.5)	660.52 (67.4)	773.22 (78.9)
20/30						312.62 (31.9)	372.40 (38.0)	446.88 (45.6)	520.38 (53.1)	160.54 (62.3)	714.42 (72.9)
25/30						286.16 (29.2)	341.04 (34.8)	409.64 (41.8)	477.26 (48.7)	559.58 (57.1)	654.64 (66.8)
30/35						243.04 (24.8)	289.10 (29.5)	346.92 (35.4)	404.74 (41.3)	477.32 (48.4)	554.68 (56.6)
30/40						224.42 (22.9)	267.54 (27.3)	320.46 (32.7)	374.36 (38.2)	438.06 (44.7)	512.54 (52.3)
35/40						205.80 (21.0)	245.00 (25.0)	294.00 (30.0)	343.00 (35.0)	401.80 (41.0)	470.40 (48.0)
40/45						174.44 (17.8)	207.76 (21.2)	248.92 (25.4)	191.06 (29.7)	341.04 (34.8)	398.86 (40.7)
40/50						161.70 (16.5)	192.08 (19.6)	230.30 (23.5)	268.25 (27.4)	315.16 (32.2)	368.48 (37.6)
45/50		63.70 (6.5)	97.02 (9.9)			147.98 (15.1)	176.40 (18.0)	210.70 (21.5)	245.98 (25.1)	289.10 (29.5)	338.10 (34.5)
50/60		53.90 (5.5)	83.32 (8.4)	108.78 (11.1)	158.76 (16.2)	125.44 (12.8)	148.96 (15.2)	179.34 (18.3)	208.74 (21.3)	245.00 (25.0)	
60/70		46.06 (4.7)	69.58 (7.1)	92.12 (9.4)	139.16 (14.2)	105.83 (10.8)	126.42 (12.9)	151.90 (15.5)	177.38 (18.1)	207.76 (21.2)	
60/80		43.12 (4.4)	64.68 (6.6)	85.26 (8.7)	128.38 (13.1)	98.00 (10.0)	116.2 (11.9)	140.14 (14.3)	163.66 (16.7)	192.08 (19.6)	

续表 5 – 21

品种系列 粒度	RVD	MBD₄	MBD₆	MBD₈	MBD₁₂	SMD	SMD₂₅	SMD₃₀	SMD₃₅	SMD₄₀	DMD
70/80	19. 5 (2. 0)	39. 20 (4. 0)	58. 80 (6. 0)	78. 40 (8. 0)	117. 60 (12. 0)						
80/100		33. 32 (3. 4)	49. 98 (5. 1)	66. 64 (6. 8)	99. 96 (10. 2)						
100/120		28. 42 (2. 9)	42. 14 (4. 3)	56. 84 (5. 8)	84. 28 (8. 6)						
120/140		23. 52 (2. 4)	32. 26 (3. 7)	48. 02 (4. 9)	71. 54 (7. 3)						

表 5 – 22 用于钻头和扩孔器的人造金刚石聚晶规格

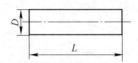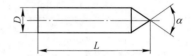

D	L						α	
1. 5	1. 5	2. 0	2. 5	3. 0	3. 5	4. 0	90°	120°
2. 0	2. 0	2. 5	3. 0	3. 5	4. 0	4. 5		
2. 5	2. 5	3. 0	3. 5	4. 0	4. 5	5. 0		
3. 0	3. 0	3. 5	4. 0	4. 5	5. 0			
3. 5	3. 5	4. 0	4. 5	5. 0				
4. 0	4. 0	4. 5	5. 0	5. 5				
4. 5	4. 5	5. 0	5. 5	6. 0				
5. 0	5. 0	5. 5	6. 0	8. 0				
5. 5	5. 5	6. 0	8. 0					
6. 0	6. 0	8. 0	10. 0					

表 5 – 23 人造金刚石聚晶按磨耗比分级

型号	磨耗比平均值 （不低于）/ × 10³	单位磨耗比值 （不低于规定平均值）	高于规定平均值的粒数 （不低于）
Ⅰ	20		
Ⅱ	40		
Ⅲ	70	60%	40%
Ⅳ	100		
Ⅴ	150		

表5-24 天然金刚石品级分类

特别	代号	特 征	
特级 （AAA）	TT	具天然晶体或浑圆状、光亮、质纯无斑点及包裹体，无裂纹、颜色不一。十二面体含量达35%~90%，八面体含量达10%~65%	钻进特硬或制造绳索取心钻头
优质级 （AA）	TY	晶粒规则完整，较浑圆十二面体达15%~20%，八面体含量80%~85%，每个晶粒应不少于4~6个良好尖刃。颜色不一，无裂纹无包裹体	钻进坚硬和硬地层或制造绳索取心钻头
标准级 （A）	TB	晶粒较规则完整、八面体完整晶粒达90%~95%，每个晶粒应不少于4个良好尖刃，由光亮透明到暗淡无光泽，可略有斑点及包裹体	钻进硬和中硬地层
低级 （C）	TD	八面体完整晶粒达30%~40%，允许有部分斑点包裹体。颜色为淡黄至暗灰色。或经过浑圆化处理的金刚石	钻进中硬地层
等外级	TX	细小完整晶粒，或成团块状的颗粒	择优以后用于制造孕镶钻头
	TS	碎片、连晶砸碎使用、无晶形	

5.3.2 金刚石的粒度

天然金刚石按其粒度可分为：粗粒，每克拉5~20粒；中粒，每克拉20~40粒；细粒，每克拉40~100粒；粉粒，每克拉100~400粒或更小。

表镶金刚石采用的天然金刚石粒度范围是10~100粒/克拉，最常用25~50粒/克拉，见表5-25。孕镶钻头采用的天然金刚石粒度为150~400粒/克拉，还可用更细的。金刚石孕镶钻头目前选用的粒度范围是46~120目，见表5-26。不同粒度的金刚石近似尺寸见表5-27和表5-28。

表5-25 表镶钻头用金刚石粒度

等 级	粗粒	中粒	细粒	特细粒
粒度/粒·克拉$^{-1}$	15~25	25~40	40~60	60~100
岩 层	中硬	中硬-硬	硬	硬-坚硬

表5-26 孕镶钻头用金刚石粒度

粒度/目	人造	>40/50	50/60	60/80	80/100
	天然	20/30	30/40	40/60	60/80
岩 层		中硬-硬		硬-坚硬	

表5-27 表镶钻头用金刚石近似尺寸

粒度/粒·克拉$^{-1}$	1	2	4	6	8	10	15	20	25	30	40	50	60	80	100
近似尺寸/mm	5.26	4.09	3.30	2.69	2.49	2.31	2.00	1.80	1.65	1.50	1.42	1.33	1.25	1.15	1.10

表 5 – 28 孕镶钻头用金刚石近似尺寸

粒度/目	35/40	40/50	50/60	60/70	70/80	80/100
近似尺寸/mm	500/425	425/355	300/250	250/212	212/180	180/150

5.3.3 金刚石性能参数

金刚石性能参数具体如下：

（1）金刚石维氏显微硬度为 $1.0 \times 10^6 MPa$。

（2）金刚石的线膨胀系数极小，见表 5 – 29。

（3）金刚石的弹性模量约 $9.0 \times 10^5 MPa$。

（4）金刚石的电阻率为 $5 \times 10^{14} \Omega \cdot cm$。

（5）金刚石的热导率为 $0.35 cal/cm \cdot S \cdot \text{℃}$。

（6）天然金刚石的抗压强度约为 8800MPa，晶体形态与单粒抗压强度的关系见表 5 – 30。

（7）金刚石的热稳定性较差，见表 5 – 31。

表 5 – 29 金刚石膨胀系数

温度/℃	0	30	50
线膨胀系数	5.62×10^7	9.97×10^7	0.86×10^7

表 5 – 30 晶体形态与单粒抗压强度的关系

晶体形态	粒度/目	天然金刚石单颗抗压强度/ ×9.8N			人造金刚石的抗压强度/ ×9.8N		
		最高	最低	平均	最高	最低	平均
等轴状十二面体单晶	40/50	46	36	41	23	5	12.57
	50/60	47	20	37	26	6	17
八面体单晶	40/50	45	32	39.2	16.5	2.5	10
	50/60	41.5	25	35.4	49	5	16.05
无定形单晶	40/50	43	6	19.5	12	3	6.70
	50/60	36	4.5	14.1	9	1	4
聚 晶	40/50	—	—	—	—	—	<1.5
	50/60	—	—	—	—	—	<1.0

表 5 – 31 烧结温度对人造金刚石强度的影响

烧结温度/℃	700	750	800	850	900	1000	1100
强度/MPa	2110	2100	1980	1770	1600	1250	869

5.3.4 金刚石钻头

（1）普通双管钻头系列规格应符合图 5 – 11 及表 5 – 32 的规定。允许为特殊地层的需要而采取薄壁或超径钻头，此条适用于标准中的各种类别的钻头。

（2）普通单管钻头系列规格应符合图 5 – 12 及表 5 – 33 的规定。

表 5 – 32　普通双管钻头系列规格　　　　（mm）

公称口径	胎　体		钢　体		总长度 H	螺纹尺寸		
	外径 D	内径 d	外径 D_1	内径 d_1		大径 ϕ_1	小径 ϕ_2	长度
28	$28^{+0.5}_{+0.3}$	17 ± 0.1	27 ± 0.1	$22.5^{+0.2}$	80	$24.5^{+0.08}_{0}$	$23^{+0.05}_{0}$	33
36	$36.5^{+0.5}_{+0.3}$	21.5 ± 0.1	35 ± 0.1	$27^{+0.2}$	80	$31^{+0.08}_{0}$	$29.5^{+0.05}_{0}$	33
46	$46.5^{+0.5}_{+0.3}$	29 ± 0.1	45 ± 0.1	$37^{+0.2}$	80	$40.5^{+0.08}_{0}$	$39^{+0.05}_{0}$	33
59	$59.5^{+0.5}_{+0.3}$	41.5 ± 0.1	58 ± 0.1	$49.5^{+0.2}$	80	$53.5^{+0.08}_{0}$	$52^{+0.05}_{0}$	33
75	$75^{+0.5}_{+0.3}$	54.5 ± 0.1	73 ± 0.1	$65.5^{+0.2}$	80	$68.5^{+0.08}_{0}$	$67^{+0.05}_{0}$	33
91	$91^{+0.5}_{+0.2}$	$68^{+0.1}_{-0.2}$	89 ± 0.1	$81^{+0.2}$	80	$84^{+0.08}_{0}$	$82.5^{+0.05}_{0}$	33

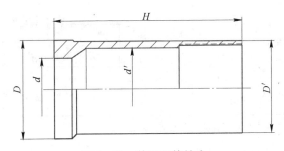

图 5 – 11　普通双管钻头

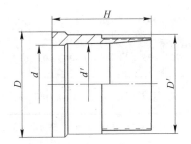

图 5 – 12　普通单管钻头

表 5 – 33　普通单管钻头系列规格　　　　（mm）

公称口径	胎　体		钢　体		总长度 H	螺纹尺寸		
	外径 D	内径 d	外径 D_1	内径 d_1		大径 ϕ_1	小径 ϕ_2	长度
28	$28^{+0.5}_{+0.3}$	17 ± 0.1	27 ± 0.1	$22.5^{+0.2}$	80	$24.5^{-0.1}_{-0.15}$	$23^{-0.1}_{-0.15}$	30
36	$36.5^{+0.5}_{+0.3}$	21.5 ± 0.1	34.5 ± 0.1	$27^{+0.2}$	80	$31^{-0.1}_{-0.15}$	$29.5^{-0.1}_{-0.15}$	30
46	$46.5^{+0.5}_{+0.3}$	29 ± 0.1	44.5 ± 0.1	$37^{+0.2}$	80	$40.5^{-0.1}_{-0.15}$	$39^{-0.1}_{-0.15}$	30
59	$59.5^{+0.5}_{+0.3}$	41.5 ± 0.1	57.5 ± 0.1	$49.5^{+0.2}$	80	$53.5^{-0.1}_{-0.15}$	$52^{-0.1}_{-0.15}$	30
75	$75^{+0.5}_{+0.3}$	54.5 ± 0.1	73.5 ± 0.1	$65.5^{+0.2}$	80	$68.5^{-0.1}_{-0.15}$	$67^{-0.1}_{-0.15}$	30
91	$91^{+0.5}_{+0.2}$	$68^{+0.1}_{-0.2}$	89.5 ± 0.1	$81^{+0.2}$	80	$84^{-0.1}_{-0.15}$	$82.5^{-0.1}_{-0.15}$	30

（3）绳索取心钻头系列规格应符合图 5 – 13 及表 5 – 34 的规定。

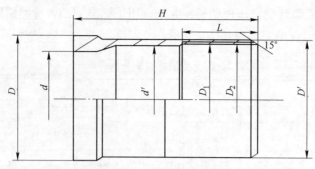

图 5 – 13 绳索取心钻头

表 5 – 34 绳索取心钻头系列规格　　　　　　　　（mm）

公称口径	胎体		钢体		总长度 H	水口				水槽规格（深×宽）	螺纹尺寸	
	外径 D	内径 d	外径 D'	内径 d'		数量/个		规格（宽×高）			大径 D_1	小径 D_2
						表	孕	表	孕			
46	$46.5^{+0.3}_{0}$	25 ± 0.1	45 ± 0.1	$36^{+0.2}_{0}$	80	2 ~ 4	4 ~ 6	4 × 2.5			$40.5^{+0.08}_{0}$	$39^{+0.05}_{0}$
59	$59.5^{+0.3}_{0}$	36 ± 0.1	58 ± 0.1	$49^{+0.2}_{0}$	80	6 ~ 8	8 ~ 12		$(3~6) \times (4~6)$	2×5 或 $2\times(4~6)$	$53.5^{+0.08}_{0}$	$52^{+0.05}_{0}$
75	$75^{+0.3}_{0}$	49 ± 0.1	73 ± 0.1	$62^{+0.2}_{0}$	80	8 ~ 12	10 ~ 14	5 × 2.5			$68.5^{+0.08}_{0}$	$67^{+0.05}_{0}$
91	$91(95)^{+0.3}_{0}$	$62^{+0.1}_{-0.2}$	88 ± 0.1	$75^{+0.2}_{0}$	80	10 ~ 14	12 ~ 16				$84^{+0.08}_{0}$	$82.5^{+0.05}_{0}$

注：对公称口径46mm、59mm、75mm、91mm钻头，其螺纹长度都为33mm。

（4）钻头胎体硬度分级见表5 – 35。

表 5 – 35 钻头胎体硬度分级

级 别	代 号	胎体硬度 HRC	级 别	代 号	胎体硬度 HRC
特软	0	10 ~ 20	中硬	III	35 ~ 40
软	I	20 ~ 30	硬	IV	40 ~ 45
中硬	II	30 ~ 35	特硬	V	>45

（5）钻头和扩孔器的金刚石用量见表5 – 36。

表 5 – 36 钻头和扩孔器的金刚石用量　　　　　　　　（克拉）

公称口径	表镶钻头	孕镶钻头	表镶扩孔器	孕镶扩孔器
36	7 ~ 8	8 ~ 10	5 ~ 7	7 ~ 8
46	8 ~ 10	10 ~ 12	6 ~ 8	8 ~ 10
59	10 ~ 15	12 ~ 17	7 ~ 10	10 ~ 15
75	13 ~ 22	16 ~ 22	12 ~ 18	5 ~ 20

5.3.5 金刚石扩孔器

金刚石扩孔器的规格见表 5 –37 ~ 表 5 –39。

表 5 –37　普通单管钻头用扩孔器规格　（mm）

公称口径	扩孔器公称尺寸		扩孔器外螺纹			扩孔器内螺纹			长度 H
	外径 D	内径 d	大径 d_1	小径 d_2	牙顶宽 m	大径 d_3	小径 d_4	牙顶宽 m	
28	$28.5^{+0.3}_{0}$	20 ± 0.1	$24.5^{-0.1}_{-0.15}$	$23^{-0.10}_{-0.22}$	$1.922^{0}_{-0.08}$	$24.5^{+0.03}_{0}$	$23^{+0.05}_{0}$	$1.934^{0}_{-0.08}$	120
36	$37^{+0.3}_{0}$	25.5 ± 0.1	$31^{-0.1}_{-0.15}$	$29.5^{-0.10}_{-0.22}$	$1.922^{0}_{-0.08}$	$31^{+0.03}_{0}$	$29.5^{+0.05}_{0}$	$1.934^{0}_{-0.08}$	
46	$47^{+0.3}_{0}$	33 ± 0.1	$40.5^{-0.1}_{-0.15}$	$39^{-0.10}_{-0.22}$	$1.922^{0}_{-0.08}$	$40.5^{+0.03}_{0}$	$39^{+0.05}_{0}$	$1.934^{0}_{-0.08}$	
59	$60^{+0.3}_{0}$	45.5 ± 0.1	$53.5^{-0.1}_{-0.15}$	$52^{-0.10}_{-0.22}$	$1.922^{0}_{-0.08}$	$53.5^{+0.03}_{0}$	$52^{+0.05}_{0}$	$1.934^{0}_{-0.08}$	140
75	$75.5^{+0.3}_{0}$	58.5 ± 0.1	$68.5^{-0.1}_{-0.15}$	$67^{-0.10}_{-0.22}$	$1.922^{0}_{-0.08}$	$68.5^{+0.03}_{0}$	$67^{+0.05}_{0}$	$1.934^{0}_{-0.08}$	
91	$91.6^{+0.4}_{0}$	72 ± 0.1	$84^{-0.1}_{-0.15}$	$82.5^{-0.10}_{-0.22}$	$1.922^{0}_{-0.08}$	$84^{+0.03}_{0}$	$82.5^{+0.05}_{0}$	$1.934^{0}_{-0.08}$	

表 5 –38　普通单管钻头用扩孔器规格　（mm）

公称口径	扩孔器公称尺寸		扩孔器外螺纹			长度 H
	外径 D	内径 d	大径 D_1	小径 D_2	牙顶宽 m_1	
28	$28.5^{+0.3}_{0}$	21.5 ± 0.1	$24.5^{-0.1}_{-0.15}$	$23^{-0.10}_{-0.22}$	$1.922^{0}_{-0.080}$	120
36	$37^{+0.3}_{0}$	27.5 ± 0.1	$31^{-0.1}_{-0.15}$	$29.5^{-0.10}_{-0.22}$	$1.922^{0}_{-0.080}$	
46	$47^{+0.3}_{0}$	36.5 ± 0.1	$40.5^{-0.1}_{-0.15}$	$39^{-0.10}_{-0.22}$	$1.922^{0}_{-0.080}$	
59	$60^{+0.3}_{0}$	49 ± 0.1	$53.5^{-0.1}_{-0.15}$	$52^{-0.10}_{-0.22}$	$1.922^{0}_{-0.080}$	140
75	$75.5^{+0.3}_{0}$	64 ± 0.1	$68.5^{-0.1}_{-0.15}$	$67^{-0.10}_{-0.22}$	$1.922^{0}_{-0.080}$	
91	$91.6^{+0.3}_{0}$	79 ± 0.1	$84^{-0.1}_{-0.15}$	$82.5^{-0.10}_{-0.22}$	$1.922^{0}_{-0.080}$	

表 5 –39　绳索取心、泥浆钻头用扩孔器规格　（mm）

公称口径	扩孔器公称尺寸		扩孔器外螺纹			扩孔器内螺纹			长度 H
	外径 D	内径 d	大径 d_1	小径 d_2	牙顶宽 m	大径 d_3	小径 d_4	牙顶宽 m	
46	$47^{+0.3}_{0}$	$36^{+0.10}$	$40.5^{-0.1}_{-0.15}$	$39^{-0.10}_{-0.22}$	$1.922^{0}_{-0.08}$	$40.5^{+0.08}$	$39^{+0.05}$	$1.934^{0}_{-0.08}$	
59	$60^{+0.3}_{0}$	$49^{+0.10}$	$53.5^{-0.1}_{-0.15}$	$52^{-0.10}_{-0.22}$	$1.922^{0}_{-0.08}$	$53.5^{+0.08}$	$52^{+0.05}$	$1.934^{0}_{-0.08}$	
75	$75.5^{+0.3}_{0}$	$62^{+0.10}$	$68.5^{-0.1}_{-0.15}$	$67^{-0.10}_{-0.22}$	$1.922^{0}_{-0.08}$	$68.5^{+0.08}$	$67^{+0.05}$	$1.934^{0}_{-0.08}$	160
91	$91.5^{+0.4}_{0}$	$76^{+0.10}$	$84^{-0.1}_{-0.15}$	$82.5^{-0.10}_{-0.22}$	$1.922^{0}_{-0.08}$	$84^{+0.08}$	$82.5^{+0.05}$	$1.934^{0}_{-0.08}$	

5.3.6 金刚石钻头的选择

5.3.6.1 钻头技术参数选择

金刚石钻头选择可参阅表5-40和表5-41。

表5-40 金刚石钻头的选择

指　标	坚硬岩	硬　岩	中　硬
金刚石粒度	80/100	70/80~50/60	40/50
金刚石浓度/%	50	50~75	100
胎体硬度	HRC30±	HRC40±	HRC40~50

表5-41 不同岩层选用钻头扩孔器参数

岩层分类			软　岩			中硬岩			硬　岩			特硬岩		
岩层名称举例			泥灰岩,页岩,碳质片岩,砂质灰岩绿泥石片岩,泥质砂岩,千枚岩			片岩,片麻岩,硬砂岩灰岩,白云岩,辉长岩,辉绿岩,大理岩,角砾岩,石灰岩,玄武岩安山岩,橄榄岩,蛇纹岩,枚岩			花岗闪长岩,矽片岩,花岗片麻岩,混合岩,花岗闪长岩,伟晶岩,角闪玢岩,石英二长岩,斑岩,纳长岩,玄武岩,流纹岩			碧玉岩,石英岩,硅质大理岩,石斑岩,坚硬花岗岩,角岩脉,石英霏丝岩,含铁石英岩,高硅化灰岩		
岩层特征			细粒致密/完整均质/低研磨性	中等/中等/中等	粗粒粗糙/破碎不均/高研磨性	细粒致密/完整均质/低研磨性	中等/中等/中等	粗粒粗糙/破碎不均/高研磨性	细粒致密/完整均质/低研磨性	中等/中等/中等	粗粒粗糙/破碎不均/高研磨性	细粒致密/完整均质/低研磨性	中等/中等/中等	粗粒粗糙/破碎不均/高研磨性
钻头类型														
普通八角和方柱状磨锐式钻头			●	●	●	●	●	●						
针状式薄片状自磨式钻头						●	●	●						
硬质合金钻头	金刚石粒度	天然 15~25粒/克拉	●	●	○	●	○							
		天然 25~40粒/克拉	○	○	●	○	●							
		天然 40~60粒/克拉					●	○	●	○				
		天然 60~80粒/克拉								●	●			
		人造(φ2~3)×5	●	●	●	●	●	○	○	○	○			
	胎体硬度	HRC20~30				○								
		HRC30~35				●	○							
		HRC35~45				●	○	●	●	●				
		HRC45~55	○		●		○							

岩层分类				软岩	中硬岩			硬岩			特硬岩		
孕镶金刚石钻头	金刚石粒度	天然	40/50		○	○	●	○	○	●	○	○	●
			50/60		●	●	●	○	●	●	●	●	●
			60/70		●	●	○	●	●	○	●	●	○
		人造	40/50		●	●	●	●	●	●			
			60/70		●	●	●	●	●	●	○	○	○
			70/80		●	○	○	○	○	○	○	○	
			80/100		○	○	○	○	○	○	○		
	胎体硬度		HRC15 ~ 25					○			●		
			HRC25 ~ 30		○			●			●		
			HRC30 ~ 35		●	○		●			○	○	
			HRC35 ~ 45		●	●	○	●			○		
			HRC45 ~ 50		●	●		●	○		●	○	
			HRC50 ~ 60			●			●			●	
扩孔器	表镶式	天然	15 ~ 25 粒/克拉	●	●	●		●		○	○		
		人造	$\phi1.8 \times 4$, $\phi2 \times 4$ 聚晶	●	●	●	●						
	孕镶式	天然	18/20 ~ 40/50	●	●	●	●						
		人造	≥120/140	●	●	●	●	●	●	●	●	●	●
		硬质合金	莱立特		○	○	○						

注：实心黑点表示优先采用的，空心圆点表示也可选用的。

5.3.6.2 钻头形状选择

金刚石底唇面形状见表 5 - 42，水口形式如图 5 - 14 所示。

表 5 - 42 金刚石底唇面形状

序号	唇面形状	说　明
1	平唇形	适用于中硬和中等研磨性岩层的标准型钻头
2	双锥形	适用于中硬岩层，稳定性较好
3	半圆形	内外侧刃加强钻头，用金刚石比第一种稍多
4	全圆形	内外侧刃加强钻头，应用较广，尤宜用于硬的研磨性地层
5	低导向形	常用于中硬至硬岩层
6	导向形	在垂直钻孔中有良好的稳定性，中硬岩层中钻速较高

续表 5 - 42

序号	唇面形状	说　　明
7	三阶形	适用于软至中硬岩层
8	多阶形	用于中硬至硬岩层的标准钻头，效果与稳定性好
9	内锥形	具有良好的稳定性，在硬岩中效果好
10	外锥形	钻进效果良好
11	尖内形	在坚硬和硬岩层效果好，尖齿呈60°"V"形
12	台阶尖齿形	在坚硬和硬岩层中效果好

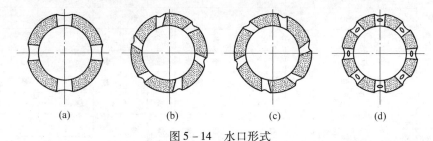

图 5 - 14　水口形式

（a）直水口；（b）正螺旋水口；（c）反螺旋水口；（d）底喷式水口

5.3.6.3　通常情况下钻头的选择

通常情况下钻头的选择包括以下几个方面的事项：

（1）Ⅳ~Ⅵ级（部分Ⅶ级）碳酸盐类岩石。常见的有石灰岩、大理岩、白云岩等。岩性均质、弱研磨性、硬度不大、钻进时金刚石消耗甚微，最宜采用表镶金刚石（包括人造聚晶）钻头。正常情况下采用绳索取心钻头直径56mm，金刚石粒度25粒/克拉左右。机械钻速可达3~5m/h，钻头寿命（在不低于一定钻速范围内）可达200~300m。

（2）Ⅲ~Ⅵ级（部分Ⅶ级）的煤系地层。常见的岩层有各种页岩、泥岩、粉砂岩、砂岩和煤层等。岩性较均质，大多为弱研磨性，某些砂岩为中、强研磨性。钻进时除硬砂岩（如石英砂岩）外，钻头金刚石消耗不大。此类岩层有时易吸水膨胀，遇孔壁不稳定时要采用泥浆钻进。此类岩层宜选用粗至中粗表镶金刚石（包括人造聚晶）钻头，可采用 ϕ75 +2 的钻头施工，山东某队取得了最高钻头寿命为527.79m。

（3）Ⅶ~Ⅷ级无石英或少石英火成岩。常见的有闪长岩、石英岩、闪长斑岩、安山岩等属少石英火成岩类；辉长岩、辉长斑岩、玄武岩等属无石英火成岩类。此类岩层中硬到硬、低到中等研磨性，一般采用表镶或孕镶钻头均可。

（4）Ⅶ~Ⅷ级变质岩类。常见的有各种片岩、片麻岩、矽卡岩等。具中等到较强的研磨性。这类岩石最好使用孕镶钻头。

（5）Ⅷ~Ⅹ级含较多石英的火成岩或沉积岩。常见的有花岗岩、花岗斑岩、石英砂岩等。这种岩层硬且耐磨性强，宜采用孕镶钻头。

（6）Ⅺ~Ⅻ级特别坚硬地层。常见的有致密坚硬的石英岩、流纹岩、碧玉铁质岩、角闪岩、燧石等。这类岩层特别坚韧、硬度大、研磨性弱而易于在钻进时"打滑"不进尺，使用表镶钻头虽能进尺，但钻速下降很快。孕镶钻头钻速也较低，而且往往要在不能自锐的情况下辅以人工锐化。

5.3.6.4 特殊地层条件钻头选择

广义上讲，特殊地层就是复杂地层，主要有松散软、硬脆碎、致密打滑等地层。

（1）松软易受冲蚀的地层。例如松软的黏土层、煤层、强风化的岩矿层等。这类岩矿层取心钻进时宜配合性能良好或专门结构的岩心管，采用底喷、侧喷式钻头以及内管超前式或内管压入式钻头。

（2）致密坚硬弱研磨性地层。致密坚硬弱研磨性地层，即所谓的"打滑"地层。该类地层常规钻头钻速慢，严重影响钻探进度，为此，必须采取切实可行的技术措施，才能攻克这类地层难钻进的难题。在钻头选择上，必须正确选择和确定钻头的结构参数，宗旨是保证金刚石出刃且有利提高工作面的比压，具体如下：

1）尽可能采用优质级金刚石；

2）一般采用细颗粒的金刚石磨料；

3）采用低浓度的金刚石含量；

4）选用低硬度的胎体性能；

5）采用"V"形槽尖齿型钻头；

6）增加水口个数；

7）采用宽水口结构；

8）采用反螺旋式水口；

9）增加工作层高度；

10）加强保径措施。

（3）坚硬孔隙裂隙发育的强研磨性地层。该类地层最大问题是钻头寿命短，宗旨是提高钻头的耐磨性。为此，钻头的结构参数应当本着如下原则：

1）尽可能采用优质级金刚石；

2）采用粗颗粒的金刚石磨料；

3）采用稍高浓度的金刚石含量；

4）胎体性能选用硬度大的胎体；

5）钻头胎体形状采用圆弧形或阶梯形；

6）水口个数采用标准规定的下限值；

7）水口大小采用标准水口大小；

8）采用正螺旋式水口；

9）增加工作层高度；

10）加强保径措施。

5.3.7 金刚石钻进规程

5.3.7.1 钻压

钻压指直接作用在钻头上的压力。实际钻进过程中，由于冲洗液的浮力、钻具与孔壁的摩擦力、钻头唇面冲洗液的上举力、高速回转时钻具的离心力等导致钻压损失，使得孔底钻头上的压力值与所施加的压力值不符。

孔底钻头所需钻压计算分为表镶钻头和孕镶钻头。

表镶钻头钻压（N）可按下列公式计算：

$$p = \delta Gf$$

式中　δ——岩石抗压强度（见表 5 – 43），MPa；

　　　G——钻头底唇面克取岩石的金刚石数量，一般按钻头含量总数的 2/3 ～ 3/4 计算；

　　　f——单粒金刚石与岩石的接触面积（见表 5 – 44），mm^2。

孕镶钻头钻压（N）则按下述公式计算：

$$p = FP$$

式中　F——钻头环状克取面积，cm^2；

　　　P——单位面积压力值，N/cm^2。

对于中硬岩石 $P = 400 \sim 500 N/cm^2$，岩石坚硬、金刚石质量高，P 值可适当提高，如天然孕镶金刚石钻头 P 值。国外选用 $600 \sim 700 N/cm^2$。表 5 – 45 列出不同直径钻头所需钻压值，可供选择时参考。

表 5 – 43　常见岩石的抗压强度值

岩石名称	抗 压 强 度		单颗金刚石压强（按 20 粒/克拉计算）/N
	变化范围	平均值	
花岗岩	70 ～ 330	200	10 ～ 50
石英斑岩	110 ～ 580	260	20 ～ 100
玄武岩	110 ～ 575	260	20 ～ 90
火山玄武岩	14 ～ 165	80	5 ～ 30
辉长岩	15 ～ 285	220	20 ～ 50
砂 岩	20 ～ 300	100	10 ～ 50
页 岩	50 ～ 100	60	10 ～ 20
石灰岩	3 ～ 350	100	16 ～ 0

表 5 - 44　不同粒度的金刚石与岩石的接触面积

金刚石粒度 /粒·克拉$^{-1}$	金刚石直径 /mm	接触面积 /mm^2	金刚石粒度 /粒·克拉$^{-1}$	金刚石直径 /mm	接触面积 /mm^2
10	2.10	0.16	60	1.25	0.10
20	1.80	0.14	12.5	1.00	0.08
30	1.50	0.12			

表 5 - 45　不同直径钻头所需压力　　　　　　　　（N）

钻头种类		钻头直径/mm			
		36	46	59	75
表镶 钻头	初压力	200 ~ 400 500 ~ 1000	500 ~ 1000	1000 ~ 2000	1000 ~ 2000
	正常压力	2000 ~ 4000	3000 ~ 5000	4000 ~ 6000	6000 ~ 8000
孕镶钻头		2000 ~ 3000	3000 ~ 4000	3500 ~ 5500	6000 ~ 7000

5.3.7.2　转速

钻头的转速一般根据其圆周速度和直径来计算，孕镶钻头的圆周速度一般为 1.5 ~ 3.0m/s，表镶钻头一般在 1.0 ~ 2.0m/s。具体选择时可参考表 5 - 46。

表 5 - 46　不同直径钻头适用转速　　　　　　　　（r/min）

钻头直径/mm	36	46	59	75
表镶钻头	550 ~ 1600	450 ~ 1200	350 ~ 1040	250 ~ 760
孕镶钻头	800 ~ 2100	650 ~ 1700	500 ~ 1350	400 ~ 1050

5.3.7.3　冲洗液量

冲洗液量一般按下列公式计算，具体可见表 5 - 47。

$$Q = 6vF$$

式中　Q——冲洗液量，m^3/min；

　　　v——环状间隙返流速度，对于金刚石钻进应大于 0.3 ~ 0.5m/s（日本资料应大于 0.9m/s）。

表 5 - 47　金刚石钻进常用冲洗液量

钻头直径/mm	36	46	59	75
冲洗液量/m^3·min^{-1}	0.015 ~ 0.020	0.020 ~ 0.025	0.025 ~ 0.030	0.040 ~ 0.050

5.3.8　绳索取心钻进

5.3.8.1　绳索取心钻具

地质和冶金系统绳索取心钻具技术规格见表 5 - 48 和表 5 - 49。

表 5 – 48　地质系统绳索取心钻具系列

钻具型号		SC – 46	SC – 56	S – 59	S – 75	S – 91
钻头	外径/mm	$46.5^{+0.5}_{+0.3}$	$56^{+0.5}_{+0.3}$	$59.5^{+0.5}_{+0.3}$	$75^{+0.5}_{+0.3}$	$91^{+0.5}_{+0.3}$
	内径/mm	25 ± 0.1	35 ± 0.1	36 ± 0.1	49 ± 0.1	62 ± 0.1
扩孔器	外径/mm	$47^{+0.2}$	$56.5^{+0.2}$	$60^{+0.2}$	$75.5^{+0.2}$	$91.5^{+0.2}$
	内径/mm		44		62	
外管	外径/mm	45	54	58	73	88
	内径/mm	36	45	49	63	17
	长度/mm		32、80		33、66	
	质量/kg·m⁻¹	4.38	5.49		9	
内管	外径/mm	31	41	43	56	71
	内径/mm	27	37	38	51	65
	长度/m	3	3	3	3	3
	质量/kg·m⁻¹	1.43	1.9		3.2	
卡簧	外径/mm	28 ± 0.1	38 ± 0.1	39.5 ± 0.1	51.4 ± 0.1	
	内径/mm	0.5、24.5、−0.5	0.5、34.5、−0.5	0.5、35.6、−0.5	47.2 ± 0.34	
打捞器外径/mm		25	40	43	56	
重锤	外径/mm		32		42	
	长/m	1.8	1.5	1.5	1.06	
	质量/kg	6.8	12	10.57	15	
钻杆	外径/mm	43.5	53	55.5	71	87
	内径/mm	34	44	46	61	77
	接头外径（内径)/mm	44(33)	54(43)	56.5(46)	71(61)	88(76)

表 5 – 49　冶金系统绳索钻具配套参数　　　　　　(mm)

钻孔口径标称	钻头			扩孔器外径	岩心管							套管			钻杆和接头					
					外管			间隙	内管						钻杆			接头		
	外径	内径	壁厚		外径	内径	壁厚		外径	内径	壁厚	外径	内径	壁厚	外径	内径	壁厚	外径	内径	壁厚
47	47	25	11	47.5	45	38	3.5	3.5	31	27	2	58	49	4.5	43.5	34	4.75	44.5	34	5.25
60	60	36	12	60.5	58	49	4.5		43	38	2.5	73	63	5	56	46	5	57	46	5.5
75	75	49	13	75.5	73	63	5	3.5	56	51	2.5	89	78	5.5	70	60	5	71	60	5.5

近年来绳索取心钻具有了新发展，表5-50和表5-51所示分别是无锡和唐山钻具厂家的产品。

表5-50　无锡钻探工具厂绳索取心钻具　　　　（mm）

系　列	规　格	钻头		扩孔器	外管		内管		配套钻杆规格
		外径	内径	外径	外径	内径	外径	内径	
普通系列钻具	SC56	56	35	56.5	54	45	41	37	S56
	S59	59.5	36	60	58	49	43	38	S59
	S75/S75B	75	49	75.5	73	63	56	51	S75/S75A
	S91	91	62	91.5	88	77	71	65	S91
	S95/S95B	95	64	95.5	89	79	73	67	S95/S95A
C系列钻具	BC	59.5	36.5	60	57.2	46	42.9	38.1	BC
	NC	74.6	47.6	75.8	73	60.3	55.6	50	NC
	HC	95.6	63.5	96	92.1	77.8	73	66.7	HC
	PC	122	85	122.6	117.5	103.2	95.3	88.9	PC
深孔复杂地层钻具	S75B-2	75	47	75.5	73	63	54	49	S75A/CNH
	S95B-2	95	62	95.5	89	79	71	65	S95A/CHH
	S75-SF	75	49	75.5	73	63	56	51	S75A/CNH
	S95-SF	95	62	95.5	89	79	73	67	S95A/CHH
	S150-SF	150	93	150.5	139.7	125	106	98	S127

表5-51　唐山市金石超硬材料有限公司生产的绳索取心钻具

钻具型号	钻头及扩孔器标准	双管钻具及打捞器标准	钻杆规格（外径×壁厚）/mm	钻杆接头规格（外径×内径）/mm	钻具设计孔深/m	岩心直径（钻头内径）/mm
XJS56	SC56+1	XJS56	$\phi54×4.5/6$	$\phi56×\phi43.5$	2000	$\phi35$
XJS59	BQ-1	BQS	$\phi55.5×4.75/6$	$\phi57×\phi43.5$	2200	$\phi35$
XJS75	XJS75	XJS75	$\phi71×5/6.5$	$\phi74×\phi58$	2200	$\phi46$
XJS75	S75+2	NQSS	$\phi71×5/6.5$	$\phi74×\phi58$	2200	$\phi49$
XJS75	NQ+2	NQS	$\phi71×5/6.5$	$\phi74×\phi58$	2200	$\phi47.6$
XJS75A	XJS75-1	XJS75	$\phi71×5/6.5$	$\phi73×\phi58$	2000	$\phi46$
XJS75A	S75+1	NQSS	$\phi71×5/6.5$	$\phi73×\phi58$	2000	$\phi49$
XJS75A	NQ+1	NQS	$\phi71×5/6.5$	$\phi73×\phi58$	2000	$\phi47.6$
XJS95	JS95B	JS95B	$\phi89×5/6.25$	$\phi92×\phi76$	1200	$\phi63$
CHD76	CHD76	CHD76	$\phi71×5.5/8$	$\phi74×\phi55$	3000	$\phi44.5$

5.3.8.2 绳索取心附属机具

A 绞车

根据施工现场的技术条件,可以选用不同类型的绞车。绞车基本类型有两种。一种是借助钻机动力驱动的绞车;另一种是单独驱动的绞车,单驱绞车具有安装位置可任意选择、操作方便、提升时噪声小、钢丝绳排列整齐、机械磨损小等优点。

绞车的功用:

(1) 下放打捞器进入孔内,把装满岩心的内管总成捞取上来。

(2) 钻进遇到全漏失地层钻孔为干孔时,利用打捞器或专用的干孔送入机构把内管总成送入孔内。

(3) 下放测试仪表,进行孔内测试。

对绞车的要求:

(1) 因绳索取心钻进捞取岩心频繁,要求绞车启动方便。

(2) 绞车要具有较宽的调速范围,以满足钻进不同地层和不同孔深的需要。

(3) 绞车应能根据负荷变化自动调节提升速度,以加快打捞速度。

(4) 绞车应具有排绳机构,使钢丝绳均匀排列,减少钢丝绳的磨损和避免岩心脱落。

(5) 要求绞车结构紧凑,质量轻,安全可靠,操作方便,适合野外施工的需要。

绞车技术参数的选择:

(1) 提升速度。增大绞车的提升速度,可以减少打捞时间,增加纯钻时间,提高钻进效率。但是,由于绳索取心钻具内管总成与钻杆柱内壁的环空间隙较小(如 SC56 钻具仅为 1.75mm),打捞速度过高,不仅大大增加绞车的提升负荷,增加动力消耗,易于损坏钢丝绳,而且加剧冲洗液的抽吸作用,引起孔壁坍塌掉抉。因此,必须根据钻进地层、冲洗液类型、内管总成长度及其与钻杆的环空间隙等因素,选择适当的提升速度。当钻进完整地层,使用清水加润滑剂作为冲洗液时,可选择较高的提升速度(1.5~2m/s);而钻进复杂地层,采用泥浆作为冲洗液时,则应选择较低的提升速度(0.5~1.5m/s)。

另外,在提升过程中,随着钢丝绳在绞车卷筒上的缠绕,提升速度不断增大,一般满卷筒比空卷筒提升速度增加 1~1.5 倍。所以,国外绳索取心绞车一般没有变速机构。

(2) 提升负荷。绞车最大提升质量应按下式计算:

$$Q_{max} = q_1 + q_2 + q_3 + q_4$$

式中 q_1——内管总成质量,kg;

q_2——内管中的岩心质量（满管时），kg；

q_3——最大孔深时用于提升的钢丝绳质量，kg；

q_4——冲洗液的阻力质量（此值与提升速度、孔内水柱高度、内管总成长度、冲洗液种类和内管总成与钻杆的环空间隙等因素有关），kg。

在一定孔深的条件下，开始提升时绞车负荷最大，随着提升，铜丝绳质量和冲洗液的阻力质量逐渐减小，绞车的提升负荷也随之减小。所以绞车的提升质量应按最大孔深开始提升时的负荷计算。一般情况下，钻进口径56mm、深1000m的钻孔，绞车最大提升负荷500~600kg即可满足要求。

（3）动力机功率。已知绞车的提升负荷和提升速度，可以计算出绞车动力机功率（kW）：

$$N = \frac{Qv}{75\eta}$$

式中　Q——绞车提升负荷，kg；

v——绞车提升速度，m/s；

η——导向滑轮系统的效率系数。

根据实践经验，钻进口径46~75mm、最大深度1500m的钻孔，一般选用4.5~5.5kW的电机或5~7kW的柴油机。

（4）卷筒钢丝绳容量和几何尺寸。各种规格尺寸的绳索取心绞车主要是按卷筒钢丝绳容量区别的。根据钻孔深度和选用的钢丝绳规格，确定卷筒钢丝绳的容量。同时，应考虑到钢丝绳在使用过程中不断损坏的情况（一般钢丝绳与打捞器连接处最易损坏），所以实际选择的卷筒钢丝绳容量应比理论计算值大20%~50%，以便随时补偿由于钢丝绳损耗而减短的长度。

卷筒的几何尺寸主要决定于钢丝绳容量。卷筒直径愈大，钢丝绳缠绕时所受弯曲交变应力愈小，可以延长钢丝绳使用寿命，但是卷筒尺寸、质量和扭矩也随之增加。反之，卷筒尺寸、质量和扭矩减小，但钢丝绳缠绕时曲率半径小，工作条件差。所以应根据绳索取心绞车的工作特点和选用的钢丝绳规格，选择合适的卷筒直径，一般应以110~185mm为宜。卷筒长度则主要根据钻孔深度进行选择，其范围在250~430mm。钻孔较深时，采用较长的卷筒，以减小排绳层数。钢丝绳缠绕层次少，可以减少多层钢丝绳因互相挤压与摩擦而造成的损耗。卷筒愈长，钢丝绳愈不易排列整齐。

（5）钢丝绳的选择及合理使用。绞车通过钢丝绳和与其相连的打捞锚将装满岩心的内管捞取上来，因此，钢丝绳质量的优劣和使用寿命的长短对绳索取心钻进影响甚大。根据绳索取心钢丝绳缠绕频繁、提升速度快、负荷多变及在具有腐蚀性的冲洗液中工作等特点，应选用柔性好、耐磨损并具有一定抗腐蚀能力的优质钢丝绳，如6×19交互捻绳纤维心钢丝绳，其直径可根据绞车最大提升负确定，应满足以下公式要求：

$$Q_{max}n \leqslant S$$

式中　Q_{max}——绞车最大提升负荷，kg；

　　　　n——安全系数，$n = 2.5 \sim 3$；

　　　　S——钢丝绳的破断拉力，kg。

如已知绞车的最大提升负荷，可由上式计算出钢丝绳的破断拉力值 S，然后查表选取钢丝绳直径。但是具体选择时，还要考虑施工钻孔的口径、深度、冲洗液种类等，即绞车实际的最大提升负荷。实践证明：钻进口径 56～75mm、深1500m 以内的钻孔，可选用直径 5.3～6.2mm 的钢丝绳。

（6）主要绞车的技术参数。

1）JSJ-1000 型绞车技术参数，见表 5-52。

表 5-52　JSJ-1000 型绞车技术参数

绞车型号	JSJ-1000
适用孔深/m	600～1000
适用孔径/mm	46～75
提升速度/m·s⁻¹	0.98、1.61、2.91
电动机功率/kW	5.5
外形尺寸/mm×mm×mm	860×850×860
占地面积/m²	5.6
质量/kg	300
生产厂	北京市地质机械厂

2）S56J 型和 S56J-1 型绞车技术参数见表 5-53 和表 5-54。

表 5-53　S56J 型和 S56J-1 型绞车技术参数

绞车型号	S56J	S56J-1	备　注
卷筒尺寸/mm	$\phi 108 \times 280$	$\phi 168 \times 325$	
卷筒容量/m	800	1100	
最小提升速度/m·s⁻¹	0.7	1.05	外缘直径400，4.8～5.2
最大提升速度/m·s⁻¹	1.8	2.22	钢绳用钻机提升
动力机/kW	汽油机：19.5 动力机：4.5	安装在 XU-600 钻机上	

表 5 - 54 S56J - 1 型绞车技术参数

项 目		规 格	备 注
卷 筒	直径/mm	168	
	长度/mm	325	
	轮缘直径/mm	400	
钢丝绳容量/m		1000	φ5.2mm 钢丝绳
提升速度/m·s⁻¹	空卷筒	1.05	钻机绞车 I 速
	满卷筒	2.22	
最大提升负荷/kg		500 ~ 600	
每台绞车质量/kg		130	

3）SJ - X 型绞车主要技术规格见表 5 - 55。

表 5 - 55 SJ - X 型绞车主要技术规格

项 目		规 格	备 注
卷筒尺寸	直径/mm	180	
	长度/mm	420	
	轮缘直径/mm	440	
钢丝绳容量/m		1500	φ5.3mm 钢丝绳
提升速度/m·s⁻¹	I	0.8	平均线速度
	II	1.3	
	III	2.1	
最大提升负荷/kg	I	833	空卷筒时的提升负荷
	II	543	
	III	343	

B 夹持器

夹持器的种类：绳索取心钻杆接头无缺口，提下钻时不能使用垫叉，必须采用适合夹持外平钻杆的夹持器。这种夹持器分为人力操作夹持器和液压夹持器，前者又可分为木马夹持器、球卡夹持器和滚柱式卡瓦夹持器。

对夹持器的要求：

（1）夹持钻杆要牢固，不仅要求能防止跑钻事故，而且升降钻具拧卸立根时，所夹持的孔内钻杆柱不随着旋转。

（2）夹紧钻杆时，不发生将钻杆夹出沟槽、凹坑等现象，而损伤钻杆。

（3）钻进时，夹持器不影响立轴行程和主动钻杆回转。

（4）夹持器的夹持部件能耐磨损，使用寿命长，并且便于更换。

（5）要求夹持器坚固耐用、方便操作、易于安装，尤其是能适用于钻进斜孔。

目前，地质系统常用的已有 S46J、S56J 和 S75J 三种规格的木马夹持器，主要技术规格见表 5-56。

表 5-56　地质系统常用 S 系列木马夹持器主要技术参数

项　目	S46J	S56J	S75J	备　注
夹持能力/t	5～6	6～7	8～9	1. S46J、S56J 壳体尺寸相同，更换卡瓦即可；
夹持钻杆规格/mm	φ41～45	φ51～55	φ70～73	
外形尺寸（长×宽×高）/mm×mm×mm	921×220×140	921×220×140	974×260×147	2. 质量不包括底座
质量/kg	33	33	54	

C　提引器

提引器用于升降外平钻杆，有两种基本形式，即球卡提引器和手搓提引器。

（1）球卡提引器。地质系统常用 S 系列的球卡提引器，主要技术规格见表 5-57。

表 5-57　S 系列的球卡提引器主要技术规格

项　目	S46T	S56T	S59T	备　注
提升能力/t	4～5	5～7	6～8	1. S46T 和 S56T 外壳相同，只需更换卡套和钢球即可；
提升钻杆规格/mm	φ10～45	φ50～55	φ53～57	
外形尺寸（外径×高）/mm×mm	φ155×593	φ155×593	φ155×638	2. S59T 为四排钢球
质量/kg	24.5	24.5	28.5	

（2）手搓提引器。它是最简单的提引器，其下端有一个与钻杆螺纹相同的接头，采用螺纹连接方式把外钻杆提升上来。

由于这种提引器使用起来安全可靠，目前国内外普遍采用。但升降钻杆时，需要频繁拧卸螺纹接头，尤其是塔上拧卸不方便。鉴于上述情况，我国有的地质队采用了钻杆立根加"蘑菇头"，使用自脱式提引器进行升降，实现了塔上无人。

D 拧管机

JSN-56 绳索取心拧管机参数见表 5-58。

表 5-58 JSN-56 绳索取心用拧管机

动盘速度/r·min⁻¹	60~80	适用钻孔角度/(°)	0~15
动盘最大扭矩/N·m	420	适用钻杆直径/mm	53
助推油缸棘轮扭矩/N·m	436	外形尺寸/mm×mm×mm	940×418×495
通孔直径/mm	63	质量/kg	190
本体直径/mm	180		

E 钻进规程特点

绳索取心钻进压力比普通双管钻头大 25% 左右，转速差不多，泵量泵压都较普通双管钻进时大些，具体选择时可参考表 5-59 和表 5-60。

表 5-59 不同规格钻头推荐压力

钻头直径/mm	钻头压力/kg			
	孕镶钻头		表镶钻头	
	一般压力	最大压力	一般压力	最大压力
46	600~800	1000	500~700	800
56	700~800	1200	600~800	1000
59	800~1000	1200	600~800	1000
75	1000~1200	1500	700~900	1200

表 5-60 不同规格孕镶钻头冲洗液量

钻头直径/mm	冲洗液量/m³·min⁻¹	钻头直径/mm	冲洗液量/m³·min⁻¹
46	0.025~0.030	59	0.030~0.040
56	0.030~0.035	75	0.050~0.060

5.4 液动冲击回转钻进

5.4.1 液动冲击器类型及参数

目前液动冲击器的类型有阀式（正作用、反作用和双作用）、射流式、射吸式等。

（1）阀式正作用液动冲击器。其技术参数见表 5-61。

表5-61 阀式正作用液动冲击器技术参数

国别	钻具名称或型号	外径/mm	钻孔直径/mm	长度/mm	全重/kg	冲击锤重/kg	缸径/mm	阀行程/mm	冲锤自由行程/mm	介质	泵量/m³·min⁻¹	泵压力/MPa	冲击功/J	冲击频率/Hz	零件数量	使用寿命/h	有无弹簧
中国	YZ-1	89	91	2057	31					水	0.15~0.3	0.8~1.5	30~50	10~13	33		2个弹簧
	YZ-2	93	95	2135		50				泥浆	0.2~0.25	1.6~2.0	60~90	17~25	41		2个弹簧
	Z56-1	54	56~60	3761		6	24	12	4	水	0.072~0.12	1.0~1.6	5~16	20~22	24		3个弹簧
	ZF-56	54	56~60	1502	20	6.4	25	12	4	水	0.080~0.10	2.0	6~15	25~42	27		3个弹簧
	YZ-54Ⅱ	54	56~60	1500		9.54	28	12~18	4~5	水	0.07~0.125	1.1~2.5	5~14	20~25	27	水400	3个弹簧
	YZ-75	73	75~76	2062	30	9	2.5	12~16	4		0.2~0.14	0.7~1.7	7~40	15~40	21		
	TK-56A	56	57~60	1300	25	6		12~29	3	水	0.055~0.12	1.1~1.7	5~20	38~50	21		2个弹簧
	TK-75A	73	75	1672		9		12~29	4	水	0.10~0.15	0.7~2	8~40	20~40	21		
	GY-54	54	56	1602	25	7	30	10~11	3~4	水	0.06~0.18	1.1~2.0	6~20	38~50	20		3个弹簧

（2）阀式双作用液动冲击器。其技术参数见表5-62。

表5-62　部分阀式双作用液动冲击器的技术性能

国别	钻具名称或型号	冲击器外径/mm	活塞面积/cm²	冲锤质量/kg	行程/mm	泵量/m³·min⁻¹	泵压/MPa	冲击频率/Hz	冲击功/J	全重/kg	长度/mm	有无弹簧
中国	YS-54	54				0.05~0.10	0.6~3.9	50~70			1200	无
	YS-74	74		8	5~11	0.05~0.12	0.6~4.0	50~70	5~40	32	1200	无
	YS-89	89	23.75		10~18	0.07~0.200	0.6~4.0	25~40	18~125	44	1200	无
	YS-108	108				0.07~0.200	0.8~4.0	15~30			1200~1800	无
	YS-127	127				0.07~0.200	0.8~4.0	15~30			1200~1800	无
	Yc-Ⅰ	73	19.6	30	19~21	0.12~0.08	1.5~2.5	17	70~80	55	2580	4
	Yc-Ⅱ	75	19.2	26	19~21	0.09~0.11	1.6~2.0	17	70~80	62	2350	4
	Yc-Ⅲ	54	9	6.8~13.6	10~13.5	0.07	2.0~2.5	40	10~15	17~27	1340~2140	2
	Yf-73-1	73	19.6	22	20	0.15~0.2	1.5~2.5	12~20	40~60	51	2255	3
	Yf50	50	8.05	6.5	20	0.07~0.11	1.0~2.0	25	10~15	21	2000	1
	SH-54	54		4.5	7~10	0.05~0.09	1.0~4.0	17~16	51~7.6	15	1265	1

（3）射流式液动冲击器。其参数见表5-63。

表5-63　射流式液动冲击器技术性能

钻具名称	SC-150型	SC-89型	JSC-75型	SC-54型	XSC-75型
适用条件	适用于硬质合金钻头，钻进Ⅴ~Ⅶ级、部分Ⅷ级岩石	适用于硬质合金钻头，钻进可钻性Ⅴ~Ⅷ级岩石	适用于硬质合金钻头，钻进可钻性Ⅴ~Ⅷ级岩石	用金刚石钻头，钻进可钻性Ⅶ~Ⅻ级岩石，用硬质合金钻头钻进Ⅴ~Ⅶ级岩石	适用于硬质合金钻头，钻进可钻性Ⅴ~Ⅷ级岩石
冲击器外径/mm	150	89	73	54	75
钻孔直径/mm	150~200	91，100	75~110	56~75	78~91
工作介质	清水或低固相泥浆				
冲锤重/N	600~500	150~300	150~300	30~60	
锤行程/mm	30~50	10~30	15~30	6~12	15~29
压力降/MPa	1.5~2.0	1.5~2.0	1.5~2.0	2.0~2.5	
工作泵量/L·min⁻¹	450~600	180~250	120~200	60~90	>145
冲频/Hz	10~15	14~25	14~25	25~42	15~17
冲击功/J	140~100	80~40	70~40	20~5	30~50

钻具名称	SC - 150 型	SC - 89 型	JSC - 75 型	SC - 54 型	XSC - 75 型
工作背压/MPa	0 ~ 2.5	0 ~ 2.5	0 ~ 2.5	0 ~ 4.0	0.1 ~ 2.5
钻具重/N	1500 ~ 1600	500 ~ 600	500 ~ 600	300 ~ 400	
钻具长度/mm	1850	1480	1800	1500	2300

（4）射吸式液动冲击器。其参数见表 5 - 64。

表 5 - 64　射吸式液动冲击器技术性能

钻孔直径/mm	ϕ59 ~ 75	ϕ75 ~ 91
冲击器外径/mm	54	70
冲锤质量/kg	6	10
喷嘴口径/mm	7 ~ 8	8 ~ 9
自由行程/mm	4 ~ 4.5	4 ~ 4.5
阀程/mm	3 ~ 7	5 ~ 11
工作流量/m³·min⁻¹	0.08 ~ 0.14	0.09 ~ 0.15
工作背压/MPa	0 ~ 4.9	0 ~ 4.9
压力降/MPa	0.98 ~ 2.9	1.47 ~ 3.43
冲击功/J	4.9 ~ 19.6	9.81 ~ 39.2
频率/Hz	33.3 ~ 66.6	25 ~ 50
总长/mm	1270	1770
工作介质	清水泥浆	清水泥浆
总质量/kg	18	25

（5）绳索取心冲击器。其参数见表 5 - 65。

表 5 - 65　绳索取心冲击回转钻具技术性能

技 术 性 能	冲击器名称或型号				
	TK - 60S	TK - 75S	S75C	S59C	SZG - 59
绳索取心部分					
钻头外径/mm	60	75	75	59.5	60
钻头内径/mm	36	49	49	36	36
扩孔器外径/mm	60.5	75.5	75.5	60	60.5
外岩心管外径/mm	58	75	73	58	58
外岩心管内径/mm	49	63	63	49	49
内岩心管外径/mm	43	56	56	43	43
内岩心管内径/mm	38	51	51	38	38
内岩心管长度/mm	3292	3387	3000	3000	3000

技 术 性 能	冲击器名称或型号				
	TK - 60S	TK - 75S	S75C	S59C	SZG - 59
	冲击器部分				
外径/mm	43	56	54	43	43
冲锤行程/mm	12	12	11	12 ~ 14	9 ~ 11
活阀行程/mm	8	8	8	8. 5 ~ 10. 5	6. 5 ~ 7. 5
冲锤质量/kg	6	9	10	4. 5	6
地面工作泵压/MPa	1. 1 ~ 1. 7	1. 0 ~ 1. 9	1. 0 ~ 2. 0	0. 8 ~ 1. 8	1. 5 ~ 2. 5
地面工作泵量/m³·min⁻¹	0. 06 ~ 0. 09	0. 06 ~ 0. 12	0. 072 ~ 0. 125	0. 047 ~ 0. 09	0. 06 ~ 0. 08
冲击功/J	4. 0 ~ 11	6. 0 ~ 18	5. 0 ~ 10	5. 3 ~ 10. 8	5. 0 ~ 12
冲击频率/Hz	40 ~ 50	40 ~ 50	20 ~ 33. 3	33. 3 ~ 41. 7	38 ~ 50
工作介质	清水或低固相泥浆				

5.4.2 液动冲击回转钻进用钻头

液动冲击回转钻进用钻头目前有两大类，即硬质合金钻头和金刚石钻头。

5.4.2.1 硬质合金钻头

A 冲击回转用硬质合金

冲击回转用不同型号的硬质合金及其规格如图 5 - 15 所示。冲击器用硬质合金材质性能及其规格见表 5 - 66 和表 5 - 67。

表 5 - 66 冲击器用硬质合金材质性能

牌 号	密度 /g·cm⁻³	洛氏硬度 HRA（不低于）	抗弯强度 （不低于）/MPa	备 注
YG6X	14. 6 ~ 15. 0	91	1400	
YG6T	14. 5 ~ 15. 0	≥91. 5	1760 ~ 1800	
YA6	14. 4 ~ 15. 0	92	1400	
YG10X		90	1800	
YG8	14. 5 ~ 14. 9	89	1500	
YG4C	14. 9 ~ 15. 2	89. 5	1450	含碳化钽含 少量碳化钽
YG5C		89. 1	1888	
YG7C		88. 4	1925	
YG8C	14. 75 ~ 14. 8	88	1750	
YG11C	14. 0 ~ 14. 1	86. 5	2100	
YG5B		89	1739	
YG15	13. 9 ~ 14. 1	89	2000	

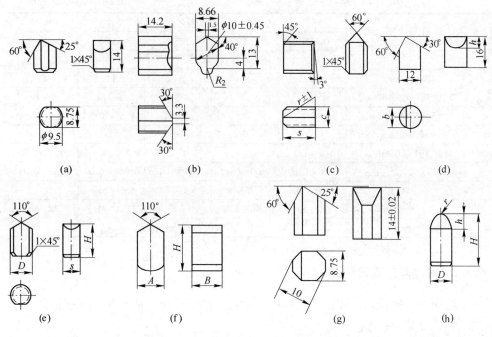

图 5 – 15　冲击器用硬质合金及其规格

（a）TC208 型；（b）661388；（c）K120，K121；（d）TC212；（e）K2 型；

（f）T5 型；（g）TC108（K534 型）；（h）球形齿

表 5 – 67　冲击器用硬质合金规格

编号	形状	型号	尺寸/mm					
			$L(B)$	$D(A)$	H	$C(s)$	R	备注
1	圆柱状	TC208						
2		661388	661389					
3	短片状	K120	13		13	8	20	
		K121	17			15	8	20
4		TC212						
5	圆柱状	K208		8	16	(7.6)		
		K210		10	66	(9.3)		
		K212		12	16	(11)		
6	楔片状	T510	(10)	(8)	16	16		
		T512	(12)	(8)	16			
		T514	(14)	(8)	16			

编号	形状	型号	尺寸/mm					
			$L(B)$	$D(A)$	H	$C(s)$	R	备注
7	大八角	TC108						
8	球形齿	K141	8		16	7.6		
		K142	10			16	9.3	
		K143	12			16	11	

B 冲击回转用合金钻头的特点

冲击回转用合金钻头的特点如下：

（1）通水截面要大，解决的办法有：

1）加大钻头出刃量：一般为 1~2mm，底出刃 3~5mm。

2）将钻头做成异形（三角形、四角形）。

3）合金部位钻头壁厚向内向外增加 1.5mm。

4）镶焊内外肋骨。

（2）钻头壁厚，钻头钢体长。

（3）刃角不对称，角度为 70°~100°，负前角为 10°~40°，切削刃一般偏移合金片轴线。

C 我国常用冲击回转合金钻头类型

我国常用的合金钻头类型包括：

（1）普通大八角合金钻头。用于钻进 6~8 级中硬岩石，对于直径 91mm 的钻头焊接 6 个大八角合金片，其内出刃量为 2.5mm，外出刃 3mm，底出刃 5mm，刃角 90°~110°。根据岩石软硬程度，岩石越硬，刃角越大。

（2）大八角肋骨合金钻头。利用焊肋骨片的办法加大通水截面和合金的内外出刃，合金采用大八角，内外出刃为 1mm，底出刃为 6mm，刃角为 90°~100°，肋骨片厚为 3mm。

（3）长方片状合金钻头，可加垫片加大合金槽宽度，对于 91mm 钻头镶焊 6 个 YG8C 或 YG15 长方片状合金（14mm×18mm×18mm），合金内外出刃 1mm，底出刃为 5mm，刃角为 100°~110°。

（4）异形钻头。异形钻头如图 5-16 所示。为增加钻头外壁与孔壁之间的通水截面，将钻头体用模具冲压成三角形，对于 75mm 直径钻头镶焊 6 个大八角合金（K534），内外出刃各 1mm，底出刃为 2.5~3mm，合金修磨成负前角 45°，刃角 110°。此钻头能减少岩心堵塞，适宜于钻进 5~7 级中硬岩层。

（5）HCT-56 型钻头。吉林地研所研制，钻头直径为 56mm，适用于高频低冲击功冲击器，钻进 6~7 级、部分 8 级岩层，钻头的技术参数见表 5-68。

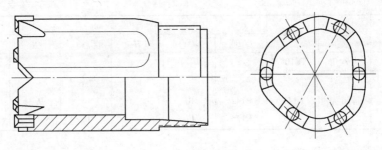

图 5 – 16　异形钻头

5.4.2.2　金刚石钻头

金刚石钻头内容参见 5.3 节。

表 5 – 68　HCT – 56 型钻头规格

钻头类型	合金粒数/粒	水口数量	钻头出刃							备注
			底出刃/mm	内外出刃/mm	型号	形状	尺寸/mm	刃角/(°)	负前角/(°)	
HCT – 56 – 1	6	6	3 ~ 4	0.25 ~ 0.30	TC108	八角柱状	10 × 8 15 × 14	95	30	合金尺寸非标准
HCT – 56 – 2	8	8	3 ~ 4	0.25 ~ 0.30	TC107	八角柱状	7 × 7 × 13	95	30	
HCT – 56 – 3	6 ~ 8	6 ~ 8	3 ~ 4	0.25 ~ 0.30	K208	圆柱状	8 × 7.6 × 16	110	55	标准尺寸
HCT – 56 – 4	4	4	3 ~ 4	0.25 ~ 0.30	T510	楔形	10 × 8 × 16	110	66	标准尺寸
HCT – 56 – 5	4	4	3 ~ 4	0.25 ~ 0.30	T220	自磨出刃	20 × 15 × 9			针状合金块
HCT – 56 – 6	6	6	3 ~ 4	0.25 ~ 0.30	TC208	圆柱状	9.5 × 8.75 × 14	95	30	标准尺寸

5.4.3　液动冲击回转钻进规程

5.4.3.1　钻压

在钻进中硬以下岩石时，随着钻压的增加，平均机械钻速有所增加（见图 5 – 17）。

但在钻进硬岩时，反而会有所下降。因为在岩石硬的情况下，钻压增加到一定值（5~6kN）后，钻头磨损加剧。

在中等硬度以上岩石中钻进时，钻压的作用主要是保证切削具与岩石紧紧地接触，以便有效地传递冲击能量，它对直接破岩不起主要作用。在生产实践中，钻压采用3~4kN即可。小于该值时，冲击器的反冲力可能使钻具活接头处脱开，从而降低了冲击效率，使钻速下降。

钻压对回次长度也有影响（见图5-18），钻压在2.5~3.5kN时，回次长度稍有增加，若钻压继续增加，则钻头磨损加快，回次长度下降，最后趋于平缓。钻压应为硬岩4~5kN，Ⅴ~Ⅵ级软岩6~8kN。

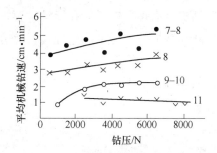 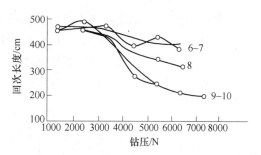

图5-17　钻压与平均机械钻速的关系　　　　图5-18　钻压与平均回次长度的关系
（7~11为岩石可钻性）　　　　　　　　　（6~10为岩石可钻性）

硬质合金低频冲击回转钻进时，轴压的作用仅在于保证切削具与岩石能紧紧地接触以便更好地传递冲击能。钻进硬岩时，一般采用钻压为4000~5000N，而钻进软岩时钻压可增至6000~8000N。

5.4.3.2　转速

在硬质合金冲击回转钻进中，选用的转速都较低，以利于降低切削具的磨损和提高回次长度。在频率不变的条件下，转速增加，两次冲击的间距增大，不能充分发挥冲击碎岩的优越性。因此，转速常采用50~70r/min。

对硬岩或强研磨性岩石，破岩主要靠冲击作用，转速较低，一般为20~45r/min，这样破岩效果较好，切刃磨损较低。对于软塑岩层，转速可达120~150r/min，以充分发挥切削破岩的效果。

对于孕镶金刚石钻头冲击回转钻进，转速应提高。如Ⅷ级岩石为600~800r/min；Ⅸ~Ⅹ级岩石为400~600r/min；Ⅺ~Ⅻ级岩石为300~450r/min。

5.4.3.3　泵量

泵量是液动冲击回转钻进的重要参数。它不仅影响冲洗钻孔效果，而且直接影响冲击器的工作性能，从而影响钻进效率。

一般来说，随着泵量的增加，机械钻速也增加。因此，在实际生产中，只要岩层允许，水泵能力足够，就应满足冲击器所需的水量。当前，岩心钻探用的冲击器所需的水量一般在0.12~0.2m³/min。

冲击回转钻进用泵压比普通钻进泵压略高，主要是冲击器做功增加了泵压消耗，大多数液动冲击器的正常压力降在0.45~0.65MPa。所以，冲击回转钻进时泵压要高于普通钻进泵压0.5~0.7MPa。

5.5 风动潜孔锤

风动潜孔锤钻进是以压缩空气作为循环介质，驱动孔内冲击器产生冲击力的一种冲击回转钻进工艺，也称空气潜孔锤钻进。主要优点有：冲击功大，碎岩效率高，空气上返流速高，孔底清洗、冷却好，钻头寿命长，气动潜孔锤钻进要求钻压小、转速低及扭矩小，可明显减少钻杆折断和磨损，不污染周边环境，综合技术经济效果好，但不适用泥浆钻进。

按不同结构分类风动潜孔锤的种类很多，具体分类如下：

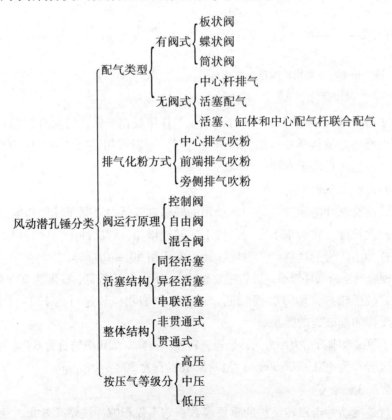

国产风动潜孔锤主要技术性能参数见表5-69。贯通风动冲击器主要技术性能参数见表5-70。

表 5-69 风动潜孔器主要技术性能参数

项目		J-80	J-80B	J-100	J-100B	J-150	J-150B	J-170	J-170B	J-200	J-200B	J-250B
钻头直径/mm		85	90	100、105、110、115、120、125		155、160、165		175、180、185		205、210、215		265、255、260
冲击器外径/mm		76		92	95	136		154	156	188		215
全长/mm	钻头伸出	845	915	835	930	980	1060	1102	1196	1249	1299	1474
	钻头缩进	793	854	780	870	930	1012	1052	1146	1200	1249	1426
活塞结构行程/mm		120	140	120	140	120	140	120	140	120	120	125
活塞质量/kg		3	3.4	4.2	5.51	7.8	13.8	11.4	17.6	16.2	19.4	29.7
活塞直径/mm		54		65	70	92	104	105	118	126	130	155
单次冲击能/J		69	108	113	165	206	400	255	430	392	520	686
冲击频率/Hz		15.5		16		16		15		14.5	17.2	12
耗气量/m³·min⁻¹		6	6.5	9	9	11	15	15	18	20	24	30
气压/MPa		0.63										
配气方式		有阀式										
总质量（包括钻头）/kg		22	23.5	31	36	85	97	110	118	190	195	298
生产厂		嘉兴冶金机械厂										

续表 5-69

项目	CIR-90	CIR-150	CIR-170	JG-80	JG-100	JG-100A	JG-150	JW-150
钻头直径/mm	90	155	175	90	105、115	105、115	155、165	155、160、180、165、240、250
冲击器外径/mm	80	136	156	76	92	92	137	140
全长/mm 钻头伸出	864	1010	1150	957	1164	1164	1591	1591
全长/mm 钻头缩进				928	1141	1141	1510	
活塞结构行程/mm	140	140	140	150	148	148	140	140
活塞质量/kg				4.42	9.05	9.05	22.5	
活塞直径/mm				63	75	75	108	
单次冲击能/J	107.8	533.4	421	111	210	210	608	245、509
冲击频率/Hz	14.0	14.95	13.3	23.3	19.2	19.2	20	14.6、19
耗气量/m³·min⁻¹	7.2	15.9	16.8	4	4.5	5.4	26.6	0.59、1.47
气压/MPa		0.5~0.7			1.05		2.46	
配气方式					无阀式			
总质量(包括钻头)/kg	18.5	86	102	27.5	46	46	138	114~134
生产厂		宣化-英格索兰				嘉兴冶金机械厂		

续表 5-69

项目		JC-100	JC-150	W-200	W-150	WC-85	DH-4	DH-6	DHD-340A	DHD-360
钻头直径/mm		105、115	152、165、178	210、220	155、160	95~120	105~114	152~165	105~114	152~165
冲击器外径/mm		95	135	185	142	85	92	136	92	136
全长 /mm	钻头伸出	1100	1400		983	1112	1138	1485	1161	1295
	钻头缩进	1071	1366		883					
活塞结构行程/mm		120	145	130	127	140				
活塞质量/kg		5.02	14.3	22	14	4				
活塞直径/mm		66	97	130	60~42			75	108	
单次冲击能/J		180	440	470	190、277	80~120	152~665	450~1977	158~684	390~1719
冲击频率/Hz		20	18	13.3	15	10~16	22.3~33.3	20.1~30.8	18.1~30	18.3~30.0
耗气量/m³·min⁻¹		6.6	12.7	18~21	5、7.5	2.6~3.0	2.28~14.68	7.1~36.8	2.3~13.3	4.5~26.6
气压/MPa		1.05		0.5	0.5	0.5~0.6	0.56~2.46	0.56~2.46	1.057~2.45	1.05~2.46
配气方式		有阀式		无阀式			无阀式			
总质量（包括钻头）/kg		42	116	152	120	31	45	126	47	129
生产厂		嘉兴冶金机械厂 通化风动工具厂				无锡钻探工具厂		宣化-英格索兰公司		

续表 5-69

项目	型号	C-80	C-100	C-150	CZ-80	CZ-120	CZ-150	CZ-170	CZ-250 (J-250)
钻头直径/mm		90	105	155	90	120	150	170	250
冲击器外径/mm		78	88	137	78	92	136	146	215
全长/mm	钻头伸出								
	钻头缩进	500	520	573	812	990	1035	1200	1417
活塞结构行程/mm		91	75	100	140	140	125	125	125
活塞质量/kg		1.5	1.65	4.4	2.75	4.6	8.0	8.8	29.7
活塞直径/mm		55	62	84	53	65	90	100	155
单次冲击能/J		66	75	100	90	140	260	280	700
冲击频率/Hz		27.5	27.5	20.8	14.3	13.3	14.30	15.5	10.8
耗气量/m³·min⁻¹		5	6	12	5	7	12	15	30
气压/MPa		0.5	0.5	0.5	0.5	0.5	0.5	0.5	0.5
配气方式		有阀式							
总质量（包括钻头）/kg		11.5	13	47	21	34	72	90	26
生产厂		宣化风动工具厂							

表5-70 贯通风动冲击器主要技术性能参数

项目 型号	GQ-200/62	GQ-95/44	FGC-1500/150	GQ-300/87
冲击器外径/mm	185	95	375	300
贯通孔直径/mm	62	44	150	87
钻孔直径/mm	200~250	98~105	600~1500	320~600
耗风量/m³·min⁻¹	4.2~14	2~3.5	7~42	6~25
冲击器压力降/MPa	0.49~1.0	0.5~0.85	0.3~1.0	0.3~0.8
冲击能/J	197~560	66~145	750~4100	650~1500
冲击频率/Hz	12~18	13.5~18.6	7~13	8~15
专利号	88216161.X	88216161.X	90208731.2	
应用领域	水文水井、工程施工钻孔等	地质岩心钻及工程勘查钻孔等	水文水井、工孔、曝气井等，工程施工钻孔等	

6 地质岩心钻探用管材

6.1 钻探用管材的技术性能

6.1.1 钻探用管材的技术性能

钻探用管材的力学性能见表 6 - 1。

表 6 - 1 国产钻探用管材力学性能

钢 级		抗拉强度	屈服强度	伸长率		断面收缩率	冲击韧性	应用举例
		σ_b	σ_s	δ_5	δ_{10}	ϕ	α_k	
新代号	旧代号	MPa		%			N·m/min	
DZ - 40	DZ$_2$	637	372	14	10	40	39.2	套管、钻头、接头、油管
DZ - 50	DZ$_3$	686	490	12	10	40	39.2	套管、钻头、接头、油管
DZ - 55	DZ$_4$	735	539	12	10	40	39.2	钻杆、钻铤、岩心管、油管等
DZ - 60	DZ$_4$	765	588	12	10	40	39.2	钻杆、钻铤、岩心管、油管等
DZ - 65	DZ$_5$	784	637	12	10	40	39.2	钻杆、钻铤、岩心管、油管等
DZ - 75	DZ$_6$	882	735	10	10	40	39.2	高强度钻杆、钻铤、套管、接头、油管等
DZ - 85	DZ$_6$	931	833	10	10	40	39.2	高强度钻杆、钻铤、套管、接头、油管等
DZ - 95	DZ$_6$	1029	941	10	10	40	39.2	高强度钻杆、接头

注：1. 断面收缩率、冲击韧性为实验值；对于 ϕ60mm 以下小直径钻杆、岩心管、套管只作参考；ϕ80mm 以下的不做断面收缩率和冲击韧度实验。

2. DZ - 65 ~ DZ - 95 钢级，一般通过调质（淬火加回火）或其他热处理方法达到表列性能。

6.1.2 地质钻杆及其接箍的技术条件

地质钻杆及其接箍的技术条件（YB 235—70）如下：

（1）钻杆及其接箍用 DZ50 ~ DZ95 钢级制造，应符合下列要求：

1）含硫≤0.05%，含磷≤0.04%。

2）钻杆及其接箍应经热处理，钻杆的热处理（正火或调质）应在两端加厚后进行。接箍料（坯管）先经热处理（调质）后再进行机械加工。

3）交货时钻杆及其接箍、锁接头的机构性能应符合表6-1规定。

4）接箍的钢号，当钻杆为 DZ-55 时，可用同级别钢制造；当钻杆低于 DZ-55 时，应用高一级钢制造。

（2）钻杆和接箍的内外表面不得有裂缝、折叠、轧折、离层、发纹和结疤存在。深度不超过外径和壁厚允许公差的轻微凸凹面，纵向直边等缺陷则允许存在。

（3）钻杆加厚部分和过渡部分的内表面上不能有尖锐的突起。

（4）椭圆度和壁厚不均匀性不允许超过公差范围。

（5）螺纹表面粗糙度不高于6.3，接箍的螺纹应镀锌或磷化处理。

（6）内加厚钻杆的弯曲度每米不大于1mm，外加厚钻杆的弯曲度每米不大于1.5mm。

（7）内加厚钻杆的接箍两端螺纹的同轴性偏差在任一端面间不大于0.5mm，在一米长度内不大于1.5mm；外加厚钻杆之接箍则不大于0.75mm，在一米长度范围内不大于2mm。

6.1.3 地质岩心管、套管及其接头用管材技术条件

地质岩心管、套管及其接头用管材技术条件（YB 235—70）如下：

（1）地质岩心管、套管及其接头用 DZ40-75 级钢制造，并应符合下列要求：

1）含硫≤0.045%，含磷≤0.04%。

2）岩心管、套管及其接头料应进行热处理。力学性能符合表6-1时，可以轧制状态供货。

3）交货时岩心管、套管及其接头的力学性能应符合表6-1规定。

（2）岩心管、套管两端面应与轴线垂直，其内外表面应光滑，无折叠、结疤、轧折、裂缝、离层和深的发纹及直道存在，轻微的凹凸面及其他深度不超过壁厚公差范围的缺陷，则允许存在。

（3）岩心管、套管及其接头的螺纹表面粗糙度不高于6.3。

（4）接头两端螺纹中心线应重合，其同轴性偏差在任一端面不大于0.25mm。

（5）岩心管、套管的椭圆度和壁厚不均匀程度，不超过其外径及壁厚公差范围。岩心管、套管及其接头料的弯曲度应符合以下规定：

直径34~89mm 的套管岩心管：1.0mm/m

直径108~146mm 的套管岩心管：1.2mm/m

直径146mm 以上的套管岩心管：1.3mm/m

用作接头料的钢管：1.5mm/m

屈服点大于650MPa 的冷拔管：1.5mm/m

6.2 主动钻杆

主动钻杆断面尺寸形状见图6-1和表6-2。

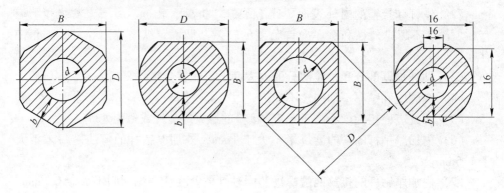

图6-1 主动钻杆断面

表6-2 主动钻杆断面尺寸形状

主动钻杆类型	尺寸/mm				定尺长度L /mm	每米质量 /kg	配用钻机
	外径D	对边距B	内径d	厚度b			
六方	51	46	25	10.5	6000	7.32	XU300-2型钻机
	59	53	27	13	5000、8000	12.33	DPP-100型钻机
	89	79	52	13.5	6000、8000	22.19	XB1000A型钻机
两方	42	37	22	7	3550	7.14	XU600型钻机
	65	55	28	13.5	7000	25.96	
四方	141	108	70	19	8000	53.46	
键槽式	60	48	30	9	8000	10.57	

注：1. 主动钻杆采用DZ-40、DZ-50钢级制造。其性能应符合"国产钻探用管材力学性能表"。
   2. 弯曲度每米不大于1mm，规定长度允许公差为±100mm。外径（D）及对边距（B）允许公差按±1%计算。螺纹由用户自行加工。
   3. 表面方部、圆角部分应光洁平整。

6.3 地质钻杆及其连接

6.3.1 钻杆

地质岩心钻探用钻杆有两端内加厚和外加厚两种，如图6-2所示。钻杆规范见表6-3。

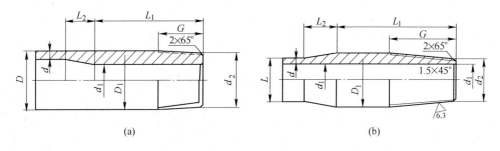

图 6-2　地质钻杆接头两端结构图

（a）两端内加厚钻杆；（b）两端外加厚钻杆

表 6-3　地质钻探两端内加厚、外加厚普通钻杆规范（YB 235—70）

加厚方式	钻杆外径 D	壁厚 b	公称内径 d	加厚部分						螺纹长度 G	钻杆全长	理论质量（钢比重7.85计）	
				外径 D	内径 d_1	端部内径 d_1'	加厚长度 L_1	过渡长度 L_2				每米质量	两端加厚后每根附加质量
						mm							kg
内加厚	$33.5^{+0.40}_{-0.02}$	$5.25^{+0.79}_{+0.26}$	23							45		3.72	
	$42^{+0.59}_{-0.25}$	$5^{+0.75}_{+0.25}$	32	43	22 ± 0.15	25	110	40	50	3000 ± 200 4500 ± 200	4.56	0.65
	$50^{+0.60}_{-0.30}$	$5.5^{+0.83}_{+0.28}$	39	50	28 ± 0.15	32	120	50	55		6.04	0.96
	$60^{+0.72}_{+0.36}$	$6^{+0.90}_{+0.30}$	48	61	34 ± 0.15	38	120	55	60	4500 ± 200 6000 ± 200	7.99	1.44
外加厚	$60^{+0.72}_{+0.36}$	$6^{+0.90}_{+0.30}$	48	69	$48_{-0.30}$	51	120	65	60	4500 ± 200 6000 ± 200	7.99	1.5
	$73^{+0.76}_{+0.36}$	$7^{+0.90}_{+0.30}$	59	81.8	$59_{-0.30}$	62	120	65	67	6000 ± 200 8000 ± 200	11.4	2.5
	89 ± 0.89	$10^{+1.23}_{-1.00}$	69	99	$69_{-0.30}$	73	130	65	67	6000 ± 600 8000 ± 600	19.48	3.5

6.3.2　钻杆接箍

钻杆接箍结构如图 6-3 所示。普通钻杆接箍参数见表 6-4。

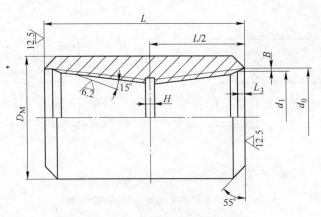

图 6 - 3 普通钻杆接箍结构图

表 6 - 4 普通钻杆接箍

钻杆加厚方式	钻杆外径	接箍外径	端部螺纹内径	镗孔直径	镗孔深度	端部厚度	退刀槽宽	接箍长度	毛料尺寸	质量
		D_M	d_1	d_0	L_3	B	H	L	外径×壁厚	
					mm					kg
内加厚	33.5	34 ± 0.34	25					140 ± 2	36 × 10.5	
	42	57 ± 0.6	39.667	44 $^{+0.5}$	3	4	5 ~ 6	130 ± 3	60 × 14	1.4
	50	65 ± 0.7	47.667	52 $^{+0.5}$	3	4	5 ~ 6	140 ± 3	68 × 14	1.7
	60	75 ± 0.8	56.904	62 $^{+0.5}$	3	4	5 ~ 6	140 ± 3	78 × 16	
外加厚	60	86 ± 0.9	64.182	70.6 $^{+0.5}$	3	4	5 ~ 6	140 ± 3	89 × 16	2.7
	73	105 ± 1.2	78.483	84.9 $^{+1.0}$	3	5	5 ~ 6	165 ± 3	110 × 16	4.7
	89	118 ± 1.2	93.850	100.3 $^{+1.0}$	3	6.5	8 ~ 10	165 ± 3	121 × 17	5.2

6.3.3 普通钻杆锁接头

普通钻杆锁接头结构如图 6 - 4 所示。其规格见表 6 - 5。

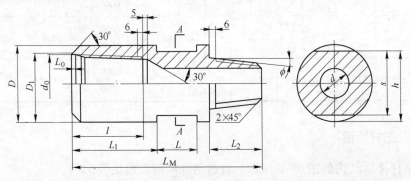

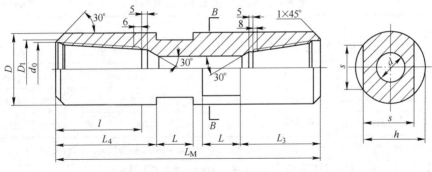

图 6 – 4　普通钻杆锁接头结构

表 6 – 5　普通钻杆锁接头及参数　　　　　　　　　　　　（mm）

钻杆规格		公母接头									公接头			母接头			一副接头全长	毛料	
		D	D_1	d_0	d	L	L_0	l_0	s	h	L_b	L_1	L_2	L_M	L_3	L_4		尺寸(外径×壁厚)	每米质量/kg
内加厚	33.5	34			15													36×10.5	6.6
	42	57	52	44	22	40	3	60	41	49	165	75	40	230	65	75	355	60×18.5	18.90
	50	65	60	52	28	45	3	65	46	55.5	190	80	50	255	75	80	395	68×20	23.70
	60	75	68	62	38	50	3	70	55	65	215	90	70	290	90	90	445	78×20	28.61
外加厚	60	86	82	70.6	44.5	50	3	70	59	72.5	241	95	70	310	100	95	480	89×22	36.35
	89	121	110	101.8	68	50	10	95	98	109.5	355	122	102	280	120	110	533	124×27.5	65.45
允许公差		±0.5		±0.5	±0.5	+2			−0.5	±0.6	+10/−5		−1.0	+10/−5					

6.4　钻铤

钻铤及其接箍如图 6 – 5 所示。其尺寸规范见表 6 – 6。

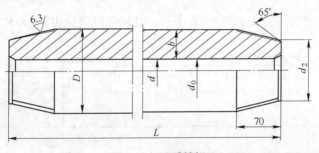

图 6 – 5　地质钻铤

表6-6 地质钻铤及接箍尺寸规范 （mm）

钻 铤					接 箍				
外径	壁厚	定尺长度	端部螺纹外径	每米质量/kg	外径	端部螺纹外径	镗孔直径	长度	毛料尺寸
D	b	L	d_2		D_M	d_1	d_0	L	外径×壁厚
70	20	3000~4500	66.558	24.66	85	68.005	72	170	87×14
85	25	3000~4500	81.558	36.99	100	83.005	87	170	102×14

注: 1. 目前因φ70钻铤的工具按接头尚未配套, 暂用φ68×20mm钻铤代用, 其规范: 外径68mm, 内径28mm, 每米质量23.4kg, 钻铤长度1500mm, 质量105.3kg。

    2. 钻铤采用1:16锥度每寸8扣圆锥螺纹, 表列尺寸符号参考钻杆部分。

钻铤锁接头尺寸规范见表6-7。

表6-7 钻铤锁接头尺寸规范 （mm）

钻铤规格	公母接头							公接头				母接头			
	公扣根部或母扣端部至基面距离	外径	内径	切口宽	切口厚	螺纹长度	毛料尺寸	螺纹长度	根部直径	端部螺纹外径	全长	螺纹长度	端部螺纹内径	镗孔直径	全长
	H	D	d	L	S	l	直径×壁厚	L	d_3	d_2	L_H	L_1	d_0	d_0	L_M
70	15.875	85	30	45	55	80	87×33.5	70	68	54	235	85	61.41	$69^{+0.5}$	315
85	15.875	100	35	45	70	80	102×33.5	70	84	70	240	85	77.41	$85^{+0.5}$	315

注: 1. 钻铤锁接头图及其尺寸符号参阅图6-4所示。钻铤锁接头螺纹均采用每寸4扣, 1:5圆锥螺纹, 螺距 $S=6.350$mm, 齿高 $t_1=3.755$mm, 工作齿高 $t_2=0.292$mm, 顶角削平高度 $e=1.097$mm, 螺纹底半径 $r_1=0.635$mm, 螺纹间隙 $Z=0.362$mm, 倾角斜度5°42′38″。

    2. 钻铤用钢及其尺寸检查要求均与地质钻杆相同。外径允许公差为 $^{+2.0}_{-0.0}$mm, 壁厚允许公差按±12.5%计算, 弯曲度每米大于1.5mm。

6.5 岩心管及套管

岩心管、套管和接头如图6-6所示。其尺寸规范见表6-8和表6-9。

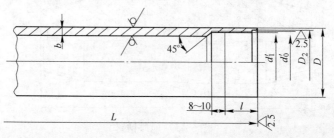

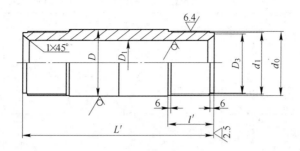

图 6-6 岩心管、套管及接头

表 6-8 岩心管、套管尺寸规范（YB 235—63） （mm）

公称尺寸	外径		壁厚		螺纹长度		镗孔直径		单根长度 L	每米质量 /kg
	D	公差	b	公差	岩心管 l	套管 l	直径 D_2	公差		
$\phi34$	34	±0.27	3.5	+0.42 −0.28						2.63
$\phi44$	44	±0.36					39.5			3.50
$\phi57$	57	±0.46	3.75	+0.45 −0.30			52.5			4.92
$\phi73$	73	±0.58					68.5			6.40
$\phi89$	89	±0.71	4	+0.48 −0.32	40	60	84.5	+0.5 −0.0		8.38
$\phi108$	108	±1.08	4.25	+0.64 −0.43			103.5		3000~6000	10.87
$\phi127$	127	±1.27	4.5	+0.68 −0.45			122.5			13.59
$\phi146$	146	±1.46					141.5			15.70
$\phi168$	168	±1.70	6	+1.00 −0.88						23.97
$\phi219$	219	±2.20	8	+1.20 −1.00	光 管					41.63

表 6-9 岩心管、管套、接头尺寸规范（YB 235—63） （mm）

公称尺寸	外径		管坯		成品接头		螺纹长度				肩部		毛料每米质量/kg
			壁厚	公差	内径	公差	接岩心管	接套管	接岩心管	接套管	直径	公差	
	D	公差			D_1		l'		L'		D_3		
φ34	34	±0.27			23.5						27		4.28
φ47	44	±0.36	6.25	+0.75 −0.50	33.5	+0.5 +0.0					37		5.82
φ57	57	±0.46			46.5						50		7.82
φ73	73	±0.58	6.5	+0.78 −0.52	62.5						66		10.66
φ89	89	±0.71			78.5	±0.5					82		13.22
φ108	108	±1.08	6.75	+0.01 −0.68	97.5		40	60	140	205	101	+0.0 −0.5	16.85
φ127	127	±1.27	7.25	+0.09 −0.73	116.5						120		21.41
φ146	146	±1.46	7.5	+1.13 −0.75	135.5	+0.0 −1.0					139		25.62
φ168	168	±1.70	11	+1.6 −1.1	153.0						158		42.59
φ219	219	±2.20	12	+1.8 −1.2	203.0						207		61.26

6.6 岩心管接头

钻杆 - 岩心管接头如图 6-7 所示，其尺寸见表 6-10。

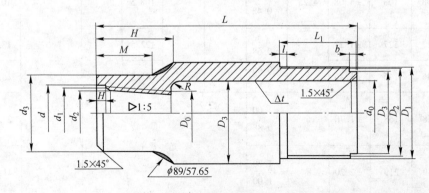

图 6-7 钻杆 - 岩心管接头示意图

表 6-10　钻杆－岩心管接头尺寸

（mm）

公称尺寸	总体尺寸		接钻杆											接岩心管				端部台肩		毛料尺寸
	外径	总长	内孔				细径				丝扣			丝扣外径	丝扣内径	长度	退刀长度	直径	宽度	外径×壁厚
			端部直径	锥度	底部直径	球面半径	直径	长度	加焊筋条数	镗孔直径	内径	底径	长度							
	D	L	d_0	t	D_0	R	d_3	M	n	d	d_2	d_1	H	D_1	D_2	L_1	l	D_3	b	
φ57/34	57	100±1	40	1:5	—	20	37	—	—	30.5±0.5	26.696	30.496	45	$52_{-0.12}$	$50.5_{-0.12}$	40	6	50	3	φ60 圆钢
φ75/57	75	140±3	59	1:5	—	20	60	30	0	46	40.614	45.662	40	$68_{-0.12}$	$66.5_{-0.12}$	40	5	66	3	φ90 圆钢
φ75/65	75	140±3	57	1:5	—	20	65	40	0	54	48.612	53.66	50	$68_{-0.12}$	$66.5_{-0.12}$	40	5	66	3	φ90 圆钢
φ91/57	91	145±3	73	1:5	—	50	60	30	4	46±0.5	40.614	45.662	40	$84_{-0.14}$	$82.5_{-0.14}$	40	5	82	3	φ95×11
φ110/57	110	153±3	90	1:5	42	55	60	28	4	46±0.5	40.614	45.662	40	$103_{-0.14}$	$101.5_{-0.14}$	40	5	101	3	φ110×10
φ130/57	130	165±3	110	1:5	(38.6)	60	68	(30)	6	46±0.5	40.614	45.662	40	$122_{-0.16}$	$120.5_{-0.16}$	40	5	120	3	φ130×10
φ150/57	150	165±3	130	1:5	50	80	68	(22)	6	46±0.5	40.614	45.662	40	$141_{-0.16}$	$139.5_{-0.16}$	40	5	139	3	φ152×11
φ91/65	91	155±3	73	1:5	—	50	65	(40)	4	54	48.612	53.66	50	$84_{-0.14}$	$82.5_{-0.14}$	40	5	82	3	φ95×11
φ110/65	110	175±3	90	1:5	42	55	65	(40)	4	54	48.612	53.66	50	$103_{-0.14}$	$101.5_{-0.14}$	40	5	101	3	φ110×10
φ130/65	130	175±3	110	1:5	(38.6)	60	68	(40)	6	54	48.612	53.66	50	$122_{-0.16}$	$120.5_{-0.16}$	40	5	120	3	φ130×10
φ150/65	150	175±3	130	1:5	50	80	68	32	6	54	48.612	53.66	50	$141_{-0.16}$	$139.5_{-0.16}$	40	5	139	3	φ152×11
φ174/65	174	160±3	154	1:5	80	80	67±1	—	—	54	48.612	53.66	50	$160_{-0.16}$	$158.5_{-0.16}$	40	5	158	3	φ180×13

注：钻杆岩心管接头（又称异径接头、大脑袋等）采用 DZ-40 钢（一般采用 45 号钢）制造。

岩心管异径接头如图6-8所示，其尺寸规范见表6-11。

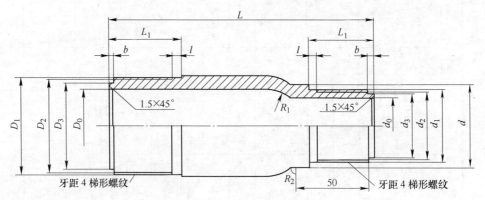

图6-8 岩心管异径接头

表6-11 岩心管异径接头尺寸规范 （mm）

公称尺寸	总体尺寸								接粗径岩心管				接细径岩心管				
	外径	总长	螺纹长度	端部台肩宽	退刀部分宽	内收口半径	外收口半径	内径	台肩直径	螺纹外径	螺纹内径	内径	台肩直径	螺纹外径	螺纹内径	收口外径
	D	L	L_1	b	l	R_1	R_2	D_0	D_3	D_1	D_2	d_0	d_3	d_1	d_2	d
$\phi75/57$	75					20	20	57	66	$68_{-0.12}$	$66.5_{-0.12}$	41	50	$52_{-0.12}$	$50.5_{-0.12}$	57
$\phi91/73$	91					20	20	73	82	$84_{-0.12}$	$82.5_{-0.12}$	57	65.8	$68_{-0.12}$	$66.5_{-0.12}$	73
$\phi110/89$	110	180 ± 1				20	20	92	100.8	$103_{-0.14}$	$101.5_{-0.14}$	73	82	$84_{-0.14}$	$82.5_{-0.14}$	89
$\phi130/108$	130		$40_{+0.5}$	3	5	20	20	111	119.8	$122_{-0.16}$	$120.5_{-0.16}$	92	101	$103_{-0.14}$	$101.5_{-0.14}$	108
$\phi150/127$	150					20	20	130	138.8	$141_{-0.16}$	$139.5_{-0.16}$	111	119.8	$122_{-0.16}$	$120.5_{-0.16}$	127
$\phi175/164$	174	108 ± 3				23	15	148	158	$160_{-0.16}$	$158.5_{-0.16}$	126	139	$141_{-0.16}$	$139.5_{-0.16}$	146

注：岩心管异径接头使用的材料同岩心管。

6.7 沉淀管及其接头

沉淀管示意图如图6-9所示，其尺寸规范见表6-12。

表6-12 沉淀管尺寸规范 （mm）

公称尺寸	外径	内径	螺纹底径	螺纹内径	镗孔直径	收口弯弧
	D	d	D_1	D_2	D_0	R
$\phi168$	168	154	160.06	158.5	160.5	55
$\phi146$	146	137	141.06	139.5	141.5	45

公称尺寸	外径	内径	螺纹底径	螺纹内径	镗孔直径	收口弯弧
	D	d	D_1	D_2	D_0	R
$\phi127$	127	118	122.06	120.5	122.5	40
$\phi108$	108	99.5	103.05	101.5	103.5	36
$\phi89$	89	81	84.05	82.5	84.5	25
$\phi73$	73	65.5	68.04	66.5	68.5	20

注：1. 沉淀管定尺长度为 1500±15mm，螺纹同岩心管，但为左螺纹。

2. 沉淀管材质、规格同岩心管，一般用旧岩心管或套管改制。

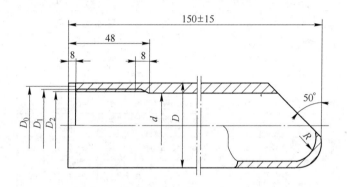

图 6 – 9　沉淀管示意图

沉淀管接头如图 6 – 10 所示，其尺寸见表 6 – 13。

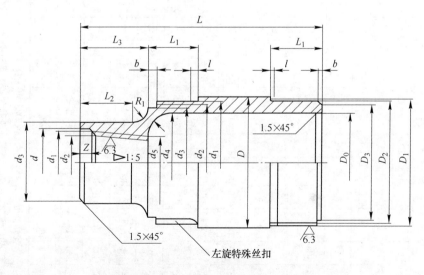

图 6 – 10　沉淀管接头

表6-13 沉淀管接头尺寸

(mm)

公称尺寸	总体尺寸 外径	总长	内孔 端部直径	锥底直径	底部直径	球面半径	端部台肩宽	退刀部分宽	接钻杆 细端 直径	细端 长度	螺纹底直径	螺纹内径	镗孔 直径	镗孔 深度	倒角半径	接沉淀管（左扣）螺纹 外径	螺纹 内径	台肩直径	丝扣总长	接岩心管（右扣）螺纹 外径	螺纹 内径	台肩直径	丝扣总长	毛料尺寸 外径×壁厚
	D	L	d_0	d_4	d_5	R	b	l	d_3	L_2	d_1	d_2	d	Z	R_1	D_1	D_2	D_3	L_1	D_1'	D_2'	D_3'	L_1'	
φ75/57	75	140±3	59	56	—	20	3	5	—	—	45.662	40.614	$46^{+0.5}$	8	—	$68_{-0.12}$	$66.5_{-0.12}$	66	40	$68_{-0.12}$	$66.5_{-0.12}$	66	40	φ90圆钢
φ91/57	91	182±3	73	70^{+2}_{-1}	—	15	3	5	60	30	45.662	40.614	$46^{+0.5}$	8	10	$84_{-0.12}$	$82.5_{-0.12}$	82	40	$84_{-0.12}$	$82.5_{-0.12}$	82	40	φ95×11
φ110/57	110	190±3	90	88^{+2}_{-1}	42	55	3	5	60	(28)	45.662	40.614	$46^{+0.5}$	8	10	$103_{-0.14}$	$101.5_{-0.14}$	101	40	$103_{-0.14}$	$101.5_{-0.14}$	101	40	φ110×10
φ130/57	130	200±3	110	107^{+2}_{-1}	38.6	60	3	5	68	(30)	45.662	40.614	$46^{+0.5}$	8	10	$122_{-0.16}$	$120.5_{-0.16}$	120	40	$122_{-0.16}$	$120.5_{-0.16}$	120	40	φ130×10
φ150/57	150	200±3	130	127^{+2}_{-1}	50	80	3	5	68	(22)	45.662	40.614	$46^{+0.5}$	8	15	$141_{-0.16}$	$139.5_{-0.16}$	139	40	$141_{-0.16}$	$139.5_{-0.16}$	139	40	φ152×11
φ75/65	75	140±3	57	1:50	—	20	3	5	65	(40)	53.66	48.612	54	8	—	$68_{-0.12}$	$66.5_{-0.12}$	66	40	$68_{-0.12}$	$66.5_{-0.12}$	66	40	φ90圆钢
φ91/65	91	185±3	73	70^{+2}_{-1}	42.0	50	3	5	65	(40)	53.66	48.612	54	8	10	$84_{-0.14}$	$82.5_{-0.14}$	82	40	$84_{-0.14}$	$82.5_{-0.14}$	82	40	φ95×11
φ110/65	110	200±3	91	88^{+2}_{-1}	42.0	55	3	5	68	(40)	53.66	48.612	54	8	10	$130_{-0.12}$	$101.5_{-0.14}$	101	40	$130_{-0.12}$	$101.5_{-0.14}$	101	40	φ110×10
φ130/65	130	210±3	110	107^{+2}_{-1}	38.6	60	3	5	68	(40)	53.66	48.612	54	8	10	$122_{-0.16}$	$120.5_{-0.16}$	120	40	$122_{-0.16}$	$120.5_{-0.16}$	120	40	φ130×10
φ150/65	150	210±3	130	127^{+2}_{-1}	50	80	3	5	68	(32)	53.66	48.612	54	8	15	$141_{-0.16}$	$139.5_{-0.16}$	139	40	$141_{-0.16}$	$139.5_{-0.16}$	139	40	φ152×11
φ174/65	174	160±3	144	1:50	—	80	3	5	68	—	53.66	48.612	54	8	15	$160_{-0.16}$	$158.5_{-0.16}$	158	40	$160_{-0.16}$	$158.5_{-0.16}$	153	40	

注: 1. 沉淀管接头为45号钢（或DZ-40钢）材料制造；

2. φ91/57表示：沉淀管接头外径为φ91 接φ57mm 的锁接头；

3. 括号内数据供参考。

6.8 金刚石钻进用管材

6.8.1 钻杆

金刚石钻进用钻杆有内平、内加厚和绳索取心三种，其规格见表 6 - 14。

表 6 – 14 钻杆基本规格   （mm）

类　别	外径	内径	壁厚	接头内径	每米质量/kg
内加厚	43	34	4.5	16	3.273
内加厚	53	44	4.5	22	5.382
内　平	25	17	4.0	10	2.072
内　平	33	23	5.0	12	3.453
内　平	43	31	6.0	16	5.475
内　平	50	39	5.5	22	6.036
绳索取心	43	34	4.5	33	5.382
绳索取心	53	44	4.5	43	7.152
绳索取心	73	62	4.5		9.156

6.8.2 钻杆接头和锁接头

金刚石钻进用钻杆立根中间用接头连接，立根两端用锁接头连接。锁接头（公）和钻杆接头规格相同，但增加一个切口。锁接头（母）带双切口，亦可带半圆形卡槽（用球卡式提引器）。接头规格见表 6 - 15 和表 6 - 16。

表 6 – 15 钻杆接头和锁接头（公）规格   （mm）

钻杆外径	锁接头公外径	内径	长度	成品质量/kg	毛　坯	
					外径×壁厚	每米质量/kg
33	34	12	135	0.58	ϕ35 圆钢	7.55
42	44	16	150	1.10	ϕ46×15	11.47
43	44	16	150	1.10	ϕ46×15	11.47
50	52	22	160	1.46	ϕ54×16	14.80

表 6 – 16 锁接头（母）规格   （mm）

钻杆外径	锁接头母外径	内径	长度	成品质量/kg	毛　坯	
					外径×壁厚	每米质量/kg
33	34	12	175	0.96	ϕ35 圆钢	7.55
42	44	16	200	1.82	ϕ46×15	11.47
43	44	16	200	1.82	ϕ46×15	11.47
50	52	22	210	2.08	ϕ54×16	14.80

6.8.3 岩心管

岩心管分单层和双层。双层管又分清水用、泥浆用、绳索取心用。其规格见表 6 – 17 ~ 表 6 – 20。

表 6 – 17　单层岩心管规格　　　　（mm）

岩心管外径	壁厚	内径	长度	每米质量/kg
34 ± 0.30	3 ± 0.40	28	3000 ~ 4500	2.29
44 ± 0.30	4.5 ± 0.40	35	3000 ~ 4500	4.38
54 ± 0.30	4.5 ± 0.40	45	4500 ~ 6000	5.49
64 ± 0.40	4.5 ± 0.40	55	4500 ~ 6000	6.60
74 ± 0.40	4.5 ± 0.40	65	4500 ~ 6000	7.71

表 6 – 18　泥浆用双层岩心管规格　　　　（mm）

外 管				内 管			
外径	壁厚	内径	每米质量/kg	外径	壁厚	内径	每米质量/kg
34	3.0	28	2.29	25.5	1.75	22	1.02
44	3.5	37	3.50	34	2.0	30	1.58
54	3.5	47	4.36	44	2.0	40	2.07
64	3.5	57	5.22	54	2.0	50	2.56
74	3.5	67	6.08	64	2.0	60	3.03

表 6 – 19　清水用双层岩心管规格　　　　（mm）

规格	外 管			内 管			每米质量/kg	
	外径	内径	壁厚	外径	内径	壁厚	外管	内管
35/26.5	35	29	3.0	26.5	23	1.75	2.47	1.00
45/35	45	38	3.5	35	31	2.0	3.58	1.63
55/45	55	48	3.5	45	41	2.0	4.45	2.12
65/55	65	58	3.5	55	51	2.0	5.31	2.61
75/65	75	68	3.5	65	61	2.0	6.13	3.11

表 6 – 20　绳索取心用双层岩心管规格　　　　（mm）

外 径				内 管			
外径	壁厚	内径	每米质量/kg	外径	壁厚	内径	每米质量/kg
44	4.5	35	4.38	31	2	27	1.93
54	4.5	45	5.49	41	2	37	2.31
64	4.5	55	6.60	48	2	44	2.43
74	4.5	65	7.71	58	2	54	2.76

6.8.4 套管

套管规格见表6-21。

表6-21 套管规格 （mm）

外 径	壁 厚	内 径	长 度	每米质量/kg
35	3.0	29	3000~4500	2.47
45	3.5	38	4500~6000	3.58
55	3.5	48	4500~6000	4.44
65	3.5	58	4500~6000	5.30
75	3.5	68	4500~6000	6.17

7 护壁堵漏

7.1 钻探用水

7.1.1 水的总矿化度

水中离子、分子和各种化合物的总含量为水的总矿化度。通常，根据水在 105～110℃ 烘干时所得的干涸残渣来判定。而泥浆失水滤液烘干后的残渣量，可表示泥浆中可溶盐（矿物或有机物）的总量。根据总矿化度的概念，可将水分为五类：

淡水	干固残渣 <1g/L
弱矿化水	干固残渣 1～3g/L
中矿化水	干固残渣 3～10g/L
强矿化水	干固残渣 10～50g/L
盐水	干固残渣 >50g/L

也有的分为：

淡水	<1g/L
盐水	1～50g/L
卤水	>50g/L

7.1.2 水的硬度

水的硬度取决于水中钙、镁离子的含量。水的硬度单位以 mg/L 来表示，或以德国硬度（DH）来表示。德国硬度 1 等于 1L 水中含有 2.8mg 的氧化钙（CaO）。根据换算，1 毫克当量/升乘以 2.8 即得 DH°数。

按水的总硬度，将水分为：

极软水	<1.5mg/L（<4.2°）
软水	1.5～3mg/L（4.2°～8.4°）
中硬水	3～6mg/L（8.4°～16.8°）
硬水	6～9mg/L（16.8°～25.2°）
高硬水	9～14mg/L（25.2°～39.3°）
超硬水	14～21mg/L（39.3°～59°）
特硬水	>21mg/L（>59°）

钻探用水，遇硬水通常加纯碱进行软化。

7.2 泥浆

7.2.1 黏土

常见造浆用的黏土见表7-1，其物理性质见表7-2。

表7-1 各种黏土造浆能力参数

黏土等级	造浆能力/m³·t⁻¹	常用黏土
甲	15 左右	膨润土
乙	8.5 左右	次膨润土
丙	3.5~8 左右	白土、观音土、陶土、高岭土
丁	1~3.5 左右	黄土、胶泥、干子土

表7-2 几种黏土的物理性质

种类性能	微晶高岭土	含水云母	高岭土	红黏土	白黏土
密度/g·cm⁻³	2.0~2.6	2.1~2.6	2.4~2.6	2.7	2.2
硬 度	1.0~2.0		2.0~2.5	2.5	2.0

7.2.2 不同类型地层所用泥浆性能参数

不同类型地层所用泥浆性能参数见表7-3。

表7-3 不同类型地层所用泥浆性能参数

泥浆性能／地层性质	密度/g·cm⁻³	黏度/s	每30min失水量/mL	泥皮厚/mm	静切力/mg·cm⁻²	含砂量/%	胶体率/%	pH值
一般地层	1.10~1.15	18~20	23 以下	<4	10~25	<4	>97	8~12
吸水膨胀地层	1.10~1.15	18~20	10 以下	<2	10~25	<4	>97	8~12
坍塌掉块地层	1.20 以上	23~25	15 以下	<3	25~30	<4	>97	8~12
裂隙地层	1.15 以下	24~28	15 以下	<3	50~80	<4	>97	8~12
喷气地层	1.30 以上	25 以下	8 以下	<3	25~50	<4	>97	8~12
涌水地层	1.30 以上	30 以上	8 以下	<3	25~50	<4	>97	8~12

7.2.3 泥浆处理剂

为了使钻井液性能适应各种地层的要求，必须对钻井液进行处理。常用泥浆处理剂见表7-4~表7-7。

表7-4 泥浆化学处理剂

分 类	处理剂举例	作用与用途
增黏剂	水泥、水玻璃、石灰、石膏、氯化钙及各种有机降水剂如淀粉、植物胶类、纤维素等	提高泥浆的黏度，但无有机物在增黏的同时，伴随着失水量的增加
稀释剂（减稠剂）	栲胶、单宁酸、野生植物的碱浸提液（单宁类）、铁铬盐、铬腐殖酸等	降低泥浆的黏度和静切力，改善流动性，也能部分地降低失水量
降失水剂	煤碱剂、淀粉、野生植物胶类、羧甲基纤维素、聚丙烯腈等	降低泥浆失水量，并可作增黏剂
黏土水化抑制剂	石灰、石膏、氯化钙、氯化钠等	用于抑制黏土的水化性能，防止地层中黏土吸水膨胀，增加泥浆的稳定性，防止盐层溶解
pH 值控制剂	烧碱、纯碱、石灰等	调节泥浆的 pH 值
钙离子控制剂	烧碱、纯碱	用于控制或沉淀泥浆中的钙离子或转化钙基泥浆为钠基泥浆
加重剂	重晶石、磁铁矿、赤铁矿等	增加泥浆密度平衡地层压力，防止坍塌和井喷

表7-5 泥浆无机处理剂

类别	名 称	分子式	20℃时溶解度	主要性能	主要用途
碱类	氢氧化钠	NaOH	109.1	强碱，有强腐蚀性，溶于水	调整泥浆 pH 值，溶解有机处理剂，使泥浆分散等
	氢氧化钾	KOH	111.4	强碱，有强腐蚀性，溶于水	提供 K^+，对页岩有抑制作用
	氢氧化钙	$Ca(OH)_2$	0.165	吸潮性强，碱性强，有腐蚀性	配置钙处理泥浆，对页岩有抑制作用
碳酸类	碳酸钠	Na_2CO_3	17.7	水溶液呈轻碱性，吸潮后易结块	提供钠离子，软化水质，起泥浆分散剂作用
	碳酸氢钠	$NaHCO_3$	9.6	易溶于水，水溶液呈碱性反应但 pH 值较低	可用来沉淀去钙溶液，pH 值上升较小
磷酸盐	六偏磷酸钠	$(NaPO_3)_6$	97.3	溶于水，溶液呈弱酸性	可配合除钙处理水泥及石膏效果好，是泥浆稀释降黏剂

类别	名　称	分子式	20℃时溶解度	主要性能	主要用途
磷酸盐	三聚磷酸钠	$Na_5P_3O_{10}$ 或 $Na_5P_3O_{10}$ $\cdot 6H_2O$	35	易溶于水，水溶液呈弱碱性	可配合除钙处理水泥及石膏效果好，是泥浆稀释降黏剂
	四磷酸钠	$Na_6P_4O_{13}$		溶于水，呈酸性反应	泥浆稀释、分散剂，也用来除钙
	酸式焦磷酸钠	$Na_2H_2P_2O_7$			
	焦磷酸四钠	$Na_4P_2O_7$			
铬酸盐	铬酸盐	$Na_2CrO_4 \cdot$ $10H_2O$	90.1	重铬酸钠易潮解，有强氧化性易溶于水；重铬酸钾有强氧化性不潮解	重铬酸盐有强氧化作用，生成 Cr^{3+} 对黏土有氧化作用，可提高某些降失水剂和稀释剂的热稳定性
	铬酸钾	$K_2Cr_2O_4$	63		
	重铬酸钾	$Ha_2Cr_2O_7 \cdot$ $2H_2O$	10.1		
	重铬酸钾	$K_2Cr_2O_7$	12		
硅酸盐	水玻璃（硅酸钠）	$Na_2O \cdot mSiO_2$ （或 Na_2SiO_3）		能溶于水，呈碱性并能和盐水相混溶	用于配置速凝混合物，硅酸钠泥浆用于钻进膨胀页岩等地层
氯化物硫酸盐	氯化钠	$NaCl$	36	易溶于水，纯品不潮解	用于配置盐水泥浆
	氯化钙	$CaCl_2 \cdot 6H_2O$ 或 $CaCl_2$	74.5	有强吸潮性，易溶于水	配置高钙泥浆等
	氯化钾	KCl	34.35	易溶于水，溶液呈中性	用于配置钾基泥浆，抑制页岩膨胀
	三氯化铁	$FeCl_3$	91.8	易潮解，溶于水	泥浆絮凝剂
	四氯化锡	$SnCl_4$	19.4	易溶于水，溶液呈酸性	作絮凝高分子聚合物的交联剂
	硫酸钠	$Na_2SO_4 \cdot$ $10H_2O$		针状结晶，溶于水	有去钙及絮凝黏土的作用，可提高泥浆黏度、切力
	硫酸钠	$CaSO_4 \cdot$ $2H_2O$	0.203	溶于水，但溶解不大	作钙处理泥浆，絮凝黏土等用
	铵明矾	$(NH_4)_2$ SO_4Al_2 $(SO_4)_2$ $24H_2O$		溶于水，水溶液呈酸性	黏土絮凝剂
	硫酸铝	$Al_2(SO_4)_3$	36.3	溶于水，呈酸性	去孔壁泥皮剂

类别	名 称	分子式	20℃时溶解度	主要性能	主要用途
硫化物	硫化钠	Na_2S $Na_2S \cdot 9H_2O$	18.7	溶于水，呈强碱性	泥浆除氧剂－腐蚀抑氧剂

表 7 - 6 泥浆有机处理剂

分 类		名 称
稀释降黏剂（分散剂）	单宁类	单宁碱液栲胶碱液磺甲基化铬盐（SMT－Cr），磺甲基化栲胶（SMK）合成单宁如松柏树皮和根柚柑树皮等
	木质素类	铁铬木质素磺酸盐、木质素磺酸钾、酚化木质素磺酸盐、磺化木质素－羧基苯酚、铬木质素磺酸盐和硫酸盐酒精废液
	单宁木质素和类	单宁木质素磺酸钠
	褐煤、木质素复合类	铬制剂
降失水剂	纤维素类	钠羧甲基纤维素、聚阴离子纤维素、速溶 CMC 羧甲基烃乙基纤维素、甲基羧甲基纤维素（MCMC）
	聚合物类	预胶化淀粉、不发酵淀粉、低黏度羧甲基淀粉、瓜尔胶、海藻胶、XC－聚合物、香叶粉等野生植物胶
	腐殖酸类	煤碱液、硝基腐殖酸、磺化硝基腐殖酸、铬褐煤、磺甲基化褐煤等
	丙酸生物类	水解聚丙酸、聚丙烯酸钠、聚丙烯酰胺磺甲基改性物、聚甲基丙烯酸钠等
增黏剂	纤维素类	水解聚丙酸、聚丙烯酸钠、聚丙烯酰胺磺甲基改性物、聚甲基丙烯酸钠等
	聚 类	羧甲基淀粉、瓜尔胶、有机聚醣、聚醣－CMC 石棉－CMC、雷公蒿叶粉、香叶粉、榆树皮粉、楠树皮粉、皂仁粉、槐豆粉、石青粉、白胶粉、上玉粉等
絮凝剂	丙烯酸衍生物类	聚丙烯酰胺及其水解物、甲基丙烯酸与丙烯酰胺共聚物、聚丙烯酸胺阳离子改性物、磺化聚丙烯酰胺
	其 他	酯酸乙烯酯－顺丁烯二酸酐共聚物、顺丁烯二酸酐－烷甲基乙烯共聚物
页岩水化抑制剂	木质素及腐殖酸类	木质素磺酸钾、铬木素磺酸盐、腐殖酸钾、铬褐煤、铬制剂
	其 他	聚丙酰胺磺甲基改性物、磺化沥青、分散性硬沥青等
乳化剂	水包油乳化剂	各种阴离子及非离子表面活性剂，如油酸钠、松香酸钠、十二烷基苯磺酸钠、聚氧乙烯蓖麻油、OP 乳化剂等

分　类		名　称
乳化剂	油包水乳化剂	亲水亲油值小于7的非离子表面活性剂，为司盘-80及各种有机羧酸的钙、镁、铝盐、石油酸铁等
湿滑防卡解卡		磺化妥尔油沥青，极压润滑剂，月桂醇硫酸酯、磺化沥青、羟乙基纤维素、水解聚丙烯酰胺、蓖麻油渣，阴离子活性剂，DNR等

表7-7　泥浆用惰性材料

材料形状	材料名称
纤维状	纸浆、柏、短石棉纤维、短玻璃纤维棉、碎屑甘蔗纤维、碎木纤维亚麻纤维、废绳纤维、废布纤维、碎稻草干草纤维
片　状	云母片、鱼鳞片等
粒　状	碎棉子壳、碎坚果壳、碎核桃壳、碎杏仁壳、碎胡桃壳、谷壳或谷糠、锯木屑碎橡皮、碎皮革、膨胀珍珠岩、蛭石、膨润土、硅藻土、褐煤粉、碎塑料粒、电木粉、马粪、石灰石粉、重晶石粉、方铅矿粉、碳酸钡菱铁矿粉、二硫化钼粉、石墨粉等

7.2.4　泥浆的配制

泥浆材料用量的计算如下：

（1）泥浆总量。泥浆总量包括孔内泥浆量、循环系统泥浆量、泥浆损失量、泥浆更换次数或补加量和泥浆储备量等的总值。

（2）黏土量的计算。每1m³所需黏土质量 $q(kg)$ 为：

$$q = \frac{\gamma_1(\gamma_2 - \gamma_3)}{\gamma_1 - \gamma_3} \times 1000 \qquad (7-1)$$

式中　γ_1——黏土的密度（2.2~2.6），g/cm^3；

γ_2——要配泥浆的密度，g/cm^3；

γ_3——水的密度，g/cm^3。

（3）水量计算。每1m³泥浆用水量体积 $V(L)$ 为：

$$V = 1000 - \frac{q}{r_1} \qquad (7-2)$$

（4）配制加重泥浆时所需要加重剂的质量计算，每1m³原浆所需加重剂的质量 $W(kg)$ 为：

$$W = \frac{\gamma_1(\gamma_2 - \gamma_3)}{\gamma_1 - \gamma_3} \times 1000 \qquad (7-3)$$

式中　γ_1——加重剂的密度，g/cm^3，若用重晶石 $\gamma_1 = 4 \sim 4.5$；

　　　γ_2——加重泥浆的密度，g/cm^3；

　　　γ_3——原浆密度，g/cm^3。

（5）降低泥浆密度所需加水量 X 的计算：

$$X = \frac{V_0(\gamma_2 - \gamma_3)}{\gamma_1 - \gamma_3} \qquad (7-4)$$

式中　V_0——原浆体积，m^3；

　　　γ_1——原浆密度，g/cm^3；

　　　γ_2——加水稀释后的泥浆密度，g/cm^3；

　　　γ_3——水的密度，g/cm^3。

7.3 水泥

7.3.1 水泥的种类

在钻探的封孔与钻孔护壁堵漏工作中，在石油钻井的固井工程中，水泥的应用已有很长的历史。用水泥作钻孔灌浆的固结材料，具有资源广、产量大、成本低、结石强度高、抗渗透性能好、无毒、不污染环境、注浆工艺简单、便于操作等一系列优点。所以，在钻孔护壁堵漏工作中，水泥仍然是目前最广泛采用的、重要的胶凝固结材料，地质常用水泥矿物成分见表 7-8。若知道硅酸盐水泥熟料中各矿物成分的含量，就可以大致了解该水泥的性能特点。常用水泥的各龄期的强度指标见表 7-9。

表 7-8　硅酸盐水泥熟料的矿物成分

矿物名称	化学式	代号	含量/%		主 要 特 征
硅酸三钙	$3CaO \cdot SiO_2$	C_3S	$30 \sim 60$	$75 \sim 82$	水化速度较快，水化热较高，强度最高，是决定水泥标号高低的主要矿物
硅酸二钙	$2CaO \cdot SiO$	C_2S	$15 \sim 37$		水化速度最慢，水化热最低，早期强度低，后期强度增长率高
铝酸三钙	$3CaO \cdot Al_2O_3$	C_3A	$7 \sim 15$	$18 \sim 25$	水化速度快，水化热高，强度发展很快但不高，体积收缩大，抗硫酸盐侵蚀性差
铁铝酸四钙	$4CaO \cdot Al_2O_3 \cdot Fe_2O_3$	C_4AF	$10 \sim 18$		水化速度也较快，仅次于 C_3A，水化热及强度均中等，含量多时对提高抗拉强度有力

表7-9 常用水泥的各龄期的强度指标

水泥品种	软练标号	抗压强度/kg·cm⁻²			抗折强度/kg·cm⁻²		
		3 天	7 天	28 天	3 天	7 天	28 天
硅酸盐水泥	425	180	270	425	34	46	64
	525	230	340	525	42	54	72
	625	290	430	625	50	62	80
普通硅酸盐水泥	225	—	130	225		28	45
	275	—	160	275		33	50
	325	120	190	325	25	37	55
	425	160	250	425	34	46	64
	525	210	320	525	42	54	72
	625	270	410	625	50	62	80
矿渣硅酸盐水泥火山灰硅酸盐水泥粉煤灰硅酸盐水泥	225	—	110	225	—	23	445
	275	—	130	275		28	50
	325	—	150	325		33	55
	425	—	210	425		42	64
	525	—	290	525		50	72

7.3.2 水泥外加剂

为了改善水泥浆的流动性，改变水泥的凝结时间，提高水泥的固结强度，节约水泥，缩短灌浆候凝时间等，地质钻探工作中常常采用水泥外加剂。水泥外加剂主要有水泥减水剂、早强剂、速凝剂、缓凝剂等。水泥早强剂见表7-10，复合早强剂见表7-11，速凝剂见表7-12，缓凝剂见表7-13。

表7-10 早强剂

名称成分	加量/%	化学组成	主 要 性 能	研究单位
氯化钙	1~3	$CaCl_2$	R_1 提高 2~3 倍，R_7 提高 25%	
氯化钠	2~3	$NaCl$		
氯化亚铁	1	$FeCl_2$	提高早后期强度	上海
氯化亚锡		$SnCl_2$	促凝提高早期强度	
硫酸钙	>3.5	$CaSO_4 \cdot 2H_2O$	促凝，早强	天津建研院
硫酸钠	2	Na_2SO_4	R_1 提高 104%，R_7 提高 16%	
盐 酸	0.3~1	HCl	促凝，早强	
硝酸钙		$Ca(NO_3)_2$	提高升温速度保凝	

续表 7 – 10

名称成分	加量/%	化学组成	主 要 性 能	研究单位
碳酸钠	2	Na_2CO_3	可使凝结时间缩短一半	
硅酸钠	2 ~ 3	Na_2SiO_3	凝结时间缩短 30% ~ 40%，价量少于 2% 时缓凝	
草 酸	1.8	$C_2H_2O_4$	凝结时间缩短 40% ~ 50%	
三乙醇胺	300×10^{-6} ~ 500×10^{-6}	$N\!-\!\begin{matrix} CH_2CH_2OH \\ CH_2CH_2OH \\ CH_2CH_2OH \end{matrix}$	达到 70% 强度的时间缩短 50%	

表 7 – 11 复合早强剂

名称、成分及掺量	主要性质	研究单位
明矾 0.5kg、热水 4kg、硫酸 4mL	R_1 增加 100% ~ 200% R_2 增加 37% ~ 61% R_7 增加 29% ~ 51%	湖北建工学院
氯化钙 8kg，热水 16kg，硫酸 16mL	R_1 增加 100% ~ 200% R_2 增加 37% ~ 61% R_7 增加 29% ~ 51%	湖北建工学院
硫酸钠 3%，明矾 3%，酒石酸 0.2%，三乙醇胺 500×10^{-6}	早强效果显著，500 号水泥 12h 强度为 1.2MPa，矿渣水泥 1.6MPa	沈阳建筑设计研究院
硫酸钠 3%，氯化钠 1%，重铬酸钾 0.1%	两天强度提高 60% ~ 130%	
三乙醇胺 500×10^{-6}，氯化钠（钙）0.5%	缩短凝结时间一般 R_{28} 提高 10%	中科院工程力学研究所
三乙醇胺 500×10^{-6}，氯化钠 0.5%，亚硝酸钠 0.1%	一天强度提高 50%	中科院工程力学研究所
三乙醇胺 500×10^{-6}，硫酸钾 2%	R_3 提高 30% ~ 45%	第一航务工程局
三乙醇胺 500×10^{-6}，亚硝酸钠 1%，硫酸铝 1%，氯化铁 0.5%	R_1、R_3 均可提高 40% ~ 110%	四川省建研所
三乙醇胺 300×10^{-6}，硫酸钠 1%，亚硝酸钠 1%	R_7、R_{28} 可提高 40% ~ 80% 后期强度提高 5% ~ 10%	黑龙江低温建筑科研所
三异丙醇胺 500×10^{-6}，硫酸亚铁 0.3 ~ 0.5/万		湘潭钢铁厂

表7-12　速凝剂

名称	成分	加量/%	化学组成	主要性能	研究单位
红星Ⅰ型	铝酸钠 碳酸钠 氯化钙	2.5~4	Na_3AlO_3 Na_2CO_3 $CaCl_2$	能在10min内凝结硬化，R_1为不掺者的200%~600%	中科院土力所
阳泉Ⅰ型	次铝酸钠 硅酸二钙 氯化钙 氯化锌	4	$NaAlO_2$ Ca_2SiO_3 $CaCl_2$ $ZnCl_2$	从初凝到终凝为2~10min，后期强度较好，与不掺者相比约为85%左右	阳泉建工公司土力所
711	氯氧熟料 石膏	3~5	Na_3AlO_3 CaS NaF $CaSO_4$	加量2%~3.5%时速凝，加量大于3.5%时有缓凝，一天强度增长2~6倍，但后期强度略有降低	沪建研所
锂盐	氯化锂 碳酸锂		$LiCl$ Li_2CO_3		
水泥快燥精		14~50	Na_2SiO_3等	凝结时间1~60min	沪建筑涂料厂

表7-13　缓凝剂

名称成分	加量/%	化学组成	主要性质	研究单位
酒石酸	0.1~0.3	$C_4H_6O_6$	缓凝	建材院
酒石酸钾钠	0.1~0.3	$KNaC_4H_6O_6 \cdot 4H_2O$	用于双快水泥缓凝	
柠檬酸	0.1~0.3	$C_3H_4OH(COOH)_3$		
硼酸	0.6	H_3BO_3	使双快水泥凝结时间延长20~40min	
石膏	1~3	$CaSO_4 \cdot 2H_2O$		
硫酸铁	0.5~1	$Fe_2(SO_4)_3$	使初凝延长1.5h	
氯化锌	0.2~0.3	$ZnCl_2$	初凝延长7~10h，终凝延至12h以上，三天抗压强度提高10%~22%	水电部七局

7.3.3　水泥浆的配制及替浆水量计算

7.3.3.1　水泥浆的配制

（1）泥浆水量计算：

$$V = 0.785KD^2H \qquad (7-5)$$

式中　V——水泥浆体积，m^3；

K——附加系数（地面损失、钻孔超径、孔内稀释等），$K = 1.2 \sim 1.4$；

D——钻孔直径，m；

H——灌注孔段长度，m。

（2）所需干水泥用量计算：

$$G = gV$$

$$g = \frac{\gamma_1 \gamma_2}{\gamma_2 + m\gamma_1} \qquad (7-6)$$

式中　G——干水泥用量，kg；

g——配 1 升水泥浆需干水泥质量，kg；

m——水灰比；

γ_1——干水泥密度，g/cm^3，一般为 $3.05 \sim 3.20$；

γ_2——水的密度，g/cm^3。

（3）用水量 Q 的计算：

$$Q = mG \qquad (7-7)$$

（4）水泥浆的密度计算

$$\gamma_3 = g(1 + m) \qquad (7-8)$$

（5）外加剂用量计算：

$$W = Gn \qquad (7-9)$$

式中　W——外加剂加量，kg；

G——干水泥质量，kg；

n——外加剂加量质量分数，%。

（6）表 7-14 为每袋（50kg）水泥可灌注的钻孔长度。

表 7-14　每袋水泥（50kg）可灌注钻孔长度

钻孔直径/mm	钻孔每米理论容积/L	不同水灰比时每袋水泥可灌注长度/m					
		0.35	0.40	0.45	0.50	0.55	0.60
150	17.67	1.86	2.03	2.18	2.30	2.46	2.57
130	13.27	2.50	2.71	2.90	3.06	3.27	3.43
110	9.50	3.50	3.78	4.06	4.25	4.57	4.79
91	6.50	5.12	5.53	5.94	6.26	6.68	7.0
75	4.42	7.54	8.13	8.68	9.19	9.84	10.27
66	3.42	9.75	10.28	11.28	11.90	12.80	13.30
60	2.83	12.06	12.98	13.8	14.84	15.70	16.6
50	2.0	17.0	18.26	19.5	21.0	22.25	23.5

7.3.3.2　替浆水量的计算

（1）管柱灌注法需替浆水量计算：

$$Q = Q_0 H \tag{7-10}$$

式中　Q——替浆用水量，L；

　　　Q_0——每米钻杆容积，L/m；

　　　H——钻杆长度，m。

（2）水泵灌注法需替浆水量计算：

$$Q = V + Q_0(H - n) \tag{7-11}$$

式中　V——吸水管、高压胶管、机上钻杆的容积，一般为40L左右；

　　　Q_0——每米钻杆容积，ϕ50钻杆1.2L/m，ϕ42钻杆0.8L/m；

　　　H——钻杆长度，m；

　　　n——灌注前孔内静止水位，m。

7.3.4　水泥浆液配方实例

水泥浆液配方实例见表7-15和表7-16。

表7-15　地勘水泥加减水剂配方

水泥品种	减水剂		水灰比	流动度 (30min) /cm	凝结时间（时：分）		抗压强度/MPa	
	名称或代号	掺量/%			初凝	终凝	8h	24h
R型	NNO	1.4	0.5	19	1：15	1：30	13	15
R型	FCLS	1.3	0.5	20.5	2：40	3：10	8	14
R型	UNF	1	0.5	24	1：10	1：40	10	16
R型	FDN	0.6	0.5	25	1：0	1：15	14	18
R型	CRS	0.8	0.55	19	1：20	1：55	9	13
R型	酒石酸	0.2	0.6	22	2：15	3：0	10	12
R型	M型	0.25	0.6	17	2：30	2：55	8	11

表7-16　水泥加复合外加剂配方

水泥品种	外加剂名称及加量/%	水灰比	流动度 (30min) /cm	凝结时间（时：分）		抗压强度/MPa	
				初凝	终凝	8h	
R型地勘水泥	M型0.25；$CaCl_2$ 2.5	0.55	17	1：35	2：35	16	19
R型地勘水泥	糖蜜0.2；$CaCl_2$ 3	0.55	16	1：50	3：0	13	18
H型地勘水泥	M型0.25；$CaCl_2$ 2.5	0.55	18	1：45	2：50	15	18
B型地勘水泥	MZS 2.5；$CaSO_4$ 3	0.55	16	1：17	2：30	16	22
425号普通水泥	CRS 0.5；$CaCl_2$ 4.5	0.44	18	3：30	4：20	12	
425号普通水泥	NNO 0.6；NaCl 15	0.45	19	3：50	4：30	10	

7.4　化学浆液材料

7.4.1　尿醛树脂浆液

尿醛树脂是由尿素与甲醛先在弱碱条件下反应，再在酸性条件下缩聚而成的高分子合成树脂，是一种水溶性脂。它结构复杂，相对分子质量大，具有一定的流动性，在酸的作用下极易固化，有一定的机械强度。加之价格便宜，使用方便，性能稳定，在地质勘探钻孔堵漏和用于地面一次混合单液注浆，收效很好。其应用配方见表 7-17~表 7-19。

表 7-17　尿醛树脂原料配方

原料名称	规格	质量分数/%	配料比（质量）	加入量/kg	备　注
甲　醛	工业品	36~37	100	50	
尿　素	工业品	98	117	21.5	
六次甲基四胺	工业品	99	5	0.75	pH 值缓冲剂
氢氧化钠					调节 pH 值

表 7-18　苯酚改性尿醛树脂配方

原料名称	含量/%	配料比	物质的量的比	加量/kg	备　注
甲　醛	36.7	110	2.2	88	工业品
尿　素	98	100	1	29.98	工业品
苯　酚	90	22	0.14	7.17	工业品
六次甲基四胺	90	5		1.63	工业品
氢氧化钠	40			适量	工业品

表 7-19　固化剂盐酸浓度与胶凝时间关系

编　号	1	2	3	4	5	6	7
盐酸:树脂	1:7	1:7	1:7	1:7	1:7	1:7	1:7
盐酸浓度/%	10	15	20	25	30	35	40
初凝时间	7′20″	5′	3′10″	1′40″	1′20″	1′	42″

7.4.2　氰凝

"氰凝"是聚异氰酸酯高分子浆液材料的简称，其特点是遇水发生化学反应，放出大量二氧化碳，使材料发泡膨胀，体积可增大十几倍或几十倍，迅速充填孔裂隙，形成不透水的封闭层，达到堵漏的目的。其配方及应用见表 7-20~表 7-22。

表 7 – 20　氰凝浆液配方

成　分	TD1	N – 303	二丁酯	丙酮	发泡灵	三乙胺
用量（质量比）	2	1	0.4	0.4	0.1% ~ 0.3%（占总体积）	1% ~ 2%（占总体积）

表 7 – 21　氰凝 – 水泥混合浆液配方及性能

配　方　编　号		1	2	3	4
原料名称及加量/kg	预聚体 TT – 1	100	100	80	80
	预聚体 TP – 1			20	20
	二丁酯	10	10	10	10
	丙　酮	10	10	10	10
	吐温 – 80	1	1	1	1
	水　泥	50	80	50	80
	一天的抗压强度/MPa	26.7	34.4	30.7	

表 7 – 22　416 堵漏配方及性能

配　方　编　号		1	2	3
原　料	生石灰粉/kg	75	22.5	12.5
	干黏土粉/kg	22.5	22.5	12.5
	预聚体/kg	2.5	20	25
	吐温 – 80/mL	500	400	500
	乙醇/mL		800	1000
	玻璃纤维/kg			0.5
固化时间/h		2.5	1.2	2
用　途		浅孔扩壁堵漏，加筑井口台		

8 钻探工程质量

8.1 钻探工程质量六项指标

（1）岩矿心采取率与岩矿心整理。

1）岩心钻探规程要求取心的岩层全孔平均采取率一般不得低于65%。矿化、重要标志层以及矿层与顶板交界处以上和矿层与底板交界处以下各3～5m范围内的岩层，平均采取率一般不得低于75%。不用取心的岩层，不计算采取率。

2）可采的薄矿层（厚度小于4～5m），每层平均采取率不得低于75%。厚度较大的地层，从矿层与顶板交界处开始，依次每5m或10m矿层的平均采取率一般不得低于75%。

3）某些情况下，岩层、矿层的平均采取率需要高于或低于上述规定以及某些孔段的岩层需要分层计算采取率时，按需要和可能的原则，可在设计中提出具体指标。

4）岩（矿）心采取率按下列公式计算：

$$\text{岩（矿）心采取率} = \frac{\text{各回次岩（矿）心长度的累计数}}{\text{各回次取岩（矿）心进尺长度的累计数}} \times 100\%$$

式中的进尺和岩（矿）心长度，系指在固体岩（矿）层的实际进尺和取出的岩（矿）心长度，除设计要求外，不包括废矿坑、空洞、表面覆盖物、浮土层、流砂层的进尺及取出物。

5）由机台负责将岩心清洗干净，自上而下按次序装箱，在岩心上用漆或油浸色笔写明回次数、总块数和块号（松软、破碎、粉状及易溶的岩矿心应装入布袋或塑料袋中），用铅笔填写岩心牌，放好岩心隔板，并妥善保管。

（2）钻孔弯曲度与测量间距。

1）一般钻孔不同深度的各测点实测顶角与开孔设计顶角之差不得超过表8-1所示的范围。

表8-1 不同深度的各测点实测顶角与开孔设计顶角之间的允许顶角差

测定孔深/m		100	200	300	400	500	600
允许顶角差/(°)	直孔	2	4	6	8	10	12
	斜孔	3	6	9	12	15	18

注：孔深大于600m的钻孔，其弯曲度允许顶角差可根据地质目的要求与钻探施工状况具体商定。

2）定向钻孔不同孔深各测点的实际顶角与测点设计顶角之差的范围，可根据具体情况由地质与探矿部门共同确定。

3）某些易斜地层中，虽然采取多种防斜措施，钻孔弯曲度达不到上述规定时，可根据需要与可能的原则，由探矿与地质部门共同协商，另行确定指标。

4）关于测量间距，应依据地质设计或实测钻孔顶角小于或等于5°时，每钻进100m测一次顶角（不测方位角）；大于5°时，每钻进50m测一次顶角和方位角。定向钻孔在易斜地层中钻进的钻孔，根据施工需要，应适当缩短测量间距。

（3）简易水文地质观测。

1）在以清水为冲洗液的钻孔中，每班至少观测水位1～2回次，每观测回次中，提钻后、下钻前各测量一次水位，间隔时间应大于5min。以泥浆为冲洗液的钻孔中，一般可不进行水位测量。

2）在钻进过程中，遇到涌、漏水、涌砂、掉块、坍塌、缩颈、逸气、裂隙、溶洞及钻具掉落等差异现象时，应及时记录其深度。

3）在地下水自流钻孔中，可根据水文地质的要求接高孔口管或安装水压表测量水头高度和涌水量。

4）孔内发现热水，应测量孔口水温及井温。

（4）孔深误差的测量与校正。

1）在下列部位必须校正孔深：

①每钻进100m，进出矿层时（矿层厚度小于5m时只测一次），绳索取心钻进提钻长度不等，可参照上述要求及时进行测量。

②经地质编录人员确认的重要构造位置及划分地质时代的层位。

③下套管前和终孔后。

2）孔深误差率小于千分之一不修正报表，孔深误差率大于千分之一要修正报表，孔深经修正后即为达到指标要求。

孔深误差率按下列公式计算：

$$孔深误差率 = \left| \frac{校正前的孔深 - 校正后的孔深}{校正后的孔深} \right| \times 100\%$$

（5）原始报表填写。各班必须指定专人在现场及时填写原始报表，要做到真实齐全、准确、整洁。

（6）钻孔的封闭与检验。

1）终孔前探矿部门根据地质部门提出的实际钻孔柱状图和封孔要求编写封孔设计，经分队（大队）技术负责或分队（大队）长批准后，交机台执行。

2）不同地质条件下的封孔要求：

①见到易溶、易蚀、易流散、易被破坏的工业矿层入油、气、路水、矿化水、可溶盐、硫铁矿、自然硫等，含水层、含水构造的钻孔均须在顶底的板上下各5m范围的隔水层处，用325号以上的普通硅酸盐水泥或抗硫酸盐水泥封闭。

②见到除了上述之外的其他固体矿层，但未见含水层和含水构造并且空位低于侵蚀基准面的钻孔，可用325号以上的水泥或其他隔水材料封闭钻孔最上部隔水层与透水层交界处。

③矿层不厚或矿层与矿层、矿层与含水层较近时，可一并封闭。

④需要进行地下水动态观测或对农田灌溉有利的钻孔，可暂不封闭，但对矿床充水有严重影响的钻孔，必须封闭。

⑤孔壁严重坍塌或孔内有遗留物堵塞，无法处理时，可以只封上述部位以上的孔段。

3）封孔后必须在空口中心处设立水泥标志桩（用水泥固定）。机长将《钻孔封孔设计和封孔记录表》送交地质、探矿部门存档。

4）根据需要经地质与探矿部门共同研究可选择少量钻孔进行封孔质量检查。

8.2 岩（矿）心采取

8.2.1 卡取岩（矿）心的一般方法

8.2.1.1 卡料卡取法

（1）卡石卡取法：适用于4~7级岩石，常用于硬质合金钻进，一般是选择硬质块、碎瓷块、破玻璃等，其大小为2~5mm混用，其用量一般为100cm³。

（2）铁丝卡取法：适用于中硬和硬的岩层。通常用于钢粒钻进，一般是将长度为岩心直径两倍左右的8~12号铁丝拧成单股的和多股的备用。

8.2.1.2 提断器卡取法

提取器卡取法主要用于金刚石钻进和针状合金钻进。其中卡簧主要包括以下几种类型：

（1）切口式卡簧：用于双层岩心管，切口式卡簧规格见表8-2，结构图如图8-1所示。

表8-2 切口式卡簧规格

口径/mm	36	46	56	66	76
高度 H/mm		18		22	
大端外径 D/mm	25.0	33.2	43.7	53.7	63.7
	21.2	28.7	38.7	48.7	58.7
内径 d/mm	21.5	29.0	39.0	49.0	59.0
	21.8	29.3	39.3	49.3	59.3
下切口深度 h/mm		10		15	
同端切口向心夹角 β/(°)		72		60	

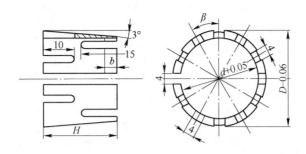

图 8 - 1　切口式卡槽

（2）内槽式卡簧：多用于普通单层和双层岩心管，内槽式卡簧规格见表 8 - 3，结构图如图 8 - 2 所示。

表 8 - 3　内槽式卡簧

口径/mm	36	46	56	66	76
高度 H/mm	18		22		
大端外径 D/mm	25.0	33.2	43.7	53.7	63.7
内径 d/mm	21.2	28.7	38.7	48.7	58.7
	21.5	29.0	39.0	49.0	59.0
	21.8	29.3	39.3	49.3	59.3
内槽、内槽间隔切口向心夹角 β/(°)	20		15		

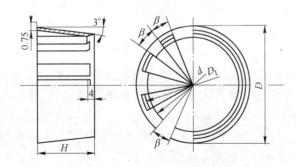

图 8 - 2　内槽式卡簧

（3）外槽式卡簧：可用于普通单层和双层岩心管，其规格同内槽式，结构图如图 8 - 3 所示。

（4）卡簧及卡簧座。卡簧座规格见表 8 - 4 和图 8 - 4。

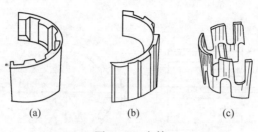

图 8 - 3 卡簧

(a) 内槽式；(b) 外槽式；(c) 切槽式

表 8 - 4　卡簧座规格

口径/mm	36	46	56	66	76
全长 L/mm	35			60	
外径 D/mm	27	37	47	57	67
下端柱面直径 d_1/mm	23	31	41	51	61
短节插入端内径 D_1/mm	25	34	44	54	61
水口最大高度 h'	8			10	
下端内柱面高度 h/mm	0			35	
水口向心角 α/(°)	90	60	45	30	
中间内端直径 d_1/mm	25.5	34.5	44.5	54.5	64.5

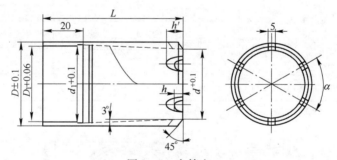

图 8 - 4　卡簧座

除地质部定型的单动双层岩心管外，现场各单位也设计了多种单动双管，各有特点。如：勘探所单动双簧钻具、桂林所单动双管钻具、BJ - 101 型单动双管钻具、河南三队的 DS - 1 型钢球单动双管钻具、DS - 2 型单动双管钻具、云南九队单动双管钻具、河南九队的 DJ - 1 型单动双管钻具、D - 10 型单动双管钻具（仿日本利根），都使用卡簧取心法。

8.2.1.3　干钻取心法

回次终了前，停止送水，干钻一小段，使岩心自行卡紧而扭断。适用于硬合金钻进软质、松散和可塑性的岩矿层中。干钻长度一般为 200 ~ 300mm。

8.2.1.4　沉淀卡取法

在钻进松散、脆、碎岩矿层时，回次终了停止冲洗液循环，岩心管内悬浮岩屑、岩粉沉淀挤塞卡牢岩心。沉淀时间一般为 10 ~ 20min。

8.2.2 取心方法

取心方法和取心工具的选择见表 8 - 5。

表 8 - 5 常用取心方法和取心工具选择

岩矿层名称	可钻性等级	岩矿层主要物理力学性质	适用的取心方法和工具
表土层、砂黏土层、铁帽、褐矿	1 ~ 3	软、松、散、胶结性好	无泵反循环钻具、"喷反"钻具、双动双管钻具、投球双管钻具
煤系地层菱镁矿磷矿	1 ~ 3	松软、松散易被冲毁	角式双管、双动双管钻具，简易取煤双管
不稳定煤层	煤层 1 ~ 3 顶底板 4 ~ 6	软硬交替频繁，煤层薄，层数多	爪簧式单动双管钻具、投球式单动双管钻具、简易取煤双管
风化，氧化矿层，软、脆碎的风化板岩，千枚岩，片岩，雄黄钼矿，铅锌矿，黄铁矿	1 ~ 5	松散、易坍塌、片理发育	无泵反循环钻具、喷射式孔底反循环钻具、无泵双动双管钻具
			双动双管钻具、喷射式孔底反循环钻具
高岭土、泥质页岩、高岭土粉砂岩	2 ~ 4	黏性大、塑性强，松散怕冲刷、遇水膨胀	分水投球单管钻具
化石化菱镁矿、钾盐、蛇纹石矿、石膏、芒硝	4 ~ 5	易溶解、易污染	活塞式双动双管、无泵反循环钻具、喷射式孔底反循环钻具
		塑性、酥性、易被冲刷	爪簧式单动双管
节理、片理、层理发育，裂隙发育，破碎地层如汞矿、石墨矿、滑石矿、石棉矿等，以及矽卡岩、辉绿岩、风化岩的橄榄岩和千枚岩	4 ~ 6	低或无黏性，抗磨性低、怕振、怕冲刷、磨损流失（中硬、脆、碎岩矿层）	双动双管钻具、单动双管钻具、"喷反"钻具、无泵钻具
节理、片理、层理、裂隙发育。如变质安山岩、花岗岩、强矽化灰岩和白云岩等	4 ~ 7	无黏性、在振动和冲刷下易成块	"喷反"钻具、金刚石单动双管钻具
	10 ~ 11	黏状、易磨损流失富集，不易取出完整岩矿心	
各种完整致密岩矿层	4 ~ 12	耐振动，不易撕裂破碎、耐磨性好、不怕冲刷	普通单管（用卡簧或卡料取心）

8.2.3 取心钻具

8.2.3.1 单管钻具

单管钻具（活动分水投球钻具）结构如图 8-5 所示。适用黏塑性强以及部分松散怕冲或遇水膨胀的岩矿层。

8.2.3.2 双动双管钻具

双动双管钻具结构如图 8-6 所示。适用于 1~6 级松软、易坍塌以及 7~8 级中硬、破碎、怕冲刷的岩矿层。

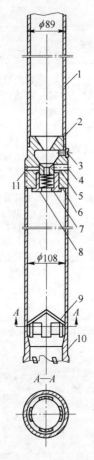

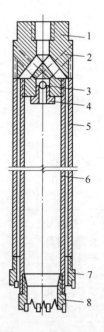

图 8-5 单管钻具

1—钻杆；2—分水接头；3—取球旋塞；

4—小卡旋塞；5—小卡及弹簧；

6—带阀座的活塞；7—弹簧；

8—弹簧座；9—活动分水帽；

10—钻头；11—水道

图 8-6 双动双管钻具

1—双管接头；2—回水孔；3—钢球；

4—球座；5—外管；6—内管；

7—外管钻头；8—内管钻头

8.2.3.3 单动双管钻具

A 内管超前滑动单动双管钻具

阿式单动双管钻具结构如图 8-7 所示。使用范围：煤层和 1～3 级松软夹层夹少的稳定煤系地层及易被冲散的岩矿层，如磷矿、菱镁矿等。

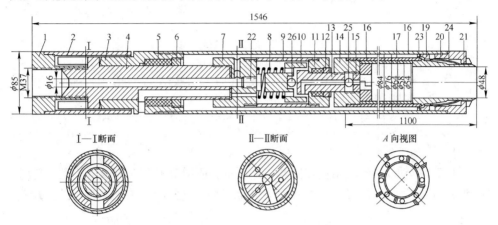

图 8-7 内管超前滑动单动双管钻具

1—异径接头；2—保护管；3—连接管；4—拉杆；5—塞线；6—塞线压盖；7—分水接头；8—弹簧；
9—保护管；10—止推座；11—密封座；12—塞线压盖；13—顶杆；14—内管接头；15—阀座；
16—内管；17—岩心管；18—外管；19—爪簧环；20—外钻头；21—内钻头；22—调整螺丝；
23—止动器；24—爪簧；25—球阀；26—止推球

B 滑动单动双管钻具

滑动单动双管钻具结构图如图 8-8 所示。使用范围：破碎地层、裂隙发育地层、易脱落的岩矿层。

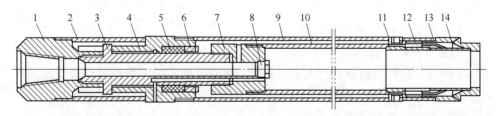

图 8-8 滑动单动双管钻具

1—异径接头；2—保护套；3—连接杆；4—滑套接头；5—盘根；6—盘根压盖；7—内管接头；
8—堵水接头；9—外管；10—内管；11—限位块；12—抓簧；13—内钻头；14—外钻头

C 压卡式单动双管钻具

压卡式单动双管钻具结构如图 8-9 所示。适用范围是 4～6 级较完整的节理发育或呈纤维状的岩层，如白云岩、蛇纹石化白云岩、石棉等。

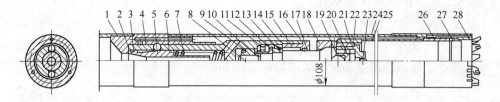

图 8-9 压卡式单动双管钻具

1—导向管；2—压垫；3—橡胶圈；4—外管接头；5—钢球；6—滑阀；7—弹簧；8—开口销；
9—螺母；10—心轴；11，13—轴承；12—轴套；14—分水接头；15—托盘；16—座阀；
17—密封圈；18—内管接头；19—钢球；20—下弹子座；21—回水阀座；22—垫圈；
23—钢球；24—外管；25—内管；26—挡水圈；27—卡环；28—压卡式钻头

D 活塞式单动双管钻具

活塞式单动双管钻具结构如图 8-10 所示。适用范围在 6 级以下松散、粉状、节理发育怕污染的岩矿层。如 4~6 级粉束状、鳞片状的滑石矿以及部分石墨矿等。

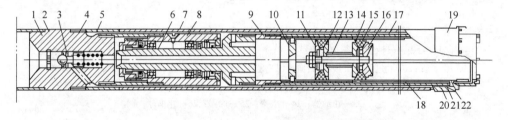

图 8-10 活塞式单动双管钻具

1—分水接头；2—球阀；3—球阀垫；4—球阀座；5—弹簧；6—单动轴；7—外管；8—轴承外壳；
9—上接头；10—加固横梁；11—活塞上压盖；12—上托盘；13—支撑管；14—活塞下压盖；15—胶圈；
16—下托盘；17—半合管（公）；18—半合管（母）；19—下接头；20—稳钉；21—密封圈；22—钻头

E 爪簧式单动双管钻具

爪簧式单动双管钻具结构如图 8-11 所示。爪簧式单动双管钻具的适用范围：6 级以下软硬交替频繁，夹多煤层薄、煤质变化大的不稳定煤层及煤层顶底板，也可用于极软的、塑性的、酥性的易被冲洗液冲蚀的蛇纹岩矿层。

F 隔水式单动双管钻具

隔水式单动双管钻具结构如图 8-12 所示。适用范围在 3~7 级中硬的、破碎、节理发育、酥脆、易流失、怕振、怕磨的岩矿层（如石棉磷矿、铅矿、蛇纹石化白云岩等）。

G 集气式单动双管钻具

集气式单动双管钻具结构如图 8-13 所示。适用范围是煤层钻进采取瓦斯样和煤心。

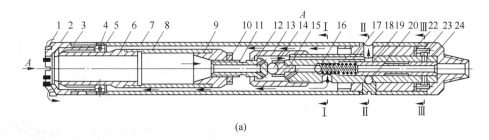

(a)

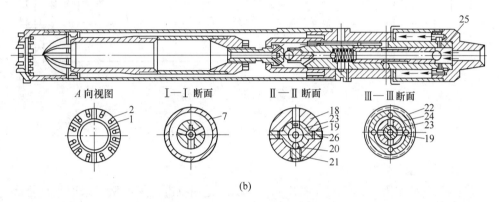

(b)

图 8-11　爪簧式单动双管钻具

（a）钻进时的工作状态；（b）提升时钻具的工作状态

1—切削具；2—钻头；3—卡簧；4—销钉；5—定位圈；6—岩心管；7—外管；8—内管；9—内管钻头；
10—防松螺母；11—调节螺杆；12—垫圈；13—支撑外套；14—钢球；15—钢球止推座；
16，25—球阀；17—弹簧；18—外套；19—滑阀；20—钢球；21—螺丝底座；
22—导向筒；23—主轴；24—异径接头；26—堵头

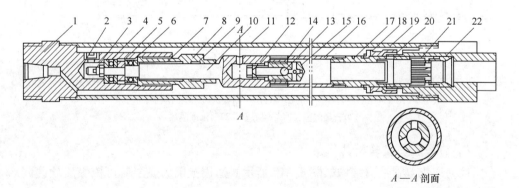

A—A 剖面

图 8-12　隔水式单动双管钻具

1—外管接头；2—油堵；3—开口销；4—螺母；5—轴承垫圈；6—推力轴承；7—轴承套；8—螺丝套；
9—密封圈；10—心轴；11—外管；12—挡销；13—钢球；14—胶皮圈；15—回水阀座；16—内管；
17—内管接箍；18—导向块；19—隔水罩；20—提断环座；21—岩心提断器；22—钻头

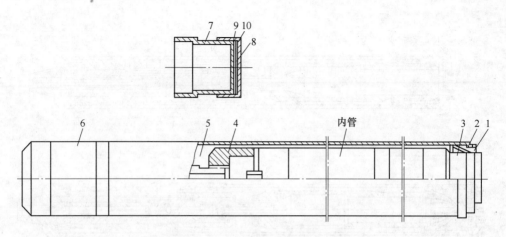

图 8 – 13　集气式单动双管采样钻具

1—外钻头；2—爪簧；3—外管；4—变丝接头连接器；5—支撑杆；6—特制接头；

7—钢管接头；8—内管接头密封盖；9—密封胶垫；10—密封垫保护片

H　集气双动双管钻具

集气双动双管钻具结构如图 8 – 14 所示。适用范围是煤层钻进采取瓦斯样和煤心。

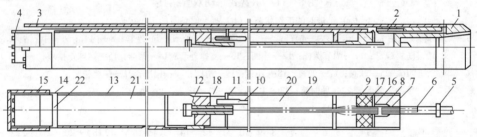

图 8 – 14　集气双动双管钻具

1—异径接头；2—外管；3—外管接头；4—内管接头；5—胶管夹；6—胶管；7—气嘴；8—出水管；

9—内管变丝接头；10—回水管；11—集气管；12—中间接头；13—岩心管；14—隔膜保护圈；

15—内管接头密封圈；16—密封胶垫；17—隔板；18—中间隔板；19—岩心管；

20—集气室；21—煤心室；22—油纸隔膜

I　简易取煤双管钻具

简易取煤双管钻具结构如图 8 – 15 所示。适用范围为煤层。可依煤质软硬调整内外钻头差距。

J　金刚石单动双管钻具

原地质部于 1982 年制定了金刚石钻探单动双层岩心管新标准（DZ10 – 1982）该标准规定了三种形式双管单动结构，如图 8 – 16 所示为球 – 单盘推力球

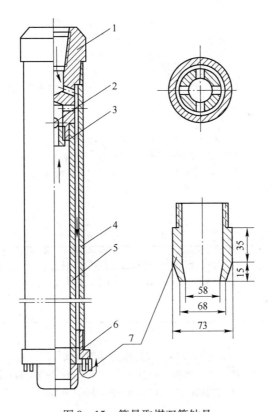

图 8 – 15　简易取煤双管钻具

1—异径接头；2—球阀；3—球阀座；4—外管；5—内管；6—外钻头；7—内钻头

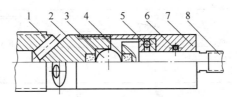

图 8 – 16　球 – 单盘推力球轴承式

1—外管；2，4—硬质合金；3—钢球；5—推力球轴承；

6—密封圈；7—轴承外壳；8—心轴

轴承式，代号 Q；图 8 – 17 为单盘推力球轴承式，代号 D；图 8 – 18 为双盘推力球轴承式，代号 S。钻具基本结构如图 8 – 19 所示。

8.2.3.4　无泵反循环钻具

A　开口式无泵钻具

开口式无泵钻具结构如图 8 – 20 所示。适用范围：松散易脆碎、坍塌掉块的地层，孔深 150m 以内。

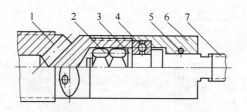

图 8-17 单盘推力球轴承式

1—外管；2—轴承锁紧螺母；3—垫；4—推力球轴承；

5—密封圈；6—轴承外壳；7—心轴

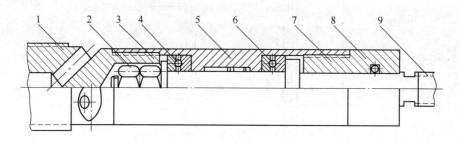

图 8-18 双盘推力球轴承式

1—外管接头；2—轴承锁紧螺母；3—垫；4，6—推力球轴承；

5—连接管；7—接头；8—密封圈；9—心轴

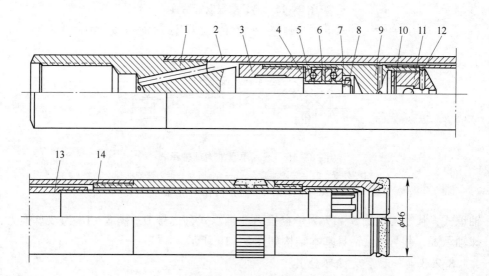

图 8-19 单动双管钻具

1—上接头；2—耐磨稳定环；3—外管接头；4—单动部分；5—心轴；

6—锁紧螺母；7—内管接头；8—外管；9—内管；10—扩孔器；

11—短节；12—卡簧；13—卡簧座；14—钻头

B 闭口式无泵钻具

闭口式无泵钻具结构如图8-21所示。适用范围：破碎松散黏性大、密度大的6级以下的地层，孔深可达150mm以上。

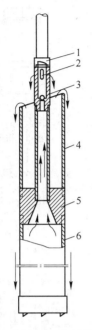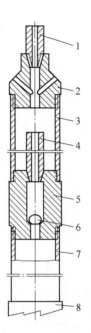

图8-20 开口式无泵钻具

1—无泵接头；2—回水口；3—球阀；
4—取粉管；5—岩心管接头；6—岩心管

图8-21 闭口式无泵钻具

1—钻杆；2—导水接头；3—取粉管；4—导粉管；
5—岩心管接头；6—球阀；7—岩心管；8—钻头

8.2.3.5 喷射式孔底反循环钻具

喷射式孔底反循环钻具适用范围：主要用于7级以上节理发育、硅化强的硬脆碎地层进行钢粒钻进和金刚石钻进，和4~6级松散中硬脆碎、易磨损的岩矿层进行硬质合金钻进，也可用于漏、涌水地层，直孔和斜孔中钻进。

（1）弯管型喷射式孔底反循环钻具如图8-22所示。

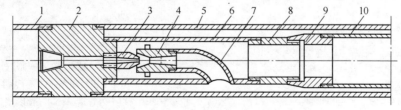

图8-22 弯管型喷射式孔底反循环双动双管钻具

1—导正管；2—喷嘴接头；3—喷嘴；4—承喷器；5—外管；6—连接管；
7—弯管；8—接箍；9—异径接头；10—内管

（2）单管喷反钻具结构如图 8 - 23 所示。

（3）双管喷反钻具结构如图 8 - 24 所示。

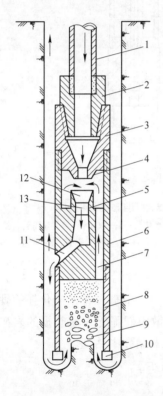

图 8 - 23 单管喷反钻具

1—钻杆；2—变径接头；3—喷嘴接头；
4—喷嘴；5—扩散器；6—分水接头；
7—返水眼；8—岩心管；9—岩心；
10—钻头；11—出水眼；
12—混合室；13—喉管

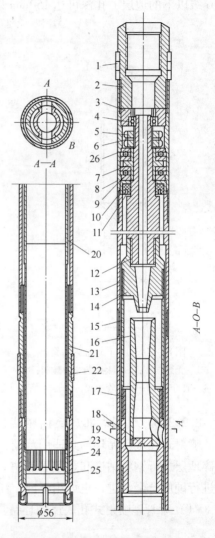

图 8 - 24 金刚石单动双管喷反钻具

1—合金；2—导径接头；3—上密封圈壳；4—上密封圈；
5—锁母；6—垫圈；7—轴承套；8—轴承外壳；
9—滚动轴承；10—上密封圈壳；11—下密封圈；
12—空心轴；13—外管接头；14—喷嘴接头；
15—连接管；16—承喷器；17—分水接头；18—丝堵；
19—外管；20—内管；21—内管短节；22—扩孔器；
23—钻头；24—卡簧；25—卡簧座；26—垫片

8.3 岩（矿）心的补取和退出

8.3.1 补取岩（矿）心

由于地层条件复杂，钻孔过程中常常会遇到比较松软、破碎、易溶蚀等地层，再加上施工工艺或操作水平等原因，常常出现因"丢心"而达不到取心率的要求，以致严重影响钻探质量，甚至造成钻孔报废等严重后果。如果钻孔是科学钻孔，其岩心具有很高的科研价值，丢心将会影响到该孔科研目标的实现。补心技术作为一种弥补损失的重要手段是不可缺少的。

8.3.1.1 补心技术分类

常规按地层补（捞）取岩（矿）心工具选择见表 8-6。补心工作原理分类见表 8-7。

表 8-6 常规补取岩（矿）心工具选择

岩矿层名称	可钻性级别	岩矿层主要物理力学性质特征	适用补（捞）取岩（矿）心的工具
砂层、砂砾层	1~3	松散无胶结	抽筒
煤层、黏土层及同类岩矿层	1~3，部分 4	软的塑性或松散的	水力冲煤器、压煤器、刮煤器、水压式孔壁取样器、射孔取样器
黏土层砂质土层砂砾石层（砾径 <4cm）	部分 4~5	黏性或稍胶结	冲击式孔底取样器双动双管钻具配合无泵钻具射孔取样器
各种火成岩、沉积岩、变质岩型及卵砾石层	5~7	解理发育脆碎或松散	卡簧捞心器弹簧片（钢丝）合金钻头、胶皮爪合金钻头配合单双管钻具或喷反钻具
各种火成岩、沉积岩、变质岩型及卵砾石层	7 级以上	解理发育硬脆碎松散	卡簧捞心器、钢丝钢粒钻头配合单双管钻具或喷反钻具

表 8-7 补心技术分类

性　能	压入取样法		射孔取样	连续切割取样	造斜钻进取样		微钻式取样	水力喷射取样	刮削取样
	机械式	液压式							
提下钻方式	钻杆	电缆	电缆	电缆	绳索	钻杆	电缆	钻杆	钻杆
动力方式	钻杆回转	孔底马达	炸药	孔底马达	孔底马达	钻杆回转	孔底马达		
孔内器具外径/mm	>53	>65	>73	>130	>200	>53	>130		
适应地层硬度	软	软－中硬	中硬－硬	中硬－硬	中硬－硬	中硬－硬	中硬－硬		

性 能	压入取样法		射孔取样	连续切割取样	造斜钻进取样		微钻式取样	水力喷射取样	刮削取样
	机械式	液压式							
适应钻孔口径/mm	>56	>75	>76	>146	>210	>56	>170		
适应孔深/m	<1500	<2000	<4000	<4500	<6000				
适应孔壁	较平整、平整	较平整、平整	平整	平整	较平整、平整	较平整	较平整		
适应孔温/℃		<80	<205	<150	<150	<200	<218		
适应孔压/MPa		<22	<138	<108	<98	<120	<172		
岩石样品质量	差	较差	差	基本原状	基本原状	基本原状	基本原状		
岩石样品体积/cm³	<6.0	1.0 ~ 5.0	1.0 ~ 3.0	>50	>50	>100	12 ~ 22		
取一段岩样时间/min	<20	<10	<10	10 ~ 15	<15	<25	<15		
一次下钻取样数量	1	1 ~ 8	1 ~ 100	1 ~ 10	1	1	1 ~ 75		
孔内钻具总长/m	>2.7	>2.5	>1.5	3.4 ~ 8	>8	>3	>2.5		
孔内钻具总重/kg	40 ~ 100	35 ~ 50	>30	>100	>100	>60	>90		
应用领域	煤炭	油气/矿山	油气	科钻	科钻/矿山	科钻/矿山	油气/科钻	煤炭	煤岩

8.3.1.2 孔壁造斜补样技术

孔壁造斜补样技术具有代表性的有：美国钻头钻具公司研制的侧壁取样系统如图 8 - 25 所示，德国深钻所造斜取样系统如图 8 - 26 所示，加拿大佛特赫尔斯公司研制的侧壁取心器如图 8 - 27 所示，中国地质大学（北京）地质超深钻探技术国家专业实验室绳索侧壁补心钻具结构原理如图 8 - 28 所示，具体指标见表 8 - 8。

表 8-8 孔壁造斜取样技术指标

技术数据	钻头钻具公司 造斜取样	深钻所 造斜取样	佛特赫尔斯公司 造斜取样	中国地质大学（北京） 造斜取样
岩样直径/mm	32	41	63.5	44.5
岩样长度/mm	200~450	300（600）	3000	300
岩样体积/cm³	无限（绳索）	无限（绳索）	9496	无限（绳索）
估计取样率/%	60	100（在沉积岩中试验）		60
耐温/℃	200	175		200
耐压/MPa	138	138		
钻头外径/mm	38	61	105	36
适应井径/mm	>155	>216	>168	216
提下钻方式	绳索	绳索	钻杆	绳索
动力方式	钻杆回转	孔底马达	钻杆回转	孔底马达
钻头寿命/m	>30	>30		30
钻速/m·h⁻¹	3	3		

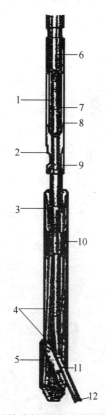

图 8-25 美国钻头钻具公司研制的侧壁取样系统

1—弹卡头；2—密封；3—转销；4—石向节和柔性管；5—造斜楔；6—转动的特制钻杆；7—泥浆入口；
8—花键连接；9—岩心管打满后的泥浆出口；10—固定的造斜装置；11—岩心管；12—钻头

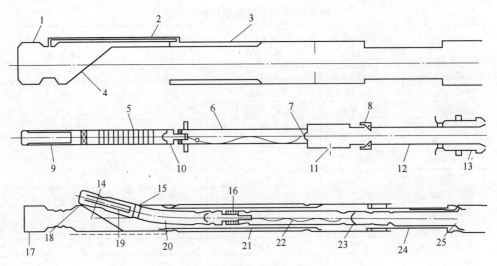

图 8-26 德国深钻所造斜取样系统

1，17—堵塞器，2—通向堵塞器的压力管；3—双管；4—偏斜导向斜面；5，20—柔性轴；6，22—马达；
7，23—压爆片；8—扭转限制；9—岩心管；10—分流器；11—循环阀（放卸阀）；12—键管；
13—带有密封元件的打捞头；14—导向斜面；15—内管轴承；16—轴承组；
18—钻头；19—内岩心管；21—环状通道；24—伸缩节；25—打捞头

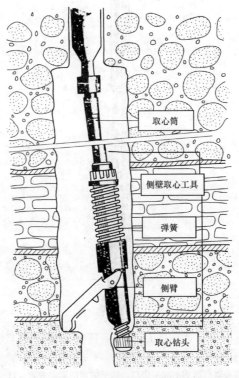

图 8-27 加拿大佛特赫尔斯公司研制的侧壁取心器

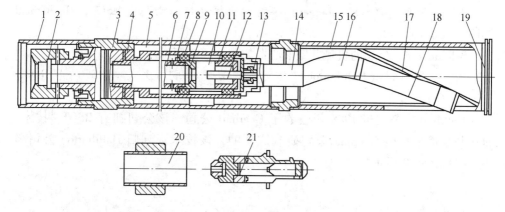

图 8-28　绳索侧壁补心钻具结构原理图

1—绳索取心钻杆；2—打捞矛；3—悬挂接头；4—挂钩；5—上外管；6—心轴；7—花键套；

8—上活塞；9—活塞上接头；10—活塞连接管；11—活塞下接头；12—节流心杆；

13—阀体；14—螺杆马达；15—下外管；16—软轴；17—偏心楔；

18—单动双管；19—封隔器；20—脱卡器；21—打捞器

8.3.1.3　孔壁微钻补样技术

微钻补心技术具有代表性的公司有：斯伦贝谢、哈利伯顿、威德福、前苏联、国产 FCT 等，它们的具体指标见表 8-9。

表 8-9　孔壁微钻取心技术指标

技术参数 ＼ 产品		Schlumberger MSCT	Halliburton RSCT™	Weatherford RSCT	前苏联 CKT-1	国产 FCT
仪器长度/mm		9540	5500	5100	3000	6800
仪器质量/kg		340	124.7	125	110	180
仪器直径/mm		136.5	123.7	124	130	127
适用井径/mm		127~482.6		152~324	196~243	
岩心尺寸 /mm	直径	23.4	23.8	24	25	25
	长度	38.1~44.4	45	44	50	50
单次下钻取心数量		1~75	>30	25	1~12	25
耐温/℃		218	176.7	149	150	150
耐压/MPa		172	137.9	138	98	100
动力系统		液压马达	液压马达	液压马达	电动机	液压马达
冲洗系统		无	无	无	有	无

A 斯伦贝谢（Schlumberger）公司的机械井壁取心器（MSCT，Mechanical Sidewall Coring Tool）

Schlumberger 公司的机械井壁取心器如图 8 - 29 所示。

B 哈利伯顿（Halliburton）公司的硬岩孔壁取心系统（RSCT™，Rotary Sidewall Coring Tool）

Halliburton 公司于 1988 年收购了 Gearhart 公司，该公司拥有 RSCT™ 技术，这种技术最早是由 Gearhart 公司研制成功的，该技术现划归 Halliburton 公司名下，如图 8 - 30 所示。

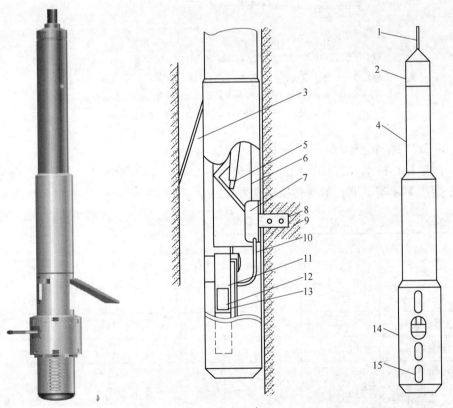

图 8 - 29 MSCT 示意图

图 8 - 30 Halliburton 公司的硬岩孔壁取心系统

1—电缆；2—射线探测器；3—器具后支撑鞋；
4—电子遥测和控制机构；5—取心机构；6—钻孔传动板；
7—液动钻孔马达；8—钻孔位置；9—液动和传动机构；
10—液压软管线；11—岩心存储管；12—岩心；
13—岩心识别球；14—钻孔和岩心存储机构；15—防卡槽

C 威德福（Weatherford）公司旋转式井壁取心器（RSCT）

Weatherford 公司是一家著名的提供油气钻井及相关技术服务的跨国公司，它也提供有旋转式井壁取心技术产品 Rotary Sidewall Coring Tool （RSCT），其产品的结构示意图如图 8 - 31 所示。

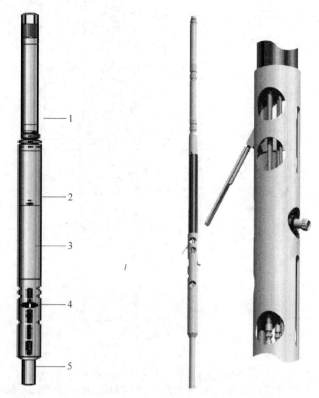

图 8 - 31　Weatherford 公司旋转式井壁取心器（RSCT）示意图

1—电子节部分；2—平衡装置部分；3—液压节部分；4—钻头部分；5—储心管

D　前苏联研制的旋转式井壁微钻取样器

前苏联是最早研制旋转式井壁取样器的国家，经过不断改进提高，全苏 BHИИТИ 研究所推出的 CK 系列井壁取样器具。分别是 CKO - 8 - 9、CKM - 8 - 9、CKT - 1 型取样器，图 8 - 32 为 CKT - 1 耐热型取样器。

E　国内旋转式井壁取心技术

国内旋转式井壁取心技术研制起步较晚。1986 年，河南油田测井公司与北京航天自动控制研究所（航天一院 12 所）历经 8 年科技攻关，研制出了 HH - 1 型旋转式井壁取心器。后来，北京华能通达能源科技公司又研发了新型侧壁取样器。命名为 FCT（Formation Coring Tool）旋转式井壁取心器（见图 8 - 33）。

8.3.1.4　孔壁连续切割取样

孔壁连续切割取样器是由测井电缆下放到井内，在地表通过控制面板操纵。仪器上具有两片金刚石锯片，在电动机的高速带动下，垂直于孔壁切割一段岩样。

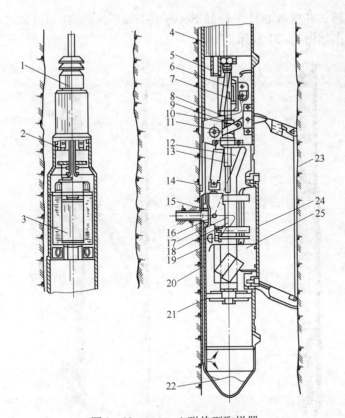

图 8 - 32 CKT - 1 耐热型取样器

1—发光桥；2—补偿器；3—电动机；4—驱动件；5—制动机构；6—万向轴；7—螺母；8—丝杆；
9—落螺母；10—安全销；11—操作把；12—仿形尺；13—导动螺杆；14—杆；15—回转钻具；16—销；
17～19—岩心卡断机构；20—旁道；21—冲洗活塞；22—矿泥收集器；23—压杆；24—盖；25—岩心盒

图 8 - 33 FCT 旋转式井壁取心器

这种取样器所取得的岩心呈三角柱状，岩心的取得理论上是连续的，所以称为连续切割式侧壁取样器。孔壁连续切割取样具有代表性的有德国 KTP 钻井、前苏联超深钻井用侧壁取样器。1974 年，我国西安石油勘探仪器厂研制出国内第一个连续切割式井壁取心器，连续侧壁取样原理基本相同，原理图如图 8-34 所示。

8.3.2　捞取岩（矿）心的工具

由于岩石破碎、钻具故障、操作不当等原因造成岩心脱落，则需进行打捞。岩心提断器打捞如图 8-35 所示，钢丝钻头打捞如图 8-36 所示，橡胶爪打捞如图 8-37 所示，抓筒打捞如图 8-38 所示。

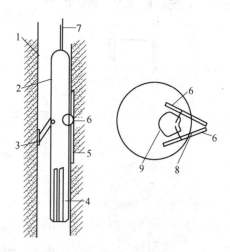

图 8-34　KTP 使用的孔壁锯切取样器

1—孔壁；2—器具套；3—井壁定位装置；4—取心篮；
5—三角形岩心剖面；6—金刚石锯片；
7—动力电缆；8—岩心剖面；9—电动机

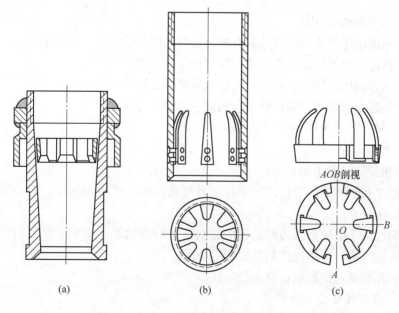

图 8-35　岩心提断器打捞

（a）卡簧打捞；（b）弹簧片打捞；（c）弹簧与卡簧复合打捞

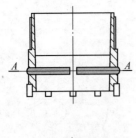

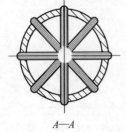

A—A

图 8 - 36 钢丝钻头打捞

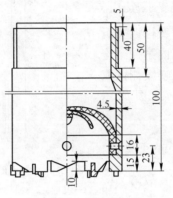

图 8 - 37 橡胶爪打捞

图 8 - 38 抓筒打捞

8.4 钻孔弯曲与测量

8.4.1 钻孔弯曲的原因

（1）地质方面原因：

1）钻进层理和片理构造的岩石由于岩石各向异性使钻头产生钻速差。

2）钻进软硬互层使孔底不均匀破碎产生钻速差。

3）钻进卵砾石层，大卵砾石将钻具导斜引起钻孔弯曲。

4）钻进中遇溶洞，易使钻具弯曲而引起钻孔弯曲。

（2）钻进工艺及操作方面的原因：

1）换径未带导向。

2）粗径钻具产生偏斜力：

①由于孔壁环隙过大，因而粗径钻具与钻孔轴线产生偏斜角。岩心管越短，相应偏斜角越大。

②钻杆由于受轴心压力和回转的影响而呈绕曲状态，影响了钻具的稳定性。这是钻压过大或转速过快或钻具级配不合适。

③粗径钻具弯曲影响钻具的稳定性。

（3）设备或安装不合要求：

1）基台不稳固或基台偏斜。

2）开孔时未仔细校正钻机的顶角及方位角，致使开孔即孔斜。

3）机械磨损过度，立轴晃动过大。

8.4.2 预防钻孔弯曲的措施

预防钻孔弯曲的措施包括：

（1）根据地层规律设计钻孔。

（2）把好安装开孔关。

1）地基要稳固，钻机要水平周正；

2）钻机立轴或转盘准确地固定在既定的倾角和方位；

3）不使用立轴框动的钻机；

4）开孔时随钻孔的延伸加长岩心管；

5）使用短的机上钻杆并在钻机立轴中心卡牢；

6）换径时带导向并逐级加长岩心管；

7）孔口管要下正固牢。

（3）采用合理的钻进工艺及操作方法。

1）减小钻头钻速差：

①换层适用轻压慢转的小规程钻进；

②采用冲击回转钻进。

2）减小偏斜力的措施：

①减小钻杆的挠曲度，提高钻具稳定性。使用刚性好、笔直的钻杆；使用带扶正器的钻具；按规程采用规定的压力和转速；采用钻铤实现孔底加压；采用合理的级配。

②严控孔壁间隙减少偏斜角。采用金刚石小口径钻进；扩大硬质合金适用范围；使用长而且刚性好的岩心管；使用岩心管肋骨接头钻具；采用适当的冲洗液量。

注：扶正器是一根与粗径岩心管直径相同，长度为 0.3～0.5m 的短岩心管。使用时将扶正器联结在距岩心管上端钻杆半波长度的 1/2 处（见图 8－39）。

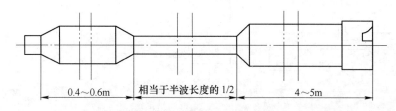

0.4～0.6m　相当于半波长度的1/2　4～5m

图 8－39　扶正器钻具结构示意图

钻杆半波长度（cm）可由式（8－1）计算：

$$L = \frac{100}{W} \pm 0.5Z + 0.25Z^2 + \frac{2 \times 10^3 JW^2}{q} \qquad (8-1)$$

式中　W——钻杆角速度（弧度），$W = \frac{\pi n}{30}$（弧度）；

n——转速，r/min；

Z——所求断面（如岩心管和钻杆联结处）与零点断面（中和点）之间的距离，cm。如果断面在零点断面以上，取正号；而在零点断面以下取负号；

q——单位长度钻杆的相当质量，kg/cm，$q = \beta q_0$；

β——接头对于钻杆横向惯性力的加重系数，其值为 1.3 ~ 1.41；

q_0——单位长度钻杆的质量，kg/cm；

J——钻杆横截面的轴惯性矩，cm，$J = \dfrac{\pi}{64}(D^4 \sim d^4)$；

D——钻杆外径，cm；

d——钻杆内径，cm。

8.4.3 钻孔弯曲的测量

8.4.3.1 钻孔顶角测斜仪

氢氟酸测斜仪（见图 8 – 40），一般在过大或过小直径的钻孔使用，钻孔顶角可用式（8 -2）求得。

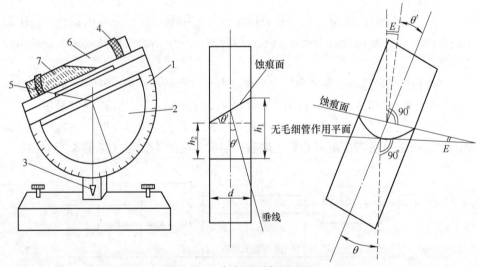

图 8 –40 氢氟酸测斜原理图

1—量角器；2—半圆盘；3—悬锤；4—固定夹；5—转动盘；6—试管；7—氢氟酸

$$\tan\theta' = \frac{h_2 - h_1}{d} \tag{8 -2}$$

式中 θ'——计算顶角，(°)；

h_1——蚀痕最低点至玻璃管基准线距离，mm；

h_2——蚀痕最高点至玻璃管基准线距离，mm；

d——玻璃管内径，mm。

钻孔实际顶角还须用式（8-3）校正。

$$\theta = \theta' + E \tag{8-3}$$

式中　θ——钻孔实际顶角，（°）；

　　　E——校正角，（°）。

表8-10列出了用20%浓度的氢氟酸时，顶角每度的校正系数，供参考。

表8-10　顶角校正系数

玻璃管直径/mm	15~16	17~18	19~20	21~22	23~24
钻孔实际顶角每度的校正值/（′）	12	11	10	9	8

8.4.3.2　钻孔全测仪

钻孔全测仪按其受磁性影响与否可分为：

（1）非磁性测斜仪主要技术性能见表8-11，用于所有矿区或地层条件。

表8-11　非磁性测斜仪主要技术指标

仪器型号 / 技术性能	JDL-1	JXT-1	JTL-50	JXT-247	JTL-38
顶角测量范围/（°）	0~30	0~35	0~50	0~35	0~50
精度/（′）	±30	±30	±30	±30	±30
终点角测量范围/（°）	0~360	0~350	0~360	0~360	0~358
精度/（°）	±6	±6	±6	±6	$\theta \approx 5 \sim (6\pm7)$ $\theta \approx 6 \sim (25\pm6)$ $\theta \approx 25 \sim (50\pm8)$
测量方式	直流电位计	直流电位计	直流电位计	直流电位计数字显示	直流电位计
下孔方法	三芯电缆	三芯电缆	三芯电缆	三芯电缆	三芯电缆
状态控制方法	控制电路	控制电路			
一次下孔测点次数	多点	多点	多点	多点	多点
电源	50Hz/220V	50Hz/220V	50Hz/220V	50Hz/220V	50Hz/220V
漂移/（°）·h⁻¹	<±6	<±12	<±12	<±20	<±18
耐液压/9.8×10⁴Pa	150	150	100	150	150
耐温/℃	-10~+54	-10~+45	-10~+40		
仪器外径/mm	89	50	50	47	38
长度/mm	2040	1870			
重量/N	290	100			

（2）磁性测斜仪主要技术性能见表8-12，不适合磁性矿区或地层。

表 8-12 磁性测斜仪主要技术指标

仪器型号 技术性能	JXY-2	JGC-40	JJX-3	JJX-2	JXX-1	D80-2B	KXP-1	XJL-42
顶角测量范围/(°)	0~60	0~45	0~50	0~50	0~45	0~40	0~50	0~50
顶角测量精度/(°)	在0~30, ≤±1; 在>30, ≤±2	±30′	±30′	±30′	±30′	±30′	在0~30, ≤±1; 在>30, ≤±2	±1
方位角测量范围/(°)	0~360	0~360	4~356	4~356	4~356	0~360	4~356	0~360
方位角测量精度/(°)	顶角>4, ±4	±2	±4	±4	±4	±2	±4	顶角≥2, ±2
测量方式	度盘直读	感光纸记录直读	直流电桥	直流电桥	直流电桥	照相记录直读	直流电桥	度盘直读
下孔方法	钢丝绳或钻杆	钢丝绳或钻杆	三芯电缆	双芯电缆	钢丝绳	钢丝绳、钻杆或电缆	三芯电缆	钢线绳或钻杆
状态控制方法	钟表	晶体管延时电路	电磁铁	电磁铁	晶体管延时电路	控制电路	微电机	钟表
一次下孔测量点数	单点	单点	多点	多点	单点	多点	多点	单点
电源/V		直流6	直流90	直流90	直流15~6	直流22.5~12	直流6~18	
耐液压/9.8×10⁴Pa	70		500	500	<1000		150	100
耐温/℃	80	150	100	100	60		50	
孔内探管外径/mm	75	40	65	65	40	45	40	42
孔内探管长度/mm	1990	1770	1450（不包括伸长管）	2200	1800		1260	1703
孔内探管重量/N	330	80	200	260	110		60	120

8.4.4 测斜仪简介

8.4.4.1 JJX-3A 型井斜仪

JJX-3A 型井斜仪是测量钻孔弯曲和偏斜的大口径仪器。仪器利用磁针定向，采用非电量电测法通过三芯电缆在地面读数，适用于直径大于 φ66mm 的非磁性孔内作连续多点的方位角和顶角测量，精度高于同类型大口径仪器。JJX-3A 型井斜仪性能指标见表 8-13。

表 8-13 JJX-3A 型井斜仪性能指标

顶角测量范围/(°)	0~50	测量误差/(°)	±0.5
方位角测量范围/(°)	0~360	测量误差/(°)	±4
使用电源/V	（直流）12		
密封性能	承受液压不低于 15MPa		
外形和质量	地面操作箱	300mm×210mm×85mm，重约 1.5kg	
	井下仪器	φ60mm×1450mm，重约 20kg	

8.4.4.2 JJX-3G 型高精度井斜仪

JJX-3G 型高精度井斜仪是测量钻孔弯曲和偏斜的大口径仪器，适用于直径大于 φ66mm 的非磁性孔内作连续多点的方位角和顶角测量。仪器利用磁针定向，采用非电量电测法通过三芯电缆在地面读数。JJX-3G 型高精度井斜仪性能指标见表 8-14。

表 8-14 JJX-3G 型高精度井斜仪性能指标

顶角测量范围/(°)	0~15	测量误差/(°)	±0.1
方位角测量范围/(°)	0~360	测量误差/(°)	±4
使用电源/V	（直流）12		
密封性能	承受液压不低于 15MPa		
外形和质量	地面操作箱	300mm×210mm×85mm，重约 1.5kg	
	井下仪器	φ60mm×1450mm，重约 20kg	

8.4.4.3 KXP-2 型小口径罗盘测斜仪

KXP-2 型小口径罗盘测斜仪专用于在钻井过程中测量钻井顶角和方位角，可广泛应用于工程、水文、水电、煤矿、冶金、油田、地质等测井领域。仪器利用悬垂测量顶角，磁针定向测量方位角，适用于非磁性岩层和矿层内，直径大于 φ46mm 的钻孔。KXP-2 型小口径罗盘测斜仪性能指标见表 8-15。

表 8-15 KXP-2 型小口径罗盘测斜仪性能指标

顶角测量范围/(°)	0~15	测量误差/(°)	0~30 时，±1；>30 时，±2
方位角测量范围/(°)	0~360	测量误差/(°)	±4（顶角≥4）
使用电源/V	（直流）12		
工作时间/min	机械定时装置最大工作时间为 120，最小工作时间为 20		
外形和质量	φ40mm×1230mm，重约 6kg		

8.4.4.4 KXP-3D 型无线数字罗盘测斜仪

KXP-3D 型无线数字罗盘测斜仪由两部分组成：探棒和一个无线控制仪，

两个设备间通过无线方式进行通信，无需使用线缆。仪器运用最新的无缆测量技术，探棒下井后，用户在地面上通过操作无线控制仪，可以在任意时间、任意深度实时完成测量，全过程无需定时，无需等待，大大提高测井效率。该仪器适用于直径大于 $\phi46mm$ 的非磁性岩层和矿层内钻孔测斜，变型仪器还有 KXP-2X 型无线数字罗盘测斜仪。KXP-3D 型无线数字罗盘测斜仪性能指标见表 8-16。

表 8-16 KXP-3D 型无线数字罗盘测斜仪性能指标

顶角测量范围/(°)	0~80	精度/(°)	±0.1
方位角测量范围/(°)	0~360	精度/(°)	±3（顶角≥4）
分辨率	方位角0.1°，顶角0.01°		
续航时间/h	20 左右		
密封性能	承受液压不低于20MPa		
外形和质量	$\phi40mm×1230mm$，重约6kg		
测量方式	通过无线手持设备可控制探棒在钻孔内任意位置随时测量数据		
储存容量	可存储99组顶角/方位数据		
工作温度/℃	-10~60		
工作电压	内置7.4V高性能锂电池，手持设备采用7号电池供电		

8.4.4.5 KXP-2S 型无线水平数字罗盘测斜仪

KXP-2S 型无线水平数字罗盘测斜仪是一种新型的测量井斜的数字化仪器，可广泛应用于工程、水文、水电、煤矿、冶金、油田、地质等测井领域。主要针对非磁性矿地区中测量钻孔斜度和方位角。KXP-2S 型无线水平数字罗盘测斜仪性能指标见表 8-17。

表 8-17 KXP-2S 型无线水平数字罗盘测斜仪性能指标

顶角测量范围/(°)	0~45	精度/(°)	±0.5
方位角测量范围/(°)	0~360	精度/(°)	±4（顶角≥4）
分辨率	方位角1°，顶角0.1°		
续航时间/h	20 左右		
密封性能	承受液压不低于20MPa		
外形和质量	$\phi40mm×1230mm$，重约6kg		
测量方式	通过无线控制仪设置测井时间，探棒自动采集并保存数据		
储存容量	可存储2组顶角/方位数据		
工作温度/℃	-10~60		
工作电压	内置7.4V高性能锂电池，手持设备采用7号电池供电		

8.4.4.6 KXP-2T 型特小口径数字罗盘测斜仪

KXP-2T 型特小口径数字罗盘测斜仪专用于在钻井过程中测量钻井的方位

角和顶角，适用于非磁性岩层和矿层内，直径大于 $\phi36mm$ 的钻孔。KXP-2T 型特小口径数字罗盘测斜仪性能指标见表 8-18。

表 8-18 KXP-2T 型特小口径数字罗盘测斜仪性能

顶角测量范围/(°)	0~50	测量误差/(°)	±0.5
方位角测量范围/(°)	0~360	测量误差/(°)	±4(顶角≥4)
工作温度/℃	-20~85		
工作时间/min	≤120		
外形和质量	$\phi30mm×1230mm$，重约 4.5kg		
工作电压/V	（直流内置）9		
密封性能	承受液压不低于 15MPa		

8.4.4.7 JXY-2G 型高精度数字罗盘测斜仪

JXY-2G 型高精度数字罗盘测斜仪专用于在钻井过程中测量钻井的方位角和顶角，适用于非磁性岩层和矿层内，直径大于 $\phi66mm$ 的钻孔，可广泛应用于工程、水文、水电、煤矿、冶金、油田、地质等测井领域。电子罗盘测斜仪（数字显示）集传统技术和高科技于一身，更大限度地满足了地质钻孔工程需求。仪器数字显示、性能稳定、结构合理、使用方便，是钻孔测斜最理想的换代产品。JXY-2G 型高精度数字罗盘测斜仪参数见表 8-19。

表 8-19 JXY-2G 型高精度数字罗盘测斜仪参数

顶角测量范围/(°)	0~50	测量误差/(°)	±0.1
方位角测量范围/(°)	0~360	测量误差/(°)	±4(顶角≥4)
工作温度/℃	-20~85		
工作时间/min	≤120		
外形和质量	$\phi60mm×1230mm$，重约 20kg		
工作电压/V	（直流内置）9		
密封性能	承受液压不低于 15MPa		

8.4.4.8 DXY-2 型数字钻孔定向仪

DXY-2 型数字钻孔定向仪是一种用于造斜纠偏的新型数字化仪器，输出工具面向角和顶角两个参数。可广泛应用于工程、水文、水电、煤矿、冶金、油田、地质等测井领域。本仪器采用 MEMS 传感器技术替代了原机械式测量系统，内部采用全固态连接，取消了所有的活动部件，大大提高了仪器的抗震性和可靠性。同时，仪器采用重力加速度原理计算工具面向角，完全不受磁性干扰。DXY-2 运用了单片机微处理技术，通过地面仪器直接读数，操作简便、省时、并可连接电脑。本仪器适用于直径大于 $\phi46mm$ 的矿层内钻孔测斜。DXY-2 型数字钻孔定向仪性能见表 8-20。

表 8 - 20　DXY - 2 型数字钻孔定向仪性能

顶角测量范围/(°)	0 ~ 50	精度/(°)	±0.1
工具面角测量范围/(°)	0 ~ 360	精度/(°)	±2(顶角≥4)
分辨率	工具面向角 0.1°，顶角 0.01°		
续航时间/h	6 左右（使用直流电源状态）		
密封性能	承受液压不低于 20MPa		
外形和质量	φ40mm×1300mm，重约 7.5kg		
测量方式	通过电缆传输指令和数据，可直接在地面仪上读取钻孔数据		
储存容量	可存储 99 组顶角/方位数据		
工作温度/℃	- 10 ~ 60		
工作电压	220V 交流供电或使用内置的直流电源		

8.4.4.9　SDC - 1W 型存储式数字测斜仪

SDC - 1W 型存储式数字测斜仪是一种新型的连续多点测量井斜的数字化仪器，无需使用电缆，可广泛应用于工程、水文、水电、煤矿、冶金、油田、地质等测井领域。该仪器在传统技术的基础上运用了倾角传感器和磁场传感器及单片微处理器技术，数字面板直接显示，直接读数，避免了人为测读，操作极为简便、省时；本仪器适用于非磁性岩层和矿层内，直径大于 φ46mm 的钻孔。SDC - 1W 型存储式数字测斜仪参数见表 8 - 21。

表 8 - 21　SDC - 1W 型存储式数字测斜仪参数

顶角测量范围/(°)	0 ~ 50	测量误差/(°)	±0.5
方位角测量范围/(°)	0 ~ 360	测量误差/(°)	±4(顶角≥4)
工作温度/℃	- 20 ~ 85		
外形和质量	φ40mm×1230mm，重约 6kg		
内置电压/V	（直流）9		
密封性能	承受液压不低于 15MPa		
储存点数	共可记录 9 个孔号，每个孔号可存储 99 组数据		

8.4.4.10　XBY - 2G 型光纤寻北陀螺测斜仪

XBY - 2G 型光纤寻北陀螺测斜仪是一种新型的测量井斜的数字化仪器，主要针对磁性矿地区及在钢铁管类钻管中测量钻孔斜度和方位而设计。本仪器采用了倾角传感器测量顶角，采用军工级光纤陀螺仪测量方位，采用点测方式，通过电缆传输数据，直接显示在配套地面仪器上，数据直观可见，有效提高测井精度和测井效率。本仪器适用于磁性岩层和矿层内，直径大于 φ46mm 以上的钻孔测斜。XBY - 2G 型光纤寻北陀螺测斜仪参数见表 8 - 22。

表 8 – 22   XBY – 2G 型光纤寻北陀螺测斜仪参数

顶角测量范围/(°)	0 ~ 50	测量误差/(°)	±0.1
方位角测量范围/(°)	0 ~ 360	测量误差/(°)	±2
工作温度/℃		– 20 ~ 70	
外形和质量	φ40mm × 1300mm，重约 6kg		
寻北时间/min	≤2		
工作电压/V	220（交流电）		
测井深度/m	≤2000		
储存点数	共可记录 9 个孔号，每个孔号可存储 99 组数据		

8.4.4.11   XBY – 2GW 型无线光纤寻北陀螺测斜仪

XBY – 2GW 型无线光纤寻北陀螺测斜仪由两部分组成：探棒和一个无线控制仪，两个设备间通过无线方式进行通信，无需使用线缆。探棒用来测量和采集钻孔的孔斜和方位数据，无线控制仪用来设置测量参数及查阅测量结果。通过无线控制仪完成设置后，探棒根据预设的参数自动采集并保存数据，待测井完成后通过无线控制仪读取探棒内部的数据，即可在显示屏上直接读取测量结果。XBY – 2GW 型无线光纤寻北陀螺测斜仪采用自寻北方式测量方位，其工作原理是通过高精度的陀螺仪测量地球自转速度（15°/h），结合不同地区的纬度值，计算出当地的地球自转分量，从而测得仪器所指方位。XBY – 2GW 型无线光纤寻北陀螺测斜仪参数见表 8 – 23。

表 8 – 23   XBY – 2GW 型无线光纤寻北陀螺测斜仪参数

顶角测量范围/(°)	0 ~ 50	精度/(°)	±0.1
方位角测量范围/(°)	0 ~ 360	精度/(°)	±2（顶角≥4）
分辨率	方位角 0.1°，顶角 0.01°		
续航时间/h	10 左右		
密封性能	承受液压不低于 20MPa		
外形和质量	φ40mm × 1300mm，重约 6kg		
测量方式	通过手持式设备设定测井参数定时测量		
储存容量	共可储存 9 个孔号，每个孔号可存储 99 组顶角/方位数据		
工作温度/℃	– 10 ~ 55		
工作电压	内置 7.4V 高性能锂电池，手持设备采用 7 号电池供电		

8.4.4.12   STL – 1GW 型无线存储式数字陀螺测斜仪

STL – 1GW 型高精度无线存储式数字陀螺测斜仪是一种新型的无电缆存储式连续多点测量磁性孔井斜的数字化仪器，采用最先进的无线技术，所有操作可在手持式设备上完成，操作更简便，携带更轻松。可广泛应用于工程、水文、水电、煤矿、冶金、油田、地质等测井领域。该仪器在传统技术的基础上运用了倾角传感器和陀螺传感器及单片微处理器技术，可连接笔记本电脑，使用手持式无线控制仪直接读数，避免了人为测读，亦省去了连接线的麻烦；本仪器适用于磁性岩层和矿层内，直径大于 $\phi46mm$ 以上的钻孔测斜。STL – 1GW 型无线存储式数字陀螺测斜仪参数见表 8 – 24。

表 8 – 24 STL – 1GW 型无线存储式数字陀螺测斜仪参数

顶角测量范围/(°)	0 ~ 50	测量误差/(°)	± 0.1
方位角测量范围/(°)	0 ~ 360	测量误差/(°)	± 4(顶角 ≥3)
工作温度/℃		– 20 ~ 85	
外形和质量		$\phi40mm × 1230mm$，重约 7kg	
工作电压		仪器直流 9V（内置），手持设备供电：4 节 5 号干电池	
密封性能		承受液压不低于 15MPa	
测量点数		共可记录 9 个孔号，每个孔号可存储 99 组数据	

8.4.4.13 KXP – 4D 型小口径数字罗盘测斜仪

KXP – 4D 型小口径数字罗盘测斜仪是适用于非磁性或弱磁性地区使用的全方位钻进方向检测仪器。可用于地质、石油、煤田等行业在钻探过程中指导钻进、检测成孔质量。在水利建设、公路、铁路、桥梁、隧道等基础工程钻孔中也能应用。本仪器采用了现代先进技术的传感器和数字处理技术，以遥控测量方式完成钻孔顶角及方位角的测量。具有测量精度高，仪器操作简便，不需维护，可靠性高，应用领域广泛等显著特点。KXP – 4D 型小口径数字罗盘测斜仪性能见表 8 – 25。

表 8 – 25 KXP – 4D 型小口径数字罗盘测斜仪性能

顶角测量范围/(°)	– 90 ~ 90	测量误差/(°)	≤45 时，± 0.1；≥75 时，± 0.5
方位角测量范围/(°)	0 ~ 360	测量误差/(°)	± 5(顶角 ≥3°)
工作温度/℃		0 ~ 75	
外形和质量		$\phi30mm × 1090mm$，重约 4kg	
内置电源		免维护可充电锂电池，充足后可连续工作 30h 以上	
密封性能		承受液压不低于 15MPa	
测量点数		1 ~ 99	
测量分辨率		倾角 0.01°，方位角 0.1°	
测量方式		点测；通过手持机遥控测量并记录倾角和方位角	
适用钻孔直径（不小于）/mm		$\phi40$	
深度设定范围/m		0 ~ 9999	

8.4.4.14 JTL-40GX（W）无缆光纤陀螺测斜仪

JTL-40GX（W）无缆光纤陀螺测斜仪无需测井电缆就能在现场使用，可以省去笨重的测井电缆绞车，通过 G50 无线手持机给测斜仪发指令进行测量操作。JTL-40GX（W）无缆光纤陀螺测斜仪自带电源，可以通过现场取岩心绞车钢丝绳或钻杆悬挂下井测量。测量结果存储在井下仪器内部，测量结束后，从井下提出仪器，通过 G50 无线手持机回放读出测量数据，查看数据结果，使用很方便。JTL-40GX（W）无缆光纤陀螺测斜仪采用三维高精度重力加速度传感器（分辨精度可达 0.01°）测顶角。精度高，可靠性好，性能稳定。采用光纤陀螺仪测量方位，不受地磁场等的干扰，应用范围广。采用自寻北工作方式设计，无需测前对北和北向校准，方位无时间漂移。单片微处理器的应用，使得信号的处理能力更强。JTL-40GX（W）无缆光纤陀螺测斜仪参数见表 8-26。

表 8-26 JTL-40GX（W）无缆光纤陀螺测斜仪参数

顶角测量范围/(°)	0~50	测量误差/(°)	±0.1
方位角测量范围/(°)	0~360	测量误差/(°)	±2
工作温度/℃	-10~75		
井下仪外形尺寸	ϕ40mm×1280mm，重约6kg		
电池筒外形尺寸	≤ϕ40mm×590mm，质量≤3kg		
内置电源	锂电池，充足后可连续工作10h		
密封性能	承受液压不低于25MPa		
测量点数	小于300		
测量分辨率	倾角0.01°，方位角0.1°		
井下仪和地面PC通信方式	SMI无线		
适用钻孔直径（不小于）/mm	ϕ40		
适用井深/m	≤2500		
测量方式	定时		
寻北时间/min	≤2		

8.4.4.15 KXP-3D 遥控数字罗盘测斜仪

KXP-3D 遥控数字罗盘测斜仪是适用于非磁性或弱磁性地区使用的钻进方向检测仪器。采用了现代先进技术的传感器和数字处理技术，以遥控测量方式完成钻孔顶角及方位角的测量。具有测量精度高，操作简便，不需维护，高可靠性，应用领域广泛等特点。完全去掉了传统的机械零部件。可用于地质、石油、煤田等行业在钻探过程中指导钻进、检测成孔质量。在水利建设、公路、铁路、桥梁、隧道等基础工程钻孔中也能应用。KXP-3D 遥控数字罗盘测斜仪参数见表 8-27。

表 8 - 27 KXP - 3D 遥控数字罗盘测斜仪参数

顶角测量范围/(°)	0 ~ 45	测量误差/(°)	±0.1
方位角测量范围/(°)	0 ~ 360	测量误差/(°)	±4
适用钻孔温度/℃	0 ~ 75		
适用钻孔直径（不小于）/mm	$\phi45$		
井下仪外形尺寸	$\phi40mm \times 1090mm$，井下仪净重 5kg		
地面仪外形尺寸	330mm × 280mm × 150mm		
电池筒外形尺寸	$\leq\phi40mm \times 590mm$，质量 ≤3kg		
电源	免维护可充电锂电池，充足后可连续工作 30h 以上		
密封性能	承受液压不低于 20MPa		
湿度/%	≤90		
测量分辨率	顶角 0.01°，方位角 0.1°		
可测点数	1 ~ 99		
测量方式	用钢丝绳下井，点测；通过手持机遥控测量并记录顶角和方位角		

8.4.4.16 KXP - 2D 数字罗盘测斜仪

KXP - 2D（M）多点/KXP - 2D（S）单点数字罗盘测斜仪是适用于非磁性或弱磁性地区使用的钻进方向检测仪器。本仪器采用了现代先进技术的传感器和数字处理技术，以定时启动测量方式完成钻孔顶角及方位角的测量。有着测量精度高，仪器操作简便，不需维护，可靠性高，应用领域广泛等显著特点。KXP - 2D 数字罗盘测斜仪参数见表 8 - 28。

表 8 - 28 KXP - 2D 数字罗盘测斜仪参数

顶角测量范围/(°)	0 ~ 45	测量误差/(°)	±0.1
方位角测量范围/(°)	0 ~ 360	测量误差/(°)	±4
适用钻孔温度/℃	0 ~ 75		
适用钻孔直径（不小于）/mm	$\phi45$		
井下仪外形尺寸/mm × mm	$\phi40 \times 1220$		
内置电源	免维护可充电电池，充足后可工作 48h		
测量点间隔时间设定范围/min	0 ~ 99（单点无）		
充电器	专用浮充方式		
密封性能	承受液压不低于 20MPa		
适用钻孔深度/m	垂直 1200		
测量分辨率	顶角 0.01°，方位角 0.1°		
可测点数	1 ~ 99		
测量方式	点测；通过定时器设定启动测量时间，测量并记录顶角和方位角		

8.4.4.17 JJX - 3Z 型自电测斜组合仪

JJX - 3Z 型自电测斜组合仪是一种结合了井斜测量和自然电位测量的多功能

数字化仪器设备，测量的自然电位、顶角以及方位数据可通过地面仪器实时传送到计算机中，配合测井软件可以实时显示当前的测井数据，以及保存打印数据成果表。适用于精度要求较高的垂直井（孔）的测量。具有以下特点：采用了国防仪器上选用的二维高精度倾角传感器（分辨精度可达 0.01°），为测斜仪系统精度的提高奠定了良好基础。采用三维的地磁场传感器进行数据合成，从而得到高精度的方位角。优化了井下仪结构（取消了重锤摆动部件），使得操作极为简便、省时，并且仪器的抗震性能也有很大提高，更加耐用。单片微处理器的应用，使得信号的处理更加稳定可靠；井下、地面仪之间的数字化传输，更加提高了仪器的抗干扰能力。测量时，井下数据实时上传，通过测井软件可以实时查看测井数据。集测斜和自然电位测量功能于一体，大大减少测井的工作量。井下仪器全部计算好顶角和方位，软件部分不需要输入方程。JJX – 3Z 型自电测斜组合仪参数见表 8 – 29。

表 8 – 29　JJX – 3Z 型自电测斜组合仪参数

顶角测量范围/(°)	0 ~ 45	测量误差/(°)	± 0.1
方位角测量范围/(°)	0 ~ 360	测量误差/(°)	± 4（顶角 1 ~ 15）
井下仪外形尺寸	$\phi 50mm \times 1350mm$，质量 15kg		
工作电源/V	（交流）220，± 10%		
密封性能	承受液压不低于 25MPa		
自然电位测量/mV	± 1200		
测量方式	实时测量显示		
测量精度/%	2		

8.4.4.18　JJX – 3DA 型高精度测斜仪

JJX – 3DA 型高精度测斜仪是一种新型的测量井斜的数字化仪器设备，探管除和测井系统相配外，还可加专用地面仪独立完成测斜任务。测量的顶角、方位、深度可直接存储在地面仪器中，地面仪器可以存储 20 口井的测量资料。与计算机通信，可把数据全部传送到计算机中，由计算机显示打印数据成果表及计算机解释的平面投影图、侧面投影图、剖面投影图和空间轨迹图。用于精度要求较高的非磁性垂直井（孔）的测量；可广泛应用于工程、水文测井以及油田、煤田、地质等测井领域。JJX – 3DA 型高精度测斜仪参数见表 8 – 30。

表 8 – 30　JJX – 3DA 型高精度测斜仪参数

顶角测量范围/(°)	0 ~ 45	测量误差/(°)	± 0.1
方位角测量范围/(°)	0 ~ 360	测量误差/(°)	± 4（顶角 1 ~ 45）
井下仪外形尺寸/mm	$\phi 40$，$\phi 50 \times 1350$		
仪器供电	200V；电流 40mA		
测量分辨率	顶角 0.01°，方位角 0.1°		

续表 8 – 30

自然电位测量/mV	±1200
测量方式	点测，直读、存储
测量点数	任意

8.4.4.19 JTG – 1 光纤陀螺测斜仪

采用高精度光纤陀螺作为方位测量传感器，适用于磁性矿区、铁套管等铁磁干扰严重的环境下高精度测量钻孔斜度及方位。全固态结构，超强的防振能力。自动寻北，方位以正北为基准。高精度测量，数据自动存储探管。可配接综合数字测井系统。JTG – 1 光纤陀螺测斜仪参数见表 8 – 31。

表 8 – 31 JTG – 1 光纤陀螺测斜仪参数

顶角测量范围/(°)	0 ~ 45	测量误差/(°)	±0.1
方位角测量范围/(°)	0 ~ 360	测量误差/(°)	±4（1≤倾角≤45）
探管外形尺寸	ϕ40mm×2100mm，质量 4.2kg		
地面仪器外形尺寸	305mm×200mm×210mm，质量 3kg		
工作电源	AC 220V±10%，50Hz±5%		
工作环境	温度：–10 ~ 70℃；湿度：90%（40℃）		
飘移情况	飘移的非线性≤1°，静止飘移≤2°		
测量方式	点测（频率 1 次/140s）		
测量井深/m	≤2000		

8.4.4.20 JQXP – 2 型（数字化）水平测斜仪

JQXP – 2 型水平测斜仪是专为测量水平钻孔的俯仰角及钻孔的方位角而设计的数字化高精度仪器，可广泛应用于矿山、水利、铁道等行业的地质勘查、矿山开采、建设施工等，对钻孔过程中出现的俯仰角及方位是否超差及时测量，以利及时纠偏，提高成孔率和定向精度。本仪器适用于非磁性矿区的水平孔测斜。本仪器由测斜探管、地面仪器、电缆（选配）等组成，测量数据直接显示在地面仪器上。采用专利技术的传感器，测量精度高。利用测量地磁场原理自动寻北，方向准确无误。实时显示俯仰角、方位角。交直流两用。仪器小巧轻便，适合野外使用。JQXP – 2 型（数字化）水平测斜仪参数见表 8 – 32。

表 8 – 32 JQXP – 2 型（数字化）水平测斜仪参数

顶角测量范围/(°)	0 ~ 45	测量误差/(°)	±0.1
方位角测量范围/(°)	0 ~ 360	测量误差/(°)	±4
探管外形尺寸	ϕ45mm×1300mm，质量 4.2kg		
地面仪器外形尺寸	305mm×200mm×210mm，质量 3kg		
工作电源	AC 220V±10%，50Hz（DC 12V）		
测斜探管工作环境	温度：–10 ~ 85℃；耐压≤20MPa		
地面仪器工作环境	温度–10 ~ 50℃；湿度＜85%		

8.4.5 钻孔弯曲的矫正

8.4.5.1 简单矫正法

简单矫正法是通过调节粗径钻具长度和控制钻进技术参数使钻孔顶角下垂或上漂，以矫正钻孔顶角弯曲，如图 8-41 所示，钻具长度 L 长钻孔顶角 θ 小，反之 θ 角增大。

8.4.5.2 钻铤矫正法

钻铤矫正法是利用钻铤（或灌铅管）在粗径钻具连接部位的不同，使粗径钻具的中心移下或移上，以矫正钻孔顶角的上漂或下垂。

8.4.5.3 扶正器矫正法

扶正器矫正法是在粗径钻具上部连接扶正器，能够改变原来粗径钻具上端的受力状况，使钻头向相反的方向钻进。

8.4.5.4 正反转矫正法

采用正反转交替钻进能改变粗径钻具偏斜力的方向，可以矫正钻孔的方位角偏斜。在岩层坚硬、产状较陡，特别是钻孔顶角较小或用钢粒钻进时，使用此法矫正钻孔方位偏斜，效果比较显著。

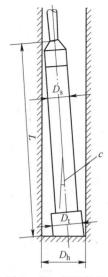

图 8-41 粗径钻具偏倒角示意图

8.4.5.5 扩孔纠斜法

用大一级钻具加长岩心管，从较直的孔段向下扫扩，将偏的孔段通过扩壁纠直，此法简单，一般用于浅孔或中硬岩层，但有时效果不大。

8.4.5.6 回填老孔纠斜法

一般是在老孔中灌注水泥，待凝固后，选取较直的孔段，用长、粗、重的粗径钻具和无内出刃的合金钻头，钻进 0.5m 左右，是新孔形成，有了半边岩心，起导向作用，让钻头靠边，不致回老孔。此法用在中硬岩层，效果较好。

8.4.5.7 偏心楔纠斜法

向钻孔内定向下入偏心楔，利用楔子斜面（楔顶角 2°~5°）导斜钻进可以强制矫正钻孔的顶角和方位角。根据导斜钻进后楔子留在孔内与否，此法又分为固定式偏心楔纠斜法、取出式偏心楔纠斜法、活动式偏心楔纠斜法。

（1）固定式偏心楔纠斜法。把偏心楔下入钻孔内的纠斜部位，找好方位并固定牢靠后，下入导斜钻具沿斜面方位和角度钻出新孔的纠斜方法，楔子孔内定向，一般采用定位桩定向或楔形管定向等。如图 8-42 所示。

（2）取出式偏心楔纠斜法。此法是把楔子顶部焊接或铆接在自动定向器的底部，通过钻杆将其下入钻孔内纠斜部位，楔子则利用定向器孔内定向及楔紧装置固定，当导斜钻出一段新孔以后，还可以从钻孔内把楔子打捞出来，如图 8 - 43 所示。

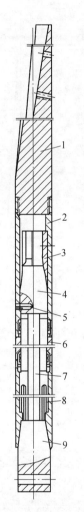

图 8 - 42　固定式偏心楔

1—楔体；2—上涨体；3—锥块；

4—上锥体；5—固定螺钉；6—连接管；

7—连杆；8—下涨体；9—下锥体

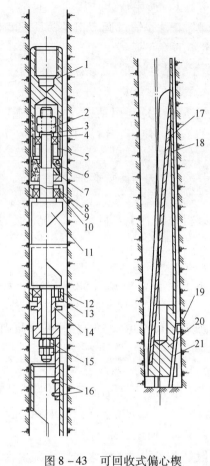

图 8 - 43　可回收式偏心楔

1—上接头；2，15—螺帽；3—垫圈；4，10，12—向心轴承；

5—轴挡；6—双向推力轴承；7—轴承壳体；

8，13—轴承外套；9—挡圈；11—偏重体；

14—定向盘；16—螺钉；17—偏心楔面；

18—偏心楔筒；19—硬质合金；

20—固定弹头；21—燕尾滑块

（3）活动式偏心楔纠斜法。此法是用导斜钻具把活动式偏心楔下入钻孔内纠斜部位，导斜钻进一个回次终了，再把钻具和楔子一起提出孔内的纠斜方法。活楔子的孔内定向，可以利用偏重定向，重锤找眼定向，钢球划线定向以及钻孔定向器定向等方法；楔子的固定，可利用爪齿或楔紧装置等实现。

8.4.5.8 机械式连续造斜器

机械式连续造斜器又称无楔体连续造斜器，它利用专门机构产生偏斜力实现定向造斜。造斜周期是从下钻开始，到由于钻头磨损需要更换或由于某些不正常情况要求提钻检查为止。该造斜器是同径造斜，一次成孔。造斜后孔身呈平滑曲线状，无"狗腿"急弯。

机械式连续造斜器通常由导向（定子）和造斜（转子）两部分组成。工作时造斜部分不断回转，而导向部分则一面定位于某一方向，不产生角位移，以保证造斜部分按预定的方向前进；另一面又与造斜部分一起沿钻孔轴线向下滑移，如图8-44和图8-45所示。

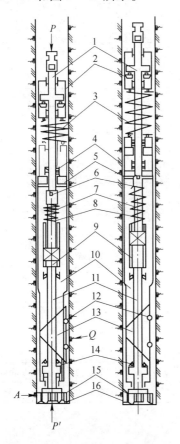

图 8-44　LZ 型连续造斜器

1—主动轴；2—单动外壳；3—工作弹簧；
4—定子外壳；5—定位套；6—定位接头；
7—花键轴；8—回位弹簧；9—花键套；
10—上半楔；11—被动轴；12—滚轮；
13—滑块；14—下半楔；15—短管；16—钻头

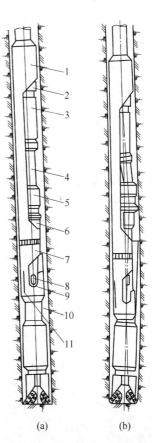

（a）　　　　（b）

图 8-45　СНБ-ИМР 型连续造斜器

（a）运送状态；（b）工作状态

1—壳体；2、5—万向节；3—花键联轴节；
4—主动轴；6—被动轴；7—支撑卡固件；
8—凸块；9—支承，10—轴衬；
11—硬质合金卡筋

8.4.5.9 孔底动力机造斜钻具

孔底动力机有很多优点，首先在于充分利用功率，有利于发挥钻头的切削性能；同时钻杆不转动，可以减少钻杆的磨损和折断，以及减少钻杆碰撞孔壁引起的坍塌掉块卡埋钻事故。从目前所用的造斜手段来看，孔底动力机造斜钻具是实现受控定向钻进的理想工具。

孔底动力机有涡轮钻、螺杆钻和电钻等三类。目前用得最多的是螺杆钻，见图 8 – 46 和表 8 – 33。

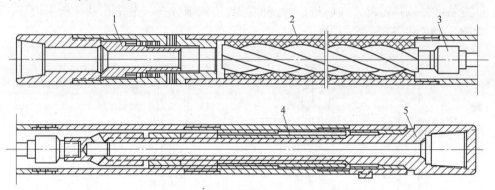

图 8 – 46 YL 型螺杆钻结构示意图

1—旁通阀；2—螺杆马达；3—万向联轴节；4—轴承总成；5—传动轴

表 8 – 33 螺杆马达主要型号及性能指标

钻具型号	钻具外径 /mm	配用钻头直径 /mm	波齿数比 i	泵排量 Q /L·min^{-1}	工作压力差 Δp /MPa	钻头转速范围 n /r·min^{-1}	工作扭矩 M /N·m	功率范围 /kW	钻具长度 /m	钻具重量 /N	最高效率 /%
YL – 54	54	59.5 ~ 75	5/6	150	3.2	440	98	4.5	2.40	250	57
YL – 62	62	75 ~ 94	5/6	210	3.2	425	149	6.7	2.65	400	60
YL – 85	85	94 ~ 118	5/6	300 ~ 420	3.2	235 ~ 330	392	9.8 ~ 13.7	3.40	120	61
YL – 100	100	118 ~ 152	5/6	450 ~ 600	3.2	220 ~ 290	666	15.5 ~ 20.5	3.60	1800	62
YL – 127	127	152 ~ 200	5/6	750 ~ 900	3.2	184 ~ 220	1303	25.4 ~ 30.6	4.50	3100	65

8.5 封孔

8.5.1 封孔材料

封孔用材料主要有水泥、黏土、树脂塑料等。

8.5.1.1 水泥

封孔用的水泥主要有：硅酸盐水泥、硫铝酸盐水泥、矾土水泥、地勘水泥。

A　硅酸盐水泥

硅酸盐水泥是封孔比较常用的种类，它包括以下几种：（1）普通硅酸盐水泥；（2）矿渣硅酸盐水泥；（3）膨胀性硅酸盐水泥；（4）快硬硅酸盐水泥；（5）抗硫酸硅酸盐水泥；（6）油井水泥。

B　硫铝酸盐水泥

硫铝酸盐水泥性能好，价格高。

C　矾土水泥

矾土水泥的特点是速凝、早强、抗渗、抗硫蚀，并且抗冻。

D　地勘水泥

地质勘探用硫铝酸盐水泥（简称"地勘水泥"）具有速凝、早强、微膨胀、耐硫酸盐侵蚀等特点。

8.5.1.2　黏土

在地下水承压不大，水头和流量不高的钻孔以及松软含泥质成分较多的岩层孔段，可将黏土制成黏土球或黏土柱投入钻孔内进行封孔。其优点是成本低，节约水泥；缺点是当长期受水侵蚀时，黏土的强度和透水性都受到影响，且制造黏土球、柱的工作量大，施工麻烦，效率低。此外，在浅孔水头压力很小。含水微弱的含水层中，可使用黏度30s以上加碱处理的浓泥封孔。

8.5.1.3　塑料封孔

在硫酸盐岩层和严重漏失的地层，可用脲醛树脂等塑料封孔。它具有抗酸腐蚀和堵漏隔水的作用，封孔效果好，但成本高，很少采用。

8.5.2　水泥封孔

8.5.2.1　水泥净浆封孔

水泥净浆具有能在水中硬化、与孔壁岩石有一定的胶结能力，凝结硬化后又有良好的隔水性能等特点。

A　用料量计算法

（1）注浆孔段的水泥净浆用量 $V_{净浆}$（L）：

$$V_{净浆} = 0.7854 \times 10^3 D^2 HK \qquad (8-4)$$

式中　D^2——封段孔径，m；

H——封段长度，m；

K——考虑超径、漏失、损耗的附加系数。

（2）注浆孔段的水泥用量 $Q_{泥}$（kg）：

$$Q_{泥} = \frac{\gamma_{泥}\,\gamma_{水}}{\gamma_{水} + m\gamma_{泥}} V_{净浆} \qquad (8-5)$$

式中　$\gamma_{泥}$——水泥的密度，g/cm³，$\gamma_{泥} = 3.15\text{g/cm}^3$；

$\gamma_{水}$——水的密度，g/cm^3；

m——所用的水灰比；

$V_{净浆}$——水泥浆液体积，L。

（3）注浆孔段的清水用量 $Q_{水}$（L）：

$$Q_{水} = mQ_{泥} \tag{8-6}$$

B 查表计算法

可先从前表7-14中查出每袋干水泥可灌注的理论孔段长度 h，由式（8-7）算出封孔所需水泥实际用量 $Q_{泥}$（kg）：

$$Q_{泥} = 50\frac{H}{h}K \tag{8-7}$$

配制水泥净浆的实际用水量 $Q_{水}$ 的计算同式（8-6）。

8.5.2.2 水泥砂浆封孔

为了节省水泥，一般多采用水泥砂浆封孔。常用配方见表8-34。

表8-34 封孔用水泥砂浆配方（质量比）

水 泥	细 砂	清 水
1	2	0.7 ~ 0.9
1	1.5	0.7
1	1	0.4 ~ 0.6

A 用料量计算法

（1）每米注浆孔段的水泥砂浆用量 $V_{砂浆}$（L/m）：

$$V_{砂浆} = 0.7854 \times 10^3 D^2 K \tag{8-8}$$

（2）每米注浆孔段的水泥砂浆用量 $G_{砂浆}$（kg/m）：

$$G_{砂浆} = \frac{V_{砂浆}}{\dfrac{N_{泥}}{\gamma_{泥}} + \dfrac{N_{砂}}{\gamma_{砂}} + \dfrac{N_{水}}{\gamma_{水}}} \tag{8-9}$$

式中 $N_{泥}$——水泥砂浆中水泥的质量比，%；

$N_{砂}$——水泥砂浆中砂浆的质量比，%；

$N_{水}$——水泥砂浆中水的质量比，%；

$\gamma_{砂}$——砂子的密度，g/cm^3，$\gamma_{砂} = 1.4 \sim 1.6g/cm^3$；

$\gamma_{泥}$——水泥的密度，g/cm^3。

（3）每米注浆孔段的砂子用量 $G_{砂}$（kg/m）：

$$G_{砂} = G_{砂浆}N_{砂} \tag{8-10}$$

（4）每米注浆孔段的清水用量 $G_{水}$（kg/m）：

$$G_{水} = G_{砂浆}N_{水} \tag{8-11}$$

（5）注浆孔段为 $H(\mathrm{m})$ 的用料重（kg）：

1）水泥用量：

$$Q_{泥} = G_{泥} H \tag{8-12}$$

2）砂子用量：

$$Q_{砂} = G_{砂} H \tag{8-13}$$

3）清水用量：

$$Q_{水} = G_{水} H \tag{8-14}$$

B　查表计算法

（1）先从表 8 - 35 中查出欲封孔段，每米理论用量（kg/m）：$G_{泥}$、$G_{砂}$、$G_{水}$，可查表 8 - 35 求得。

表 8 - 35　1:2:0.7 配比水泥砂浆每米封段理论用量

公称孔径 D/mm	钻孔每米理论容积 $V_{孔}/\mathrm{L}$	水泥用量 $G_{泥}/\mathrm{kg}$	细砂用量 $G_{砂}/\mathrm{kg}$	清水用量 $G_{水}/\mathrm{kg}$
150	17.67	7.52	15.04	5.26
130	13.27	5.65	11.30	3.96
110	9.50	4.04	8.08	2.83
91	6.50	2.77	5.54	1.94
75	4.42	1.88	3.76	1.32
66	3.42	1.46	2.92	1.02
56	2.46	1.05	2.10	0.74
46	1.66	0.71	1.42	0.50

（2）依封段长度 H（m）求出该封段实际用料量（kg）：

$$Q_{泥} = G_{泥} HK$$

$$Q_{砂} = G_{砂} HK$$

$$Q_{水} = G_{水} HK$$

这里 K 为损失系数，$K > 1$。

8.5.2.3　胶质水泥浆封孔

胶质水泥浆封孔的优点是：

（1）静切力大，防止浆液漏失。

（2）析水率小，减少浆液在钻孔内的分解。

（3）触变性好，便于灌注。

（4）膨胀性大，有利于和孔壁胶结。

（5）有较高的抗腐蚀性。

胶质水泥浆的配方见表 8 - 36。

表 8-36 胶质水泥浆的配方（质量比）

水 泥	膨润土	石 灰
0.92 ~ 0.96	0.04 ~ 0.08	0
0.72	0.22	0.06

8.5.2.4 速凝水泥浆封孔

在特殊情况下，可加入一定数量的速凝剂，配制成速凝水泥浆，见表 8-37。

表 8-37 速凝水泥浆配方（质量比）

编号	加入的速凝剂						水灰比	终凝时间 /min
	水泥	水玻璃	纯碱	氯化钙	食盐	盐酸		
1	100	15	10				0.60	27
2	100		<3				0.60	190
3	100			4 ~ 8			0.60	190
4	100					4	0.60	190
5	100	20 ~ 40	6 ~ 12				0.55	2
							0.90	21

8.5.3 封孔方法

8.5.3.1 洗孔

洗孔的目的是替出孔内泥浆和清除封闭的孔壁泥浆。可用长度为 1 ~ 1.5m 的钻杆，一端堵死，在周围钻上 4 ~ 5mm 的水眼制成冲孔器，进行冲洗。

8.5.3.2 固定隔离塞

为使封段位置准确和减少水泥用量，需要下隔离塞，用以承托水泥浆，或者把水泥浆与其他物质隔离。

架桥的方法有：

（1）下入葫芦形木塞、钢丝倒刺木塞、废钢丝绳木塞等的木塞架桥法。

（2）将稻草把碎石、黏土及纸卷分层装在岩心管内，用钻杆把它下到孔内，借泵压将其顶出而卡挤在孔壁上的草把架桥法。

（3）竹筋草架桥：用席茅竹筋做骨架，中间塞入干稻草，制成竹筋草塞，下入孔内封堵处架桥。

一般地，隔塞用钻杆送入孔内预定位置后，向其顶部周围投入碎石，加以捣实同时用钻具作荷重试验，达到要求时即可注送封孔材料。

8.5.3.3 注入方法

A 钻杆泵入法

通过泥浆泵将水泥浆由钻杆送至封段。此法注浆效率高，操作方便，适于封段较长、体积大、水灰比为 0.5 ~ 0.8 的水泥净浆。

具体操作要求：

（1）水泵、高压管、钻具等严格检查；

（2）注送时钻具最好不要提动；

（3）一次灌注长度可达 200 ~ 500m；

（4）随时清理莲蓬头，水泵阀门，以防堵塞；

（5）注浆完毕，提升钻具至预计泥浆液面附近送入定量清水，以排除钻具内剩浆，最后清洗钻具和泥浆泵。

B 导管灌注法

利用导管（即钻杆）内外的液面高差和液化密度差以及浆液流动时的功能原理向钻孔内灌浆。此法适用于封段较长（100m 左右）、水灰比为 0.40 ~ 0.50 的水泥净浆和密度大的水泥砂浆，特别适合于漏水和深水位的 300m 以内的钻孔。

C 注送器送入法

注送器主要有水压活塞式和回转反脱式两类。它既可送入小水灰比的净浆，也可送入水泥砂浆。此法适用于封闭段小、所需水泥体积较小的钻孔。

D 其他注浆法

封段如有大溶洞时，可采用"网袋隔离"注浆法来控制水泥浆的扩散范围并造成人工孔壁。在有承压含水层或漏水层的孔段封孔时，可采用附有速凝剂的干水泥在"钻孔内混合"的方法，进行封孔。

8.6 钻孔质量标准

根据钻探质量指标完成的好坏和地质上对钻孔利用情况的不同，将钻孔质量标准分为以下三类：

（1）第一类钻孔：即优良孔，是完全满足地质要求的钻孔。

凡达到下列情况之一的就是优良孔：

1）钻孔完工后经过验收，施工质量全面达到钻探工程六项质量指标要求的钻孔。

2）根据矿区地质条件的特点，某些矿区、某些钻孔经上级主管部门批准，钻探六项质量指标中的某几项可以省略而其余各项质量指标均已达设计要求的钻孔。

3）在施工过程中，部分质量指标未达到设计要求，但经过采取措施补救后，以达到该次质量指标要求的钻孔。

（2）第二类钻孔：即合格孔，基本满足地质要求的钻孔。

凡达到下列情况之一的就是合格孔：

1）钻孔完工后经过验收有部分质量指标未达到要求，但周围的钻孔质量较好，或矿床构造比较简单，厚度品位变化较小；经过验证对比，认为不再需要采取补救措施，在计算矿产储量时对储量级别没有影响的钻孔。

2）钻探工程质量指标未达到设计要求，但已取得设计要求，并解决地质目的的普查钻孔和构造钻孔。

按钻孔质量标准分类的第一类钻孔和第二类钻孔，统称为"合格钻孔"，即地质可利用的钻孔。

（3）第三类钻孔：即报废孔，是地质上不能利用的钻孔。

这一类钻孔主要是由以下原因造成地质上不能利用而报废的：

1）钻探施工原因造成的。例如，钻孔竣工后，经过检查评定其质量标准没有达到要求，因而地质上不能利用的钻孔，或者由于其他钻探施工原因而造成的报废钻孔。

2）地质设计原因造成的。例如，由于对地质研究程度不够或地质设计错误而盲目施工，造成地质上不能利用的钻孔。

3）其他原因造成的。例如，由于特大自然灾害、地质条件复杂以及测量错误等原因，造成地质上不能利用的钻孔。

9 钻探工作成本预算

9.1 经济技术指标

9.1.1 钻探质量指标

钻探质量标准是指评定钻探施工质量好坏的标准。按照现行规定，钻探质量有六项标准，即：岩矿心的采取率、钻孔弯曲度、简易水文观测、校正孔深、原始报表、封孔，其具体要求和内容见本书有关章节。

9.1.2 关于报废钻孔和报废工作量的规定

关于报废钻孔和报废工作量的规定如下：

（1）由于施工原因造成的报废钻孔和报废的工作量。

1）钻孔完工后，经验收评定其质量标准没有达到要求，因而地质上不能利用的钻孔。

2）由于岩（矿）心采取不足，不能满足要求，需要补斜取心，其补斜部分，应作为报废工作量。

3）由于钻孔偏斜，不能满足设计要求，经补直纠斜后，可利用者，其原打斜部分，应作为报废工作量。

4）为了处理孔内事故，而在偏越事故部分打钻，其多打的工作量，应作为报废工作量。

（2）由于地质设计错误而造成的报废钻孔和报废工作量。如：由于地质研究程度不够，普查勘探施工程序设计依据不足而盲目施工等。造成地质上不能利用的钻孔。

（3）由于其他原因造成的报废钻孔和报废工作量。如：由于特大自然灾害、外部电厂停电、地质条件复杂、地层严重破碎、测量错误等原因造成地质上不能利用的钻孔。

以上（2）、（3）项均作为报废钻孔及报废工作量。凡是报废工作量，都应从实际完成工作量内扣除。

9.1.3 可利用钻孔率

可利用钻孔率是指在报告期内经验收评定为可利用钻孔占全部验收钻孔的比

重。其计算公式是：

$$可利用钻孔率 = \frac{可利用钻孔数}{可利用钻孔数 + 报废钻孔数} \times 100\%$$

9.1.4 工作量报废率

工作量报废率是指报废工作量占全部工作量的比重，其计算公式是：

$$工作量报废率 = \frac{报废工作量}{工作量 + 报废工作量} \times 100\%$$

9.1.5 开动钻机数

开动钻机数是指正在使用过程中的钻机。凡是按照一定定员的劳动组织，配备一台钻机，进入一个矿区（或普查勘探项目）从开钻起到该钻机在该矿区（或普查勘探项目）打完最后一个钻孔准备拆卸搬迁至另一个矿区（或收队）为止，在这段时间内，该钻机即视为开动钻机（一台钻机，一年内在两个以上矿区工作，只能按一台计算）。

开动钻机一般分为期末开动、最高开动及平均开动三种：

（1）期末开动钻机数：是指报告期末实际开动的钻机数。

（2）最高开动钻机数：是指报告期内按一定定员的劳动组织实际开动钻机最多的台数。

（3）平均开动钻机数：是指报告期平均开动的钻机数，一般分为年平均开动钻机数、季平均开动钻机数及月平均开动钻机数三种。

$$年平均开动钻机数 = \frac{本年各月平均开动钻机数之和}{12}$$

$$季平均开动钻机数 = \frac{本季各月平均开动钻机数之和}{3}$$

$$月平均开动钻机数 = \frac{本月每天开动钻机数之和}{本月日历日数}$$

9.1.6 最高开动台年进尺

最高开动台年进尺是指根据年最高开动钻机数计算的，平均一台钻机在一年内完成的工作量，其计算公式是：

$$最高开动台年进尺 = \frac{全年工作量}{年最高开动钻机数}$$

9.1.7 台年进尺

台年进尺即平均开动台年进尺：是指平均开动一台钻机工作一年所完成的工作量，用来反映钻探工作达到的年平均效率。其计算公式是：

$$台年进尺 = \frac{全年工作量}{年最高开动钻机数}$$

9.1.8 台月数

台月数是指配备一定定员的一台钻机，工作一个月即为一个台月。为了消除每个月日历数不一的影响，工作一个月按720小时计算（即24小时×30天）。台月数的计算公式是：

$$台月数 = \frac{台月时间（台时）}{720 小时}$$

9.1.9 台月效率

台月效率是指一台钻机工作一个台月（720小时）所完成的工作量。它反映机械岩心钻探在报告期达到的生产技术水平。其计算公式是：

$$台月效率 = \frac{工作量}{台月数}$$

如果几台钻机的人员合成一个"机组"，或是安装队，其他人员与钻机"机组"同时开动几台钻机，不论是三班作业、四班作业，在计算台月效率时，则应采用下述公式计算：

$$台月效率 = \frac{各台钻机完成工作量的总和}{各台钻机台月数的总和}$$

9.1.10 钻月数

钻月数是指配备一定定员的一台钻机开动一个月，即为一个钻月。钻月时间的计算范围较台月时间广，它包括计入台月的全部时间和其他工作时间。

$$钻月数 = \frac{钻月时间（台时）}{720 小时}$$

9.1.11 钻月效率

钻月效率是指一台钻机开动一个钻月所完成的工作量。它比较全面地反映机械岩心钻探在报告期达到的生产管理水平，其计算公式是：

$$钻月效率 = \frac{工作量}{钻月数}$$

9.1.12 钻探总台时

钻探总台时是指钻机的全部工作时间，即从报告期该基地一个孔开孔起至报告期打完最后一孔结束钻探工作的全部时间。包括台月时间和其他工作时间（即不计入台月的时间）。

钻探总台时划分见表9－1。

表9－1 钻探总台时划分

钻探总台时	台月时间						其他工作时间										
	合计	纯钻进	辅助工作				合计	钻探工作的拆迁安装	水文地质试验	不迁离机场的定期检修	终孔后的电测	终孔后的起拔套管	固井	试油	封孔	成井	其他
			小计	孔内事故	设备损坏	其他											

台月时间包括：纯钻进时间、辅助工作时间、停钻及事故时间。

（1）纯钻进时间：是指钻头在孔底直接向下钻进的时间，并包括试钻探为下定向管而钻进的时间，以及在正常钻进过程中紧卡盘倒杆的时间。

（2）辅助工作时间：是指在正常钻进中所进行的辅助工作时间。包括：升降钻具、加接单根钻杆、冲孔、扩孔、校正孔深下入套管止水及测量钻孔弯曲度等辅助工作时间。

（3）停钻及事故时间：是指在钻进过程中，因孔内事故、设备损坏及其他原因而发生中断的时间。

孔内事故时间是指从孔内发生事故开始至事故处理完毕后的全部时间。包括卡钻、埋钻、跑钻，折断或脱落钻具跑套管折断或脱落套管，扫脱落岩心，打捞脱落在孔内的物件，钻孔严重坍塌掉块的扫孔时间；补斜取心，补直纠斜，以及跨越事故改钻具而报废工作量的工作时间。

其他停钻时间是指由于缺乏劳动力，待水、待电、待料以及由于安装不合规格而返工的时间等。

其他工作时间即不计入台月的时间，其包括内容见表9－1。

9.2 钻探生产定额

9.2.1 生产定额（试行草案）

目前，在国土资源部尚未制订颁发新的统一生产定额的情况下，各省地质局分别根据本省多年实际生产所积累的岩石可钻性、单位小时进尺、时间利用率等资料。通过综合对比、验证、修订、消除不合理因素，概略地制订了生产定额（试行草案）。

使用生产定额时必须结合当时的具体情况。

台班生产定额的计算方法是：

台班生产定额（米/台班）=（8小时－用于设备维护保养及预防事故时间）×
时间利用率×可钻性钻速指标

$$时间利用率 = \frac{纯钻进时间}{纯钻进时间 + 辅助时间} \times 100\%$$

设备维护保养及预防事故时间从1.5小时计。故在使用定额时，不应再考虑事故停待时间。

定额适应条件如下：

（1）适应于常用的XU－300、XU－600、XB－1000、XU－1000型钻机。

（2）适应于用清水、泥浆作冲洗液的硬质合金、钢粒、金刚石钻进的直孔或斜孔。

（3）适应于直径91～150mm的普通口径钻头钻进，或直径49～76mm的小口径钻头钻进。

（4）适应于用电动机或柴油机作动力。

（5）适应于八小时三班制或四班制连续作业。

定额使用注意事项：

（1）钻孔质量按有关规定进行验收，不合格孔不算工作量，不能进行定额考核。

（2）在执行中，生产定额应与其他各项定额同时使用。

（3）生产条件偏离正常钻机条件时，应对生产定额乘以校正系数。

钻机定员配备标准见表9－2。

表9－2　钻机定员配备标准

项　目	钻机类型						
	DPP－100	XY－1	XY－2	XY－3	XY－4	XY－5	SPJ－300 SPC－300
合　计	6	19	24	29	29	33	34
机　长	1	1	1	1	1	1	1
班　长		4	4	4	4	4	4
钻　工	3	8	12	16	16	20	20
材料员		1	1	1	1	1	1
综合记录员	2	1	1	1	1	1	1
炊管人员		2	3	3	3	3	3
机动人员		2	2	3	3	3	4

注：1. 本标准按四班制三班连续作业制定；

　　2. 每个水钻可配4人；

　　3. 水文地质钻探、供水井应配空压机工1人；

　　4. DPP－100型钻机为一班制定员；

　　5. 机动人员包括探亲、病、休伤、事假、职工在职轮训顶替等人员。

9.2.2 计入台月的生产定额

计入台月的生产定额包括以下几个方面：

（1）按岩石可钻性确定的综合钻速见表9-3。

表9-3 按岩石可钻性确定的综合钻速

可钻性级别	硬度类型	可钻性钻速指标/m·h⁻¹		平均正常提钻长度/m	
		硬质合金、钢粒	金刚石	硬质合金、钢粒	金刚石
Ⅰ	松软疏散的	8.46		3.50	
Ⅱ	较松软疏散的	4.77		3.10	
Ⅲ	软的	2.87		2.70	
Ⅳ	较软的	2.00	2.50	2.37	3.50
Ⅴ	稍硬的	1.47	2.25	2.03	3.00
Ⅵ	次中硬的	1.17	1.90	1.73	2.50
Ⅶ	中硬的	0.94	1.55	1.45	2.10
Ⅷ	较硬的	0.73	1.25	1.20	1.70
Ⅸ	硬的	0.52	0.90	0.97	1.30
Ⅹ	较坚硬的	0.36	1.67	0.76	1.00
Ⅺ	坚硬的	0.21	0.45	0.57	0.70
Ⅻ	最坚硬的	0.10	0.30	0.40	0.50

（2）硬质合金钻进、钢粒钻进、金刚石钻进不同孔段回次辅助时间见表9-4。

表9-4 硬质合金钻进、钢粒钻进、金刚石钻进不同孔段回次辅助时间

孔深间断/m	硬质合金钻进、钢粒钻进/台时	金刚石钻进/台时
0~100	0.77	0.75
101~200	1.08	1.06
201~300	1.40	1.38
301~400	1.92	1.90
401~500	2.20	2.25
501~600	2.66	2.60
601~700	3.60	3.57
701~800	4.10	4.05
801~900	4.65	4.63
901~1000	5.90	5.85

（3）硬质合金钻进、钢粒钻进生产定额见表9－5。

表9－5　硬质合金钻进、钢粒钻进生产定额

孔深间隔/m	岩石可钻性											
	Ⅰ	Ⅱ	Ⅲ	Ⅳ	Ⅴ	Ⅵ	Ⅶ	Ⅷ	Ⅸ	Ⅹ	Ⅺ	Ⅻ
0～100	20.73	15.26	11.05	8.50	6.62	5.39	4.39	3.48	2.58	1.85	1.15	0.59
101～200	16.41	12.55	9.36	7.32	5.78	4.73	3.87	3.08	2.31	1.61	1.05	0.55
201～300	13.54	10.59	8.06	6.42	5.12	4.21	3.45	2.76	2.08	1.52	0.97	0.52
301～400	10.49	8.44	6.60	5.34	4.31	3.56	2.93	2.36	1.79	1.32	0.86	0.47
401～500	9.14	7.39	5.88	4.80	3.88	3.22	2.66	2.14	1.64	1.21	0.80	0.45
501～600	7.95	6.58	5.25	4.32	3.51	2.93	2.42	1.95	1.50	1.12	0.74	0.42
601～700	6.09	5.10	4.16	3.48	2.85	2.38	1.97	1.60	1.24	0.93	0.63	0.37
701～800	5.41	4.58	3.76	3.14	2.59	2.16	1.80	1.46	1.14	0.86	0.59	0.35
801～900	4.82	4.10	3.39	2.84	2.37	1.98	1.64	1.33	1.04	0.79	0.54	0.32
901～1000	3.89	3.29	2.75	2.34	1.96	1.64	1.36	1.11	0.87	0.66	0.46	0.28

注：1. 以清水为冲洗液，钻头直径为91mm；

　　2. 单位为米/台时；

　　3. 300型钻机在200～300m孔段、600型钻机在500～600m孔段的生产定额应乘以系数0.9；

　　4. 从1990年，表中各数值应乘以系数1.05，以后每五年应修订一次。

（4）硬质合金钻进、钢粒钻进时间定额见表9－6。

表9－6　硬质合金钻进、钢粒钻进时间定额

孔深间隔/m	岩石可钻性											
	Ⅰ	Ⅱ	Ⅲ	Ⅳ	Ⅴ	Ⅵ	Ⅶ	Ⅷ	Ⅸ	Ⅹ	Ⅺ	Ⅻ
0～100	0.39	0.52	0.72	0.94	1.21	1.48	1.82	2.30	3.10	4.32	5.96	13.56
101～200	0.49	0.64	0.86	1.09	1.38	1.69	2.07	2.60	3.46	4.79	7.62	14.55
201～300	0.59	0.76	0.99	1.25	1.56	1.90	2.32	2.90	3.85	5.26	8.25	15.38
301～400	0.76	0.95	1.21	1.50	1.86	2.26	2.73	3.39	4.47	6.06	9.30	17.02
401～500	0.88	1.08	1.36	1.69	2.06	2.48	3.01	3.74	4.88	6.61	10.00	17.78
501～600	1.01	1.22	1.52	1.85	2.28	2.73	3.31	4.10	5.33	7.14	10.81	19.04
601～700	1.31	1.57	1.92	2.30	2.81	3.36	4.06	5.00	6.45	8.60	12.70	21.62
701～800	1.48	1.75	2.13	2.55	3.09	3.70	4.44	5.48	7.02	9.30	13.56	22.86
801～900	1.66	1.95	2.36	2.82	3.38	4.04	4.88	6.02	7.69	10.13	14.81	25.00
901～1000	2.06	2.06	2.91	3.42	4.08	4.88	5.88	7.21	9.21	12.12	17.39	28.57

注：1. 以清水为冲洗液，钻头直径为91mm；

　　2. 单位为台时/米；

　　3. 300型钻机在200～300m孔段、600型钻机在500～600m孔段的生产定额应乘以系数1.1；

　　4. 从1990年，表中各数值应乘以系数0.95，以后每五年应修订一次。

（5）硬质合金钻进、钢粒钻进台月效率定额见表9-7。

表9-7 硬质合金钻进、钢粒钻进台月效率定额

孔深间隔/m	岩石可钻性											
	I	II	III	IV	V	VI	VII	VIII	IX	X	XI	XII
0~100	1866	1373	995	765	596	485	395	313	232	167	104	53
101~200	1477	1130	842	659	520	426	348	277	208	150	95	50
201~300	1271	953	725	578	461	379	311	248	187	137	87	47
301~400	944	760	594	481	388	320	264	212	161	119	77	42
401~500	823	665	529	432	349	290	239	193	148	109	72	41
501~600	716	592	473	389	319	264	218	176	135	101	67	38
601~700	548	459	374	313	257	214	177	144	117	84	57	33
701~800	487	412	338	283	233	194	162	131	103	77	53	32
801~900	434	369	305	256	213	178	148	120	94	71	49	29
901~1000	350	296	248	211	176	148	122	100	78	59	41	25

注：1. 以清水为冲洗液，钻头直径为91mm；

2. 单位为米/台月；

3. 从1990年，表中各数值应乘以系数1.05，以后每五年应修订一次。

（6）金刚石钻进生产定额见表9-8。

表9-8 金刚石钻进生产定额

孔深间隔/m	岩石可钻性											
	I	II	III	IV	V	VI	VII	VIII	IX	X	XI	XII
0~100				11.40	10.08	8.47	6.98	5.64	4.15	3.12	2.13	1.45
101~200				9.95	8.78	7.37	6.09	4.93	3.63	2.74	1.87	1.28
201~300				8.80	7.74	6.50	5.38	4.34	3.22	2.44	1.67	1.15
301~400				7.43	6.48	5.43	4.53	3.65	2.72	2.06	1.42	0.98
401~500				6.70	5.85	4.90	4.08	3.30	2.46	1.87	1.29	0.89
501~600				6.13	5.33	4.47	3.72	3.01	2.25	1.71	1.18	0.82
601~700				4.93	4.28	3.57	2.98	2.41	1.81	1.38	1.96	0.67
701~800				4.50	3.87	3.27	2.71	2.20	1.60	1.26	0.87	0.61
801~900				4.05	3.51	2.95	2.46	1.94	1.50	1.14	0.79	0.56
901~1000				3.38	2.93	2.43	2.05	1.65	1.25	0.95	0.66	0.47

注：1. 以清水为冲洗液，钻头直径为59mm；

2. 单位为米/台时；

3. 从1990年，表中各数值应乘以系数1.10，以后每五年应修订一次。

（7）金刚石钻进时间定额见表9－9。

表9－9 金刚石钻进时间定额

孔深间隔/m	岩石可钻性											
	I	II	III	IV	V	VI	VII	VIII	IX	X	XI	XII
0～100				0.70	0.79	0.94	1.15	1.42	1.93	2.56	3.76	5.52
101～200				0.80	0.91	1.09	1.31	1.62	2.20	2.92	4.28	6.25
201～300				0.91	1.03	1.23	1.49	1.84	2.48	3.28	4.79	6.96
301～400				1.08	1.23	1.47	1.77	2.19	2.94	3.88	5.62	8.16
401～500				1.19	1.35	1.67	1.96	3.42	3.25	4.28	6.20	8.99
501～600				1.31	1.50	1.79	2.15	2.66	3.56	4.68	6.78	9.76
601～700				1.62	1.87	2.24	2.68	3.32	4.42	5.80	8.33	11.94
701～800				1.78	2.06	2.45	2.95	3.64	4.82	6.35	9.20	13.11
801～900				1.96	2.27	2.72	3.25	4.02	5.33	7.02	10.13	14.29
901～1000				2.37	2.37	3.29	3.90	4.85	6.40	8.42	12.12	17.02

注：1. 以清水为冲洗液，钻头直径为59mm；

2. 单位为台时/米；

3. 从1990年，表中各数值应乘以系数0.90，以后每五年应修订一次。

（8）金刚石钻进台月效率定额见表9－10。

表9－10 金刚石钻进台月效率定额

孔深间隔/m	岩石可钻性											
	I	II	III	IV	V	VI	VII	VIII	IX	X	XI	XII
0～100				1026	907	762	628	508	374	281	192	131
101～200				896	790	663	548	448	327	247	168	115
201～300				792	697	585	484	391	290	220	150	104
301～400				669	583	489	408	329	245	185	128	88
401～500				603	527	441	367	297	221	168	116	80
501～600				552	480	402	335	271	203	154	106	74
601～700				444	385	321	268	217	163	124	86	60
701～800				405	348	294	244	198	149	113	78	55
801～900				365	316	266	221	179	135	103	71	50
901～1000				304	264	218	185	149	113	86	59	42

注：1. 以清水为冲洗液，钻头直径为91mm；

2. 单位为米/台月；

3. 从1990年，表中各数值应乘以系数1.10，以后每五年应修订一次。

（9）绳索取心钻进生产定额见表9－11。

表9－11 绳索取心钻进生产定额

孔深间隔/m	岩石可钻性								
	IV	V	VI	VII	VIII	IX	X	XI	XII
0～100	13.11	11.59	9.74	8.03	6.49	4.77	3.59	2.45	1.67
101～200	11.44	10.10	8.48	7.00	5.67	4.17	3.15	2.15	1.47
201～300	10.13	8.90	7.48	6.19	4.99	3.70	2.81	1.92	1.32
301～400	8.54	7.45	6.24	5.21	4.20	3.13	2.37	1.63	1.13
401～500	7.71	6.73	5.64	4.69	3.80	2.83	2.15	1.48	1.02
501～600	7.05	6.13	5.14	4.28	3.46	2.59	1.97	1.36	0.94
601～700	5.67	4.92	4.11	3.43	2.77	2.08	1.59	1.10	0.77
701～800	5.18	4.45	3.76	3.12	2.53	1.91	1.45	1.00	0.70
801～900	4.66	4.04	3.39	2.83	2.29	1.73	1.31	0.91	0.64
901～1000	3.89	3.37	2.79	2.36	1.90	1.44	1.09	0.76	0.54

注：1. 以清水为冲洗液，钻头直径为59mm；

2. 单位为米/台班；

3. 本定额比金刚石钻进生产定额提高15%；

4. 从1990年，表中各数值应乘以系数1.10，以后每五年应修订一次。

（10）绳索取心钻进时间定额见表9－12。

表9－12 绳索取心钻进时间定额

孔深间隔/m	岩石可钻性								
	IV	V	VI	VII	VIII	IX	X	XI	XII
0～100	0.61	0.69	0.82	1.00	1.23	1.68	2.23	3.27	4.79
101～200	0.70	0.79	0.94	1.14	1.41	1.92	2.54	3.72	5.44
201～300	0.79	0.90	1.07	1.29	1.60	2.16	2.85	4.17	6.06
301～400	0.94	1.07	1.28	1.54	1.90	2.56	3.38	4.91	7.08
401～500	1.04	1.19	1.42	1.71	2.11	2.83	3.72	5.41	7.84
501～600	1.13	1.31	1.56	1.87	2.31	3.09	4.06	5.88	8.51
601～700	1.41	1.63	1.95	2.33	2.89	3.85	5.03	7.27	10.39
701～800	1.54	1.80	2.13	2.56	3.16	4.19	5.52	8.00	11.43
801～900	1.72	1.98	2.36	2.83	3.49	4.63	6.11	8.79	12.50
901～1000	2.06	2.37	2.87	3.39	4.21	5.56	7.34	10.53	14.81

注：1. 以清水为冲洗液，钻头直径为59mm；

2. 单位为时/米；

3. 从1990年，表中各数值应乘以系数0.90，以后每五年应修订一次。

（11）绳索取心钻进台月效率定额见表 9 – 13。

表 9 – 13　绳索取心钻进台月效率定额

孔深间隔/m	岩石可钻性								
	IV	V	VI	VII	VIII	IX	X	XI	XII
0 ~ 100	1180	1043	877	723	584	429	323	221	150
101 ~ 200	1030	909	763	630	510	375	284	194	132
201 ~ 300	911	801	673	557	449	333	253	173	119
301 ~ 400	769	671	562	469	378	282	213	147	102
401 ~ 500	694	606	508	422	342	255	194	133	92
501 ~ 600	653	552	463	385	311	233	177	122	85
601 ~ 700	510	443	370	309	249	187	143	99	69
701 ~ 800	465	401	338	281	228	172	131	90	63
801 ~ 900	419	364	305	255	206	156	118	82	58
901 ~ 1000	350	303	251	212	171	130	98	68	47

注：1. 以清水为冲洗液，钻头直径为 59mm；

　　2. 单位为米/台月；

　　3. 从 1990 年，表中各数值应乘以系数 1.10，以后每五年应修订一次。

（12）在复杂孔段钻进时，对生产定额、时间定额的校正系数见表 9 – 14。

表 9 – 14　在复杂孔段钻进时，对生产定额、时间定额的校正系数

定额种类	大量损失坍塌或涌水孔段	严重坍塌、掉块、缩径、流砂孔段
生产定额	0. 85	0. 75
时间定额	1. 18	1. 33

注：在使用本校正系数时，不能同时使用限制回次进尺增加的时间定额和使用泥浆作冲洗液的校正系数。

（13）使用泥浆作冲洗液时，对生产定额、时间定额的校正系数见表 9 – 15。

表 9 – 15　使用泥浆作冲洗液时，对生产定额、时间定额的校正系数

定 额 种 类	校 正 系 数
生产定额	0. 95
时间定额	1. 05

（14）在斜孔钻进时，对生产定额、时间定额的校正系数见表 9 – 16。

表 9 – 16 在斜孔钻进时，对生产定额、时间定额的校正系数

定额种类	钻孔倾角（±2°）/（°）			
	70	75	80	85
生产定额	0.75	0.80	0.85	0.90
时间定额	1.33	1.25	1.18	1.11

（15）非正常提钻长度需增加的时间（台时/米）。

$$H = \frac{8T_b}{7L}\left(\frac{1}{m} - 1\right)$$

式中　H——增加的时间，台时/米；

　　　T_b——回次辅助时间，台时；

　　　L——平均正常提钻长度，米；

　　　m——缩短比例。

9.2.3 特种工作时间定额

特种工作时间定额具体内容如下：

（1）定义：凡由地层结构的特殊和工艺技术的需要以及专门目的的要求而进行的工作，称为特种工作。特种工作不包括在钻进定额内的辅助工作。

（2）扩孔校正系数见表 9 – 17。

表 9 – 17 扩孔校正系数

扩大径级	对生产定额				对时间定额			
	Ⅰ ~ Ⅱ	Ⅲ ~ Ⅳ	Ⅴ ~ Ⅶ	Ⅶ ~ Ⅹ	Ⅰ ~ Ⅱ	Ⅲ ~ Ⅳ	Ⅴ ~ Ⅶ	Ⅶ ~ Ⅹ
比原孔径扩大一级	3.50	2.90	1.40	0.68	0.29	0.35	0.71	1.47
比原孔径扩大二级	2.00	1.60	1.10	0.76	0.50	0.63	0.91	1.32
比原孔径扩大三级	1.20	0.88	0.86	0.84	0.83	1.14	1.16	1.19

注：只能用于为满足地质要求的条件下。由于施工技术不当所导致的扩孔，不能采用本校正系数。

（3）人工弯曲钻孔弯曲处缓慢钻进 10m 的生产定额、时间定额的校正系数见表 9 – 18。

表 9 – 18 人工弯曲钻孔弯曲处缓慢钻进 10m 的生产定额、时间定额的校正系数

定额种类	对生产定额	对时间定额
校正系数	0.45	2.15

注：由于施工技术不当所导致的偏斜补心，绕过事故孔段等不能采用本校正系数。

（4）下入、起拔套管的生产定额与时间定额见表9-19。

表9-19 下入、起拔套管的生产定额与时间定额

定额种类	岩石类型				用千斤顶顶起套管	在套管内升降套管
	下套管		用升降机升降套管			
	Ⅰ类	Ⅱ类	Ⅰ类	Ⅱ类		
生产定额	80	40	60	30	6.70	200
时间定额	0.10	0.20	0.13	0.27	1.20	0.04

注：1. 指硬质合金钻进或钢粒钻进，钻头直径为91~146mm；

2. 生产定额的单位为米/台班，时间定额的单位为台时/米；

3. 下入套管包括：冲洗钻孔，清洗检查套管与接手丝扣，拧紧套管鞋，拧接套管，向套管丝扣、套管外壁涂油，拧接或拧卸异径接头下入套管，用夹持器固定和松开套管，有关下套管的各项工作等；

4. 起拔套管包括：用升降机（或千斤顶）自钻孔换径处起上套管，拧管、拧卸异径接头，用千斤顶夹持钻杆，起拔、固定和松开夹持器，拧卸套管，有关起拔套管的各项工作等；

5. Ⅰ类岩石：指石灰质、硅质胶结的层状、碎屑状岩石，土块、泥状或砂质岩石，以黏土与部分由石灰质胶结的层状、碎屑状岩石；

6. Ⅱ类岩石：为水所饱和的砂石黏土颗粒，颗粒分的堆积层，松散的岩石，被裂隙破碎的岩石。

（5）测量钻孔弯曲的时间定额见表9-20。

表9-20 测量钻孔弯曲的时间定额

孔深深度/m	使用钻杆		使用钢丝绳	
	直 孔	斜孔或定向孔	直 孔	斜孔或定向孔
0~100	1.10	2.20	0.80	1.60
0~200	2.50	5.00	1.80	3.60
0~300	4.40	8.80	3.00	6.00
0~400	6.90	13.80	4.30	8.60
0~500	10.00	20.00	5.70	11.40
0~600	13.60	27.20	7.20	14.40
0~700	18.00	36.00	8.80	17.60
0~800	23.00	46.00	10.50	21.00
0~900	28.50	57.00	12.30	24.60
0~1000	35.00	70.00	14.20	28.40

注：1. 本定额适用于各种方法、各类仪器，唯不适用于间接法测量的仪器；

2. 单位为台时/孔。

（6）向孔内下导斜器的时间定额见表9-21。

表9-21 向孔内下导斜器的时间定额

孔深/m	0~100	101~200	201~300	301~400	401~500	501~600	601~700	701~800	801~900	901~1000
台时	1.50	2.43	3.41	4.72	5.74	7.29	8.27	8.94	9.77	10.59

（7）投黏土球进行钻孔止水的时间定额见表9-22。

表9-22 投黏土球进行钻孔止水的时间定额

孔深/m		0~25	25~50	50~75	75~100	100~150
孔径/mm	≤130	0.70	0.91	1.12	1.33	1.65
	≥150	1.09	1.30	1.50	1.71	2.20

注：1. 只用于水文孔的止水；

2. 单位为台时/米。

（8）用高黏度泥浆或水泥浆灌注钻孔的时间定额见表9-23。

表9-23 用高黏度泥浆或水泥浆灌注钻孔的时间定额

平均孔深/m	灌注100m以内				全孔灌注			
	孔径≤130mm		孔径≥150mm		孔径≤130mm		孔径≥150mm	
	泥浆	水泥浆	泥浆	水泥浆	泥浆	水泥浆	泥浆	水泥浆
50					0.54	1.24	0.73	1.62
100	0.74	1.67	1.19	2.41	0.74	1.67	1.19	2.41
200	1.18	2.24	1.36	3.34	1.39	2.55	2.12	4.02
300	1.58	2.79	1.76	4.26	1.94	3.40	3.04	5.60
400	2.49	3.84	2.67	5.67	2.97	4.75	4.44	7.68
500	3.04	4.52	3.28	6.72	3.67	5.74	5.50	9.41
600	3.59	5.21	3.77	7.78	4.36	6.73	6.50	11.13
700	4.69	6.46	4.87	9.38	5.60	8.26	8.16	13.41
800	5.46	7.37	5.64	10.66	6.51	9.50	9.55	15.36
900	6.12	8.16	6.30	11.83	7.30	10.56	10.60	17.19
1000	6.67	8.86	6.85	12.88	8.00	11.59	11.66	18.92

注：单位为台时。

（9）升降钻具及冲洗钻孔的时间定额见表 9 – 24。

表 9 – 24　升降钻具及冲洗钻孔的时间定额

孔深/m	100	200	300	400	500	600	700	800	900	1000
升降冲洗钻具	0.66	1.29	1.94	2.82	3.50	4.53	5.08	5.63	6.18	6.73
直径≤130mm 钻孔冲洗一次	0.13	0.25	0.38	0.51	0.64	0.76	0.89	1.02	1.14	1.27
直径≥150mm 钻孔冲洗一次	0.23	0.46	0.92	1.38	0.84	2.30	0.76	3.22	3.68	4.14

注：单位为台时。

（10）采用二木塞止水法作一次孔内止水的时间定额见表 9 – 25。

表 9 – 25　采用二木塞止水法作一次孔内止水的时间定额

平均孔深/m	孔径≤130mm		孔径≥150mm	
	灌注 10m	灌注 50m	灌注 10m	灌注 50m
50	0.35	0.39	0.69	0.81
100	0.48	0.53	1.05	1.16
150	0.62	0.67	1.40	1.52
200	0.75	0.81	1.76	1.87
250	0.90	0.98	2.21	2.31
300	1.08	1.18	2.77	2.85

注：1. 单位为台时；

2. 本定额不包括配置水泥及水泥候凝时间。

（11）采用水泥封闭一段钻孔的时间定额见表 9 – 26。

表 9 – 26　采用水泥封闭一段钻孔的时间定额

孔段深/m	准备工作	清透钻孔	架桥	探明架桥情况	配置水泥浆	灌注水泥浆	候凝 硫铝酸盐水泥	候凝 硅酸盐水泥	取凝固件	合计 硫铝酸盐水泥封闭	合计 硅酸盐水泥封闭
0～100	4	0.79	0.99	0.50	0.75	0.56	12	24	0.83	20.42	32.42
101～200	4	1.54	1.62	0.83	0.75	0.70	12	24	1.46	22.90	34.90
201～300	4	2.32	2.27	1.17	0.75	0.88	12	24	2.11	25.50	37.50
301～400	4	3.33	3.15	1.50	0.75	1.06	12	24	2.99	28.78	40.78
401～500	4	4.14	3.83	1.83	0.75	1.26	12	24	3.67	31.48	43.48
501～600	4	5.29	4.86	2.17	0.75	1.52	12	24	4.70	35.29	47.29
601～700	4	5.97	5.41	2.50	0.75	1.85	12	24	5.25	37.73	49.73
701～800	4	6.65	5.96	2.83	0.75	2.22	12	24	5.80	40.21	52.21
801～900	4	7.32	6.51	3.17	0.75	2.66	12	24	6.35	42.76	54.76
901～1000	4	8.00	7.06	3.50	0.75	3.19	12	24	6.90	45.40	57.40

注：1. 单位为台时；

2. 本定额按封闭 50m 为一段计算。超过 100m 时，每段增加 0.75 台时的配置水泥浆时间；

3. 当封闭第二段以上孔段时，应剔除准备工作时间，并根据情况剔除清透钻孔时间；

4. 封闭孔口段时，应剔除取凝固样和候凝时间；

5. 从孔底开始封闭时，应剔除架桥和探明架桥情况的时间。

（12）封孔时间定额见表 9 – 27。

表 9 – 27 封孔时间定额

孔径/mm	孔深/m														
	0 ~ 100			0 ~ 200			0 ~ 300			0 ~ 400			0 ~ 500		
	黏土球	重泥浆	水泥	黏土球	重泥浆	水泥	黏土球	重泥浆	水泥	黏土球	重泥浆	水泥	黏土球	重泥浆	水泥
≤130	0.119	0.053	0.067	0.129	0.055	0.064	0.138	0.050	0.062	0.147	0.047	0.059	0.156	0.045	0.056
130 ~ 150	0.129	0.058	0.073	0.140	0.056	0.070	0.150	0.054	0.067	0.160	0.051	0.064	0.170	0.049	0.061
174	0.154	0.071	0.089	0.170	0.067	0.084	0.186	0.064	0.080						
225	0.190	0.091	0.114	0.216	0.086	0.107									
244 ~ 273	0.250	0.128	0.160	0.296	0.116	0.145									
325 ~ 377	0.364	0.179	0.224	0.471	0.157	0.196									
450	0.727	0.251	0.314												

注：1. 单位为时/米；

2. 孔深超过 500m 以后，每增 100m 按前者数值的 0.95 计算；

3. 本定额中的水泥时间定额未包括候凝时间。

（13）平整一个机场的时间定额见表 9 – 28。

表 9 – 28 平整一个机场的时间定额

钻机类型	100 型	300 型	600 型	1000 型
土方为主	45	60	75	90
土石方各半	75	120	150	225
石方为主	150	225	300	450

注：1. 单位为工时；

2. 工班效率：土方为 4.5m^3，土石方各半为 3m^3，石方为 2m^3。

（14）矿区内机场全套设备拆卸、安装一次的时间定额见表 9 – 29。

表 9 – 29 矿区内机场全套设备拆卸、安装一次的时间定额

钻机类型	100 型	300 型	600 型	1000 型
所需台班数	1	7	9	11

注：安装与拆卸的时间比例为 2/3 与 1/3。

（15）矿区内机场全套设备、物资搬迁一次的时间定额见表9-30。

表9-30 矿区内机场全套设备、物资搬迁一次的时间定额

距离/m	钻 机 类 型			
	100 型	300 型	600 型	1000 型
100	7	23	30	40
200	14	46	60	80
400	22	74	96	128
600	25	83	108	144
800	28	92	120	160
1000	35	115	150	200
1500	42	138	180	240

注：单位为工班数。

（16）终孔后测稳定水位的时间定额见表9-31。

表9-31 终孔后测稳定水位的时间定额

钻机类型	100 型	300 型	600 型	1000 型
平均稳定台班数	2	4	4	4

9.3 预算标准

9.3.1 地质岩心钻探预算标准

（1）地质岩心钻探预算标准见表9-32。

表9-32 地质岩心钻探预算标准 （元/米）

孔深/m	岩 石 级 别							
	I ~ III	IV	V	VI	VII	VIII	IX	X ~ XII
0 ~ 200	415	552	643	730	811	917	1064	1404
0 ~ 300	419	560	660	739	821	927	1075	1419
0 ~ 400	452	603	702	797	886	1002	1160	1532
0 ~ 500	464	620	720	818	909	1027	1192	1573
0 ~ 600	484	644	749	853	947	1069	1241	1639
0 ~ 700	564	751	875	993	1104	1248	1447	1910
0 ~ 800	580	774	901	1023	1137	1284	1489	1967
0 ~ 900	600	801	932	1059	1176	1329	1542	2035
0 ~ 1000	620	827	962	1092	1214	1372	1592	2101
0 ~ 1100	657	877	1020	1158	1287	1454	1688	2227

孔深/m	岩 石 级 别							
	I ~ III	IV	V	VI	VII	VIII	IX	X ~ XII
0 ~ 1200	697	929	1081	1227	1364	1542	1789	2361
0 ~ 1300	738	985	1146	1301	1446	1634	1896	2502
0 ~ 1400	783	1044	1215	1379	1533	1732	2010	2652
0 ~ 1500	830	1107	1287	1461	1625	1836	2130	2812
0 ~ 1600	879	1173	1365	1549	1722	1946	2258	2980
0 ~ 1700	932	1244	1446	1642	1825	2063	2394	3159
0 ~ 1800	988	1318	1533	1740	1935	2187	2537	3349
0 ~ 1900	1047	1397	1625	1845	2051	2318	2690	3550
0 ~ 2000	1110	1481	1723	1956	2174	2457	2851	3763

注: 1. 斜孔 85°按本标准提高 10%, 斜孔 80°按本标准提高 20%, 斜孔 75°按本标准提高 30%;

    2. 项目年度工作量≤300m 时, 按本标准提高 15%; 项目年度工作量 >300m、≤500m 时, 按本标准提高 10%; 项目年度工作量 >500m、≤800m 时, 按本标准提高 5%。

(2) 砂钻预算标准见表 9 – 33。

表 9 – 33 砂钻预算标准 （元/米）

孔深/m	预算标准
0 ~ 20	407
>20	447

注: 水上砂钻按本标准提高 30%。

(3) 取样钻预算标准见表 9 – 34。

表 9 – 34 取样钻预算标准 （元/米）

孔深/m	预算标准
0 ~ 20	279
>20	302

(4) 矿产地质水平钻探预算标准见表 9 – 35。

表 9 – 35 矿产地质水平钻探预算标准 （元/米）

孔深/m	岩 石 级 别							
	I ~ III	IV	V	VI	VII	VIII	IX	X ~ XII
0 ~ 100	468	623	725	851	961	1098	1281	1701
0 ~ 200	580	772	899	1055	1190	1360	1588	2109
0 ~ 300	635	849	986	1157	1307	1493	1741	2315

9.3.2 水井钻预算标准

（1）口径 $\phi < 201mm$ 的水井钻预算标准见表 9-36。

表 9-36 口径 $\phi < 201mm$ 的水井钻预算标准 （元/米）

孔深/m	岩石级别					
	I ~ III	IV	V	VI	VII	VIII
0 ~ 100	349	416	493	563	708	835
0 ~ 200	474	581	688	788	991	1167
0 ~ 300	677	835	981	1128	1413	1666
0 ~ 400	949	1167	1374	1576	1981	2331
0 ~ 500	1219	1498	1767	2029	2644	3000
0 ~ 600	1352	1663	1961	2250	2824	3331
0 ~ 700	1502	1845	2178	2499	3136	5141
0 ~ 800	1668	2049	2417	2774	3804	5275
0 ~ 900	1850	2275	2682	3066	3923	5434
0 ~ 1000	2054	2524	2977	3321	4093	5552

注：本标准不含成井材料费用。

（2）口径 $\phi = 201 \sim 250mm$ 的水井钻预算标准见表 9-37。

表 9-37 口径 $\phi = 201 \sim 250mm$ 的水井钻预算标准 （元/米）

孔深/m	岩石级别					
	I ~ III	IV	V	VI	VII	VIII
0 ~ 100	379	461	544	623	784	921
0 ~ 200	528	645	759	868	1097	1291
0 ~ 300	753	930	1086	1244	1567	1844
0 ~ 400	1053	1291	1517	1743	2195	2578
0 ~ 500	1343	1645	1931			
>500	1497	1833	2159			

注：本标准不含成井材料费用。

（3）口径 $\phi = 251 \sim 300mm$ 的水井钻预算标准见表 9-38。

表 9-38 口径 $\phi = 251 \sim 300mm$ 的水井钻预算标准 （元/米）

孔深/m	岩石级别					
	I ~ III	IV	V	VI	VII	VIII
0 ~ 100	412	506	595	682	862	1015
0 ~ 200	579	706	831	954	1208	1419

孔深/m	岩石级别					
	I ~ III	IV	V	VI	VII	VIII
0 ~ 300	824	1012	1191	1365	1724	2028
0 ~ 400	1152	1418	1664	1911	2414	
0 ~ 500	1433	1761	2070			
>500	1599	1964				

注：本标准不含成井材料费用。

（4）口径 ϕ = 301 ~ 350mm 的水井钻预算标准见表9-39。

表9-39 口径 ϕ = 301 ~ 350mm 的水井钻预算标准 （元/米）

孔深/m	岩石级别					
	I ~ III	IV	V	VI	VII	VIII
0 ~ 100	604	593	728	800	1009	1189
0 ~ 200	706	831	1020	1123	1413	1666
0 ~ 300	1009	1189	1454	1606	2042	2380
0 ~ 400	1514	1846	2184			
0 ~ 500	1917	2341	2761			
>500	2135	2609	3078			

注：本标准不含成井材料费用。

（5）口径 ϕ > 350mm 的水井钻预算标准见表9-40。

表9-40 口径 ϕ > 350mm 的水井钻预算标准 （元/米）

孔深/m	岩石级别					
	I ~ III	IV	V	VI	VII	VIII
0 ~ 100	566	682	810	922	1160	1365
0 ~ 200	791	954	1136	1294	1625	1909
0 ~ 300	1129	1365	1623	1844		
0 ~ 400	1694	2066	2432			
0 ~ 500	2145	2613	3081			
>500	2393	2914	3436			

注：本标准不含成井材料费用。

9.3.3 地热预算标准

地热预算标准见表9 – 41。

表9 – 41 地热预算标准 （元/米）

孔深/m	岩石分类	
	I	II
0 ~ 1000	1212	1346
0 ~ 1500	1274	1416
0 ~ 2000	1363	1518
0 ~ 2500	1445	1604
0 ~ 3000	1528	1688
0 ~ 3500	1609	1763

注：本标准不含成井材料费用。

9.3.4 工程地质勘探标准

工程地质勘探标准见表9 – 42。

表9 – 42 工程地质勘探标准 （元/米）

孔深/m	岩石级别					
	I ~ III	IV	V	VI	VII	VIII
0 ~ 10	119	201	303	406	518	629
0 ~ 20	152	253	383	518	659	798
0 ~ 30	185	307	461	622	790	960
0 ~ 40	223	364	551	743	947	1149
0 ~ 50	255	428	640	870	1106	1343
0 ~ 75	288	490	737	993	1263	1531
0 ~ 100	325	540	827	1120	1421	1672

注：1. 北京铲、洛阳铲、螺纹钻按本标准的30%计算；

2. 水上钻探按本标准提高30%。

10 孔内复杂情况处理预案

10.1 概述

钻探施工中不可避免地会遇到"难钻"地层，归纳起来主要分四类，即致密坚硬打滑地层、护壁与堵漏难的地层、取心率低下的松软地层、极易弯曲的地层。如果遇到了这四类地层，往往易发生孔内事故，致使钻探质量低下、施工缓慢、材料消耗增加、成本增大，最好是根据地层条件提前做出预案，以便出现问题时能够得到及时处理。

10.2 难钻地层施工方法预案

10.2.1 坚硬致密打滑地层

坚硬致密弱研磨性地层，即所谓的"打滑"地层。该类地层常规钻头钻速慢，严重影响钻探进度，为此，必须采取切实可行的技术措施，才能攻克这类地层难钻进的难题。在钻头选择上，必须正确确定和选择钻头的结构参数，同时要调整钻探规程参数。

10.2.1.1 钻头的选择

对于钻头结构参数的选择，其宗旨是有利于提高钻头切削刃的比压。具体做法如下：

（1）尽可能采用优质级金刚石。坚硬致密地层的施工钻压通常都比较大，如果金刚石的质量不好，极容易压碎金刚石，建议采用单颗能够承受 8kg 以上的金刚石。

（2）采用细颗粒的金刚石磨料。金刚石颗粒细，刃尖与岩石接触面积小，容易切入岩石，如果选择粗颗粒的金刚石就必须考虑降低金刚石的浓度，减少金刚石的"覆盖系数"。

（3）采用低浓度的金刚石含量。金刚石浓度低，金刚石在孔底的"覆盖系数"就小，在轴压不变的情况下，有力增加切削刃的比压，从而有利于金刚石切入岩石。

（4）选用低硬度的胎体性能。打滑地层的根源在于岩石坚硬致密，研磨性低，如果钻头胎体硬，就出现了"硬碰硬"，其结果就出现了"打滑"。玻璃杯在玻璃板上打滑，穿硬鞋底的鞋走在大理石地面上容易打滑等都说明出现"硬碰硬"打滑的道理。而低硬度的胎体，有利于金刚石出露，金刚石是世界上目前为止发现最硬的材料，金刚石相对岩石来说，又是"硬克软"，当然也就克服了打滑现象，有利于钻进，但前提是金刚石必须出刃。

（5）采用 V 形槽尖齿型钻头。采用 V 形槽尖齿型钻头的目的主要是减小钻头与岩石的接触面积，提高钻头唇面上的比压。

（6）增加水口个数。水口数目增多同样是减小钻头与岩石的接触面积，提高钻头唇面上的比压。

（7）采用宽水口结构。水口宽的目的也是减小钻头与岩石的接触面积。

（8）采用反螺旋式水口。钻头水口大多是直水口，直水口钻头有利于加工制造，除此之外，还有右旋水口和左旋水口，右旋水口有利于排除岩粉，而左旋水口不利于排粉，打滑地层之所以采用左旋水口正是利用这一点，提高钻头的自锐性能。

（9）增加工作层高度。由于钻头选择了软胎体，在一定程度上降低了钻头的寿命，增加钻头胎体工作层高度可以提高钻头的使用寿命。

（10）加强保径措施。由于钻头选择了软胎体，同样易导致钻头内外径发生变化，对此，必须加强钻头的保径强度。

10.2.1.2　规程参数

克服致密打滑地层难钻进问题，除了合理选择或设计钻头外，还必须合理确定规程参数，其规程参数的特点总体是"高压、快转、低泵量"。

钻压低，金刚石不能刻入岩石，钻头底唇面容易抛光，当发生钻头抛光后，再选用高钻压也没有用了。因此，在钻进这种地层时必须采用高的钻压，而且，在开始的时候就必须加大钻压。

由于钻头选用细粒金刚石，出刃小，即使金刚石切入岩石，切削量也很小，必须依靠提高转速提高钻速。

地层坚硬单位时间产生的岩粉少，细粒金刚石钻进产生的岩粉颗粒小，因此，不需要多大的冲洗液量就可以达到清除岩粉的目的。另一方面，低泵量有利岩粉在孔底存留一段时间，有利于金刚石出露，克服打滑现象。

10.2.1.3　钻进方法

克服打滑地层最有效的钻进方法是选择冲击回转钻进方法。这是因为冲击力应力集中，钻头切削刃易于刻入岩石，同时，由于岩石的脆性大，易于发生冲击剪切，易达到体积破碎的效果。再加上高频率冲击易对脆性材料产生疲劳破坏。

10.2.2　护壁与堵漏难的地层

钻进复杂岩层时，由于岩层松散、松软、倾角陡、性脆、破碎等复杂情况，易于造成孔内事故，其中尤以孔壁漏失、塌陷、崩落和缩径最为明显。因此，须事先提高警惕，做好预防工作。解决护壁与堵漏难的问题的关键是弄清孔内地层情况。

10.2.2.1 造成孔壁塌陷、岩石崩落的原因

岩心钻探孔壁塌陷的原因大体有如下 10 种：

（1）由于地球内部发生的各种应力，使地质构造遭到较严重的破坏，处于这些地带的岩层遭到破碎后，一旦钻头钻穿，孔壁失去原有平衡，向孔内塌陷。

（2）松散、胶结弱的流砂层，某些矿层（如一些煤层），以及接近地表的风化带、氧化带等。

（3）节理、层理、片理、裂隙发育的岩层，这些岩层倾角大时，塌陷机会更多。有时虽用优质泥浆，也往往不能完全防止从斜面的悬壁上脱落岩块。

（4）砾石层、卵石层或吸水膨胀的岩层。

（5）喀斯特溶洞中后期充填的充填物的塌落。

（6）片理发达、倾角大的岩层，冲洗液渗入层理之间，降低片理间的摩擦系数，促使岩层滑入孔内或使钻孔变形。

（7）泥浆使用不当会直接造成塌陷与崩落。如使用失水量大的泥浆，会促使松软孔壁塌陷，这种泥浆中的游离水被岩层吸去，引起岩层体积膨胀、缩颈或塌落。再如泥浆密度低，液柱压力不能平衡孔壁压力而引起塌落等。

（8）泥浆黏度过高产生糊钻时，在起钻时粗径钻具形成活塞效应，将孔内泥浆抽出孔外，被吸汲孔段产生负压，不稳定岩层失去冲洗液体的平衡而塌陷。

（9）钻具轴压过重，成弯曲状态，转动后发生剧烈振动，搅扰破坏孔壁。

（10）泥浆上升流速在松散岩层中过高，将孔壁冲毁。

塌陷的严重恶果是酿成恶性卡钻、埋钻，易导致钻具折断，且折断后，不易摸到断头，在塌陷地层继续钻进很容易使钻孔偏离设计轴线，发生弯曲等。

10.2.2.2 塌陷事故的分类

根据各种塌陷、崩落的象征，对塌陷事故的分类见表 10 - 1。

表 10 - 1 塌陷事故的分类

各种客观情况	崩 落	轻微塌陷	严重塌陷
岩心的完整性	较破碎成块状	破碎成小块状	极破碎成粉碎状小块
岩心采取率	比平常降低	显著降低	不用特殊采取方法如干钻、无泵钻进法，双层岩心管等则取不上来
取粉管中岩粉情况	岩粉中混有棱角状，半圆状岩石块	取粉管中充满棱角状岩屑、岩块	下钻不久即充满大量岩粉、岩块

各种客观情况	崩 落	轻微塌陷	严重塌陷
塌陷范围	局部或个别岩层	一部分裸露的不稳定岩层	全部裸露的不稳定岩层
下钻时	中途可能"搁浅"，转动钻具后即顺利通过	下不到底，冲孔后即到底，可继续钻进	下不到底，冲孔捞砂时，冲捞不净，不能继续钻进，岩粉堆逐渐增高
钻进时	只有轻微滞涩现象，泵压略增	滞涩吃力，泵压增高，钻速降低	钻速剧降，甚至不能继续钻进、蹩泵严重
起钻时	有被卡现象，但易处理，指重表悬重约增20%	须开泵起上几根后才能顺利起钻，有时须用升降机强力起拔，指重表悬重50%~100%	起钻困难，被卡、指重表悬重增加数倍
泥浆黏度增高	平常	大	很大、很快
降低黏度化学剂效果	良好	良好	无效
钻进功率变化	正常	较大	极大
塌陷引起的钻具折断事故	无，极少	有时发生折断后不易摸到断头	经常发生，摸不到断头
易于引起塌陷的作业	起钻	起钻，钻进	起钻，钻进，接单根钻杆。倒杆，测井以及其他暂时停工

10.2.2.3 防止孔壁塌陷、漏失的护壁技术措施

防止孔壁塌陷、漏失的护壁技术措施主要有：

（1）优质泥浆护壁堵漏。钻松软不稳定岩层，必须用优质泥浆作为冲洗液，而且要具有特定的性能以适应岩层需要。泥浆应具有最小的失水量（约30min 失水小于10mL）、适宜的黏度（20~30s）和适中的密度（1.05~1.2 g/mL），以便在整个钻进时间内既避免岩层大量吸水，又能有适宜黏度携带较大岩屑，并有致密的泥皮强度，保证孔壁安全。但优质泥浆只能克服轻微塌陷而不能防止严重塌陷。

（2）泥浆平衡护壁堵漏。泥浆平衡护壁堵漏就是通过调节泥浆密度进行护壁堵漏，典型的方法就是加重泥浆或充气泥浆。钻进松散破碎的地层，涌水或涌气地层，需要采用高密度泥浆。其特定的性能就是泥浆密度高（1.2~2.2 g/mL），而且泥浆的黏度也较高（30~35s），尽量降低泥浆的失水量，由于泥浆

密度的提高，冲洗液柱静压力增加，不但成功地抑制了塌陷倾向，而且还可以节省由于孔径缩小而造成的长时间的划眼工作和划眼时间，并能大大减小钻具被卡的危险；而充气泥浆实际就是泡沫泥浆，当地层相对稳定但漏失较严重而施工地区缺水，或为了保护地层，或为了防止压裂漏失的情况下，采用泡沫泥浆是妥当的。

（3）防塌泥浆护壁堵漏。广义讲泥浆均具有防塌作用，但这里讲的防塌泥浆是针对特殊地层，利用化学原理配制的具有抑制性能的泥浆。如盐水泥浆可以防止黏土和泥岩的分散作用，因为氯化钠（NaCl）是强电解质，可以起聚沉作用，当浓度达到25%以上，可阻止黏土、泥岩的分散作用；又如富K^+的泥浆，由于K^+的几何效应和较低的水化数，可有效提高孔壁黏土的致密度，降低泥浆失水量，抑制黏土水化膨胀，提高孔壁的安全与稳定。

（4）惰性材料护壁堵漏。对于孔内孔隙裂隙较大的地层，漏失较严重，靠泥浆固相颗粒、化学的絮凝聚沉、高分子链的网膜结构等，均不能达到堵漏效果。这时，可以在泥浆中添加惰性材料，如锯末、棉籽壳、稻壳、海带、大豆等，利用惰性材料浸水膨胀作用，填充井下孔隙及裂隙。凡遇水膨胀，且短期内不易腐烂变质，价格便宜，经济合理的惰性材料均可作为堵漏材料。这里所说的惰性材料主要指不参与泥浆化学反应的适宜物质。

（5）化学材料护壁堵漏。这里所说的化学材料，非指泥浆处理剂材料，而是指能够迅速发生固化反应胶固孔壁的化学材料及处理剂。化学材料护壁堵漏的最大特点就是反应速度快，材料消耗少，待凝时间短，所形成的固化物性能稳定，脲醛树脂、氰凝等常作化学堵漏材料用于维护孔壁。

（6）水泥灌注护壁堵漏。在缺乏套管的情况下，可采用水泥胶固孔壁法，代替套管。此外，井深较深，下套管工作量大时也可考虑水泥灌注，这里特别值得推崇的是水泥灌注护壁堵漏法，如果应用得当，绝大多数孔壁漏失及坍塌掉块问题都可以得到解决，因此要重视水泥护壁堵漏技术措施在钻探中的地位。水泥护壁堵漏应用的好与坏，关键在于水泥处理剂的掌握。

（7）采用套管护壁堵漏。套管护壁堵漏法是最可靠的护壁方法，在复杂地层情况下，只要条件（井径、井深、套管储备）允许时，可优先考虑套管护壁。在孔口均应下孔口套管，也称孔口管，下入深度根据地层确定；在较深的破碎带，可下暗管（飞管）进行护壁，暗管的上下端均应事先做成喇叭形，以便保证升降钻具顺畅。

（8）特殊护壁堵漏技术。对于孔内出现大溶洞、大裂隙的情况下，可以采用特殊技术堵漏护壁，如布袋灌注法、爆破堵漏法等。布袋堵漏法是用布袋包裹在注浆管前端，并随注浆管下到预定位置，然后开始灌注水泥浆液，在布袋围堵作用下，防止堵漏材料流失。注浆用布袋直径和布袋高度与孔内情况和钻孔直径有关；而爆破堵漏法是将炸药下放至孔内，将漏失严重的"无底洞"炸塌，然后再灌注水泥浆液固化。

（9）综合护壁堵漏技术。综合护壁堵漏是指将化学材料、黏土或水泥材料、惰性材料等掺混在一起，制成球状或用小袋盛装，之后投入孔内，可用钻杆辅以搅拌，利用材料膨胀、物理填塞及化学反应等机理，对孔壁进行综合治理的一种措施。

（10）护壁堵漏新技术。护壁堵漏新技术是指新开发的技术方法，主要有膨胀管技术、电渗技术、井下热熔铸管技术等。

10.2.2.4 常见护壁与堵漏的技术方法

A 在塌陷层、流砂层下套管壁法

塌陷严重的流砂带、碎裂带，不等钻具提上来就淤满了钻孔。遇到这种情况可以用比套管小一级的箭头状钻头，随套管下入孔内，加大泵量，使用黏度高的泥浆，在不断的循环下，将流砂和塌陷下来的岩块边钻屑，边冲掉，同时将套管逐渐下沉。如此当第一根套管快要下完时须迅速卸去水龙头接上第二根，钻头直径不要过大，防止卡钻。有时可先用钻杆进行，边冲孔边下沉套管（见图10-1）。

B 钻孔缩径的预防与处理

钻孔缩径或称作缩孔，是钻孔直径收缩的简称。出于某些工具的缺陷，技术措施的不当，岩层的变形等原因，使钻出来的钻孔直径小于预计的尺寸，谓之缩径。预防缩径方法如下：

（1）金刚石钻头必须配金刚石扩孔器，而且钻头应排队轮换使用。先用外径大的，后用外径小的，或先用内径小的，后用内径大的。金刚石钻头与扩孔器必须合理配合，扩孔器的外径比钻头外径要大 0.3~0.6mm。

（2）使用肋骨式钻头钻进松软易膨胀的岩层，使粗径钻具与孔壁间的环状间隙加大，不但能使大量冲洗液畅通，而且有一定的缩径余量不至于发生卡钻事故。

（3）下套管前必须另行划眼，以防止套管下至中途受阻，有时仍然不能完全避免套管中途受阻时，可使用偏心钻头（见图10-2）或水压扩孔器进行管下划眼（见图10-3）。

（4）钻易膨胀岩层必须使用优质的失水量低的泥浆。

（5）提钻时应随时向孔内灌注泥浆，保持泥浆静水压力的恒定不变，防止岩层滑动。

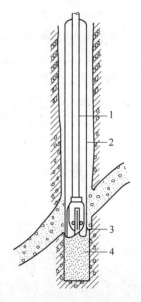

图10-1 边冲孔边下套管
1—钻杆；2—套管；
3—钻头；4—堆积物

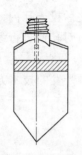

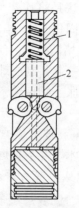

图 10－2 偏心钻头

图 10－3 管下水压扩孔器
1—弹簧；2—刀杆

（6）使用快速钻进的技术措施，"轻压快转大泵量"迅速地钻过塑性岩层，由于钻具转动发生的离心力，可以破坏局部缩径现象。

（7）下套管隔绝缩径部位以防止缩径的蔓延与恶化。

C 预防糊钻的技术措施

糊钻现象又称作泥包现象。钻孔里的岩粉、岩屑、岩泥在钻进过程中，不能连续不断地彻底地从孔底被清除时，它就会逐渐黏附在钻头、岩心管、钻铤，甚至下部钻杆上，加上钻具的旋转、压挤和滚动作用，就紧紧地包糊在钻具的四周，这种现象称为糊钻。

钻进时随时采取必要的技术措施，糊钻是可以及时预防的，具体措施如下：

（1）安置合格的泥浆循环系统，定时清理随时保证泥浆的净化与岩粉的沉淀清除。

（2）新钻头下入孔内距离孔底还有相当一段距离时，应立即连接立轴钻杆进行划眼（金刚石钻头除外），以消除孔底岩粉堆，查看返回泥浆性能是否正常，开钻之初应以"轻压快转"为宜，这样对于消除岩粉堆是很有利的。

（3）糊钻造成卡钻，切忌"强拔硬顶"。发现有糊钻征兆，可用大泵量循环泥浆冲孔，并进行划眼操作，可有效地预防糊钻。如孔壁泥皮过厚，随时有遇阻可能时，在下钻过程中，应分段循环泥浆，并调整泥浆性能，可以有效防止泥包。

（4）定时划眼，修整孔壁。

（5）应严格避免在易糊钻岩层进行"干钻"。

（6）根据岩层的塑性、黏性，选择适合形式的钻头。在塑性或可能发生糊钻的岩层，应选择肋骨式钻头或刮刀式钻头钻进，粗径钻具与孔壁间有较大间隙，便于增大泵量彻底冲净孔底。

（7）起钻之前应用大泵量冲孔，并在冲孔过程中不时地活动钻具（旋转及上下活动）。

（8）为了获得薄而坚韧的薄泥皮，应使用失水量低的泥浆。

（9）用煤碱剂处理泥浆，煤碱剂是用定量的褐煤和苛性钠配制而成，所产生腐殖酸钠盐黏附在黏土颗粒的表面，增加黏土颗粒的亲水性。由于黏土颗粒亲水性的增强，相应地减少了游离水分，使泥浆失水量降低，同时由于黏土周围的水膜加厚，颗粒间的吸引力减弱，减少泥包形成。

（10）发现糊钻后应尽量加大泵量，利用上升液流在环状间隙形成的高速冲刷作用，冲毁泥包，同时用较高转速旋转钻具，并上下活动钻具，借助钻具的离心作用所发生的机械作用，能有效地破坏泥包。发现糊钻后在任何情况下不能停止冲洗液循环以防事故恶化。同时应换用稀泥浆以提高冲洗液的水化作用，迅速消除糊钻现象。

D 卡钻的处理方法

卡钻也称为"钻具冻结"，是钻探工作中最常发生的严重事故之一。发生卡钻后必须正确判断卡钻原因，选择正确的解除卡钻的方法，同时还要结合当地的设备条件迅速、正确地排除卡钻。排除卡钻的方法如下：

（1）吊锤震动法。吊锤震动法的基本工具是吊锤，吊锤是用生铁铸成的圆柱形中空的铁锤，钻杆能从中间通过。吊锤质量有两种，分别为50kg及75kg。打吊锤的方法有人工打吊锤法和动力人力兼打吊锤法。

（2）用小一级岩心管或弯钻杆震动被卡岩心管。孔壁塌陷或崩落以及钻孔不清洁造成的卡钻，常常是将粗径钻具卡在孔底，必须先将全部钻杆返回，然后用小一级的短岩心管或具有适当曲度的弯钻杆下入被卡的粗径钻具内，开动钻机，慢慢转动，使小一级岩心管敲打被卡岩心管，后者被敲打活动后，用公锥从孔内取出。

（3）利用猛提骤放的原理，活动被卡钻具。钻具局部被坍塌物所淤塞，可将钻具用升降机拉紧，到达一定限度后（不得理解为强力起拔），骤然下放，如此上下往复动作能破坏卡钻物质，逐渐使被卡钻具活动范围加大，最后被提出。

（4）单偏心电动卡钻震动器的震动解卡。

E 钻孔涌水

涌水是从承压水层钻孔中喷发出来而造成的现象，其根本原因与油气层井喷的原理是相似的，即地层压力 p_f 大于冲洗液柱的压力 p_M 而造成的。涌水产生的恶劣后果对钻进工作的影响也有很多是与喷油气相似（甚至使工作中断、钻孔报废），只不过是不至于发生火灾而已。

a 泥浆水侵后的两种影响

水侵是岩层中的水侵入泥浆，使泥浆变质的一种作用，通过以下征兆可以察觉是否发生水侵现象。

（1）由于水侵首先泥浆本身被稀释，密度降低，从而钻杆与孔壁间隙中的泥浆比钻杆中泵入泥浆的密度轻，因而泥浆泵泵压比平常降低。

（2）由于水不断侵入泥浆，因而使返回泥浆数量大大超过泵入数量。有时停泵后，从孔口还能自动溢出，这种情况充分说明涌水的现象已相当严重。因此，在用泥浆作冲洗液钻进承压水层，如果泥浆性能不完全适合岩层需要，将造成水侵的机会，使泥浆性能遭到破坏以致最后导致涌水喷发。

（3）由于水侵的发生，孔壁泥皮逐渐被破坏，形成脱皮现象，返回泥浆中浮有大小不等的泥皮。

含水层的水质不同，可能是淡水也可能是盐水，因而对泥浆性能的改变也是不同的。

侵入泥浆的如果是淡水，使泥浆被稀释，密度降低，同时黏度与静切力也被破坏而减小，这样大量岩粉岩屑以及黏土颗粒即有下沉的危险，特别在停泵时更为显著。如果使用的是重泥浆，重晶石粉或其他加重剂会急剧从泥浆中离析出来。泥浆的失水量也随之不断地增大。

浸入泥浆的如果是盐水，随着盐分的高低变化，将产生以下后果：初时泥浆密度降低，但黏度、静切力和失水量都有所提高。由于盐类的凝聚作用使泥浆变得很浓；如果继续遭受水侵，密度降低得很多而且很迅速，同时黏度与静切力也迅速降低，使岩粉、岩屑、加重剂纷纷下沉。失水量增大的幅度也将比淡水水侵时多，而且迅速。

钻穿高压含水层，水侵现象是造成涌水事故的根源，同时由于失水量增大，随之而来的往往还有塌陷与崩落故障。

因此钻高压水层，应该使用具有以下性能指标的泥浆：

（1）黏度：不低于 $30 \sim 50s$。

（2）失水量：不高于每 30 分钟 10mL，如果同时还有塌陷可能时，应降低到每 30 分钟 5mL。

（3）静切力：提高到 $60 \sim 80mg/cm^2$，加入适量优质黏土可以提高静切力，以便使泥浆能保持一定结构力，使加重剂、黏土等不致下沉。

（4）泥浆密度：至少使泥浆柱压力超过高压水层压力 15 ~ 20 个大气压。

钻进过程中发现孔口有溢流现象，应停止钻进，进一步增大泥浆密度，并维持大泵量循环，逐渐替换掉水侵泥浆，通过入口与出口泥浆密度的测定，以推断水侵现象的消灭程度。如一个完整循环中出入口泥浆密度平衡，即表明涌水现象已无。

b 涌水的处理

突然钻到高压水层往往难以预料，在这种情况下常常发生恶性涌水事故（视水头压力而定）。如不加以适当处理，钻进工作将无法继续进行。例如，在采用钻粒钻进硬岩石时，钻粒不能顺利到达孔底，卡岩心用的碎石粒也不能从钻杆中送下，机械设备被水淋湿后个别零件失灵，如卷筒制带、传动皮带打滑等。有时恶性涌水会产生孔壁塌陷，将钻孔淤塞，涌水量大减。

处理涌水之前必须测定地层压力，以便计算出所用泥浆的适当密度，测定地层压力的方法有两种：

（1）用接长套管的方法测定地层压力（见图 10-4）。如涌出孔口的水头不高时，可以使用这种方法，从孔口向上接长套管，到涌水静止为止。测定涌水层水位，然后按下式计算地层压力（不计算因与孔壁磨耗等造成的水头损失）。

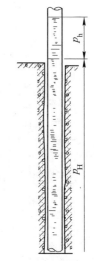

$$p_m = \frac{p_h + p_H}{10} \times 10^5$$

式中　p_m——地层压力（或称涌水层总水头），Pa；

p_h——孔口以上至静止水位的水头高度，Pa；

p_H——涌水层至孔口的水头高度，Pa。

例如，某钻孔涌水层深400m，涌出孔口20m，则地层压力 $p_m = p_h + p_H = (20 + 400) \div 10 = 420 \div 10 = 42 \times 10^5 Pa$（约）。试求所需泥浆密度。

图 10-4　用接长套管法测地层压力

假设泥浆柱压力 $p'_m = 57 \times 10^5 Pa$（超过 $p_m = 15 \times 10^5 Pa$）。则：

$$p'_m = \frac{H}{10}\gamma$$

式中　H——涌水层深度，m；

γ——泥浆密度，g/cm³。

即　　　　　　　　　　　$57 = \frac{400}{10}\gamma$

所以　　　　　　　　　　$\gamma = \frac{57}{40} = 1.425$

（2）孔口安装压力表进行测定（见图10-5）。孔口装一个三通及特制接头，其支管上装一个高压闸门和一个压力表。安装接头时将闸门打开，从支管泄水，接头装好后，关闭闸门，从压力表上可以读出孔口以上水头压力，然后用以上方法计算出涌水层近似压力和所需泥浆密度。

三通和接头的丝扣与孔口套管丝扣必须严密配合，支管必须耐高压。

处理涌水的基本装置如图10-6所示。钻杆或小直径套管1，一直要通过专用接头3，并且到达涌水层以下3~5m，孔口管在开孔后即应用水泥将管外环状间隙封闭。

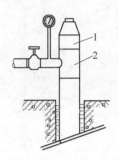

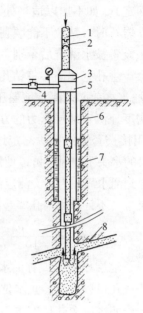

图 10-5 压力表测地层压力

1—特制接头；2—三通

图 10-6 处理涌水的基本装置

1—钻杆；2—回压阀；3—专用接头；4—高压阀门；
5—三通；6—套管；7—水泥浆；8—涌水层

事先要准备大于钻孔体积 2~3 倍的重泥浆。各种工作准备妥善后，开动两台泥浆泵把重泥浆迅速、不中断地压入孔内，同时调节高压阀门 4，使它开放很小，以给涌水层施加适当回压（反压力），循环返回的水侵泥浆导入另一水源箱内。仍继续不断泵入重泥浆，宜到出入口泥浆密度平衡，涌水被抑止为止。

事先工作人员应明确分工，密切配合。使用小直径套管的目的是为了尽快地以大泵量送入重泥浆。工作之前管线必须试压，以保安全。

c 涌水情况下继续钻进时应采取的特殊措施

（1）涌水卡岩心的方法。涌水情况下，投卡石取岩心已不可能。可用 16 号铅丝，扭成长 250mm 左右的麻花形辫子，下端打扁成 1mm 厚，其他部分打扁成 3mm 厚，取岩心时一次从钻杆中投入 3~5 根，即可顺利到达岩心根部，然后开动钻机将岩心扭断。也可使用岩心卡簧。

（2）下套管的特殊措施。用套管夹板吊悬套管，而不用套管头吊悬，这样可以避免下套管时喷水过高，无法工作，或套管被涌水顶起，下不下去。套管鞋处应缠盘根或棕皮、海带，或事先往孔内投适量黏土，以防套管下入后，从管外涌水。孔口两层套管之间也必须塞严。

（3）可考虑使用反循环钻进法，利用涌水压力，从钻杆中心孔将岩心、岩粉冲出。

10.2.3 取心率低下的松软、破碎地层

解决松软地层取心率低下的宗旨是必须要做到：钻进时防冲防堵，即防冲洗液冲刷岩心、防岩心堵塞岩心管、提钻时防岩心脱落。

10.2.3.1 岩心堵塞

A 岩心堵塞造成的后果

岩心堵塞经处理无效后，使正常钻进工作中断，不能达到预定回次进尺长度，以致不得不被迫起钻，增加辅助工作时间。

岩心堵塞后，岩心互相研磨，降低岩心采取率，从而影响岩心正确对位，使岩心相对孔深（岩心在孔内的正确深度）发生错误甚至无法判断。使钻孔地质剖面图不精确，影响勘探质量。

由于岩粉堵塞在岩心与岩心管的环状间隙里，冲洗液不能畅通，岩粉又不能迅速、彻底地排除，以致钻进效率迅速降低。有时岩心卡死，不能顺利进入岩心管内，以致完全不能进尺，钻进效率甚至降到零，并迫使钻头迅速磨损，大大减少了钻头的实效工作时间。

金刚石钻头在岩心堵塞时，如不及时发现，还将烧毁钻头。

B 岩心堵塞的原因

岩心堵塞的原因如下：

（1）在钻进岩层倾角大、片理节理发育的地层，岩心沿片理脱开，上下错动；或个别短节岩心由于钻具震动横卡在岩心管内。破碎岩心在管内因受震破碎成小块，自动卡塞在岩心周围。

钻进易膨胀的塑性岩层，未使用内外刃加大的肋骨式钻头，岩心吸水膨胀后堵塞在岩心管里。

（2）有时由于硬合金钻头内刃崩落，或钻粒钻进时没有定时提动钻具，岩心即逐渐变粗，而堵死在岩心管内。

（3）孔内岩粉过多，包糊在岩心周围，造成堵塞。

（4）技术操作不当，这是造成岩心堵塞的主要因素。如钻头压力过高，在破碎岩层钻进转速过快，以及在片理发育的岩层中钻进泵量过大等等，都会促使岩心破碎而堵塞。有时钻头压力不均匀，造成岩心忽粗忽细，也是堵塞的原因之一。

（5）岩心管不直，使岩心受到过度的机械破碎作用，从而增加岩心堵塞机会；岩心管局部被打扁，虽是完整岩心也全造成偏心堵塞。

（6）孔内有残留岩心，残留岩心一般上细下粗，下一个回次之初，扫孔速度过快，钻头压力过大，岩心粗头来不及被磨细而堵塞在钻头内。

（7）采用多次投砂法钻进时，投砂之后，往往一部分钻粒被滞留在岩心与

岩心管间隙内，如不将钻头提离孔底而猛然开车或即刻加压钻进，能使钻粒牢牢卡死岩心，造成堵塞。

（8）相同直径的钻头而镶焊的硬合金片数不同，不宜交叉混用，否则也易发生岩心堵塞。据经验介绍，一个镶有6片硬质合金的钻头钻出来的岩心比一个同直径而镶有8个硬合金片的钻头钻出的要粗一些。因此，如用后一种钻头去套前一种钻头钻出来的岩心，往往不能顺利套入，硬套猛转岩心即折断堵塞。

（9）内外管之间无扶正器，内管内壁不光滑，摩擦阻力大。

C 处理岩心堵塞的方法

泥浆泵泵压升高，有蹩水现象，钻具有轻微跳动感觉，钻进速度突然降低，甚至完全不进尺。这些象征即表明发生岩心堵塞现象。

硬质合金钻进完整岩层时，由于孔内积存岩粉过多而造成岩心堵塞，可将钻具稍微提离孔底，开大泵量冲洗。注视压力表指针变化，如泵压逐渐下降则表示好转，否则表示堵塞严重非强力冲洗所能处理，可辅助以上下活动钻具，有时孔底残留岩心也可将管内堵塞的岩心顶脱。

处理10~15min无效时，应即起钻，否则不但浪费时间，而且还使钻头迅速磨损。如是金刚石钻进，发现堵塞，应立即提钻否则轻者会造成钻头微烧或磨损，重者会造成烧钻事故。

金刚石钻进防止岩心堵塞的措施如下：

（1）内管内壁可镀一层硬铬、塑料，涂润滑脂以减少阻力。

（2）冲洗液中增加润滑剂，使用乳化冲洗液。

（3）对绳索取心钻具的单动接头，每次下孔前一定要清洗和润滑。

（4）使用锐利的钻头。

（5）注意保持钻柱的动平衡，即高转速下的稳定性。

（6）内管与外管之间必须加扶正环。

（7）在节理发育、吸水膨胀的岩层使用内径较小、补强的钻头，使岩心能顺利进入内管。

（8）采取减震措施，减少因摆动造成岩心破碎引起的堵塞。钻进中不得提动钻具，钻压、泵压、转速要均匀平稳。岩心堵塞，立即起钻，不得停顿。

10.2.3.2 树心与护心

由于松散或破碎地层，岩心不完整，取心率低下，这就要求施工中必须注意"树心"和"护心"。所谓树心，是指钻进时防止岩心被冲刷，保证形成柱状岩心。具体做法就是取心钻具要具有防冲刷功能，如单动双管机构、单向阀机构、侧喷水口钻头、阶梯钻头、内管超前钻头等机构；而护心则是指提钻时防止岩心脱落，如投球压卡钻具、爪簧护心机构、翻板式叶片阀、设置蓝簧等。这类钻具较多，图10-7是一款较简单的松散地层用取心钻具。

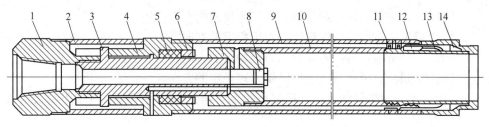

图 10-7　一款松散破碎地层用取心钻具

1—异径接头；2—保护套；3—连接杆；4—滑套接头；5—盘根；6—盘根压盖；7—内管接头；
8—单向阀座；9—外管；10—内管；11—限位块；12—抓簧；13—内钻头；14—外钻头

10.2.4　钻孔防斜

由于地质条件、设备条件、工艺条件等因素的影响，钻进时常常发生实际钻孔轴线偏离设计的钻孔轴线，此种现象称为钻孔弯曲，也称孔斜。特别指出的是，这里提出的防斜是指钻孔"轨迹的防偏"，而定向钻进的防斜，多数是强调方向"靶点的防偏"。当然，没有轨迹的防斜就谈不上对目标靶点的防斜。但钻达目标靶点不一定是沿唯一一条轨迹。

发生孔斜诚然有地层上的固有原因，但客观上也存在着弯曲条件，发生钻孔弯曲的条件有三个：

（1）存在孔壁间隙。孔壁间隙为粗径钻具提供偏倒（或弯曲）的空间。此条件主要影响钻孔弯曲的强度，间隙大钻孔弯曲的强度就有可能增大。

（2）具备倾倒（或弯曲）的力。由于轴压易导致钻杆自身弯曲，粗径钻具轴线偏离钻孔轴线，从而产生相对于钻头孔底的弯曲力矩。

（3）粗径钻具倾斜面方向稳定。粗径钻具倾斜面是指偏倒（或弯曲）的粗径钻具轴线与钻孔轴线所决定的平面，当该平面长时间处于稳定不变的位置时，钻孔就会发生弯曲。

孔壁间隙和倾倒（或弯曲）力是实现钻孔弯曲的必要条件；而粗径钻具倾斜面方向稳定是产生钻孔弯曲的充分条件，三个条件缺少一个都不会造成钻孔弯曲。因此，防斜的首要任务就是消除产生钻孔弯曲的条件。

10.2.4.1　防斜钻具

防斜钻具的设计都是围绕消除产生钻孔弯曲的条件进行的，具体防斜钻具类型如下：

（1）满眼防斜钻具：消除孔壁间隙的影响。

（2）增长粗径钻具：削弱孔壁间隙的影响。

（3）刚性防斜钻具：减小倾倒力矩。

（4）钟摆纠斜钻具：对倾倒力矩产生反向的纠斜力矩。

（5）塔式防斜钻具：对倾倒力矩产生反向的纠斜力矩。

（6）导向防斜钻具：对倾倒力矩产生反向的纠斜力矩。

（7）偏重防斜钻具：破坏倾倒力矩稳定的方向。

（8）柔杆防斜钻具：破坏倾倒力矩稳定的方向。

（9）不同心防斜钻具：破坏倾倒力矩稳定的方向。

（10）潜孔锤防斜钻具：有利减小倾倒力矩，同时利用冲击力减小钻头边缘的"钻速差"。

对于定向钻进用的偏心楔和弯接头，无论是出于纠斜还是造斜的目的，都是为了产生确定方向的倾倒力矩。

10.2.4.2 防斜工艺

钻进工艺也是影响钻孔孔斜的重要因素，如钻压过大、转速过高、冲洗液量过大等，往往易引起钻孔弯曲。钻压过大易使钻杆弯曲，转速高，离心力大，加大钻杆弯曲，钻杆弯曲使钻具倾倒力矩增大，弯曲的钻杆也容易引起孔壁间隙增大，泵量过大易冲刷孔壁等，因此，在易发生孔斜的地层必须注意钻进工艺问题。工艺防斜具体方法有：

（1）减压钻进法。减小倾倒力矩，削弱孔斜的强度。

（2）钻铤加压"吊打"法。运用以刚保直，减小倾倒力矩。

（3）减速钻进。降低离心力和钻具的摆动，减小扩径系数，降低孔壁间隙。

（4）小泵量钻进。减小孔壁冲刷，维护孔壁稳定，降低孔壁间隙。

（5）采用冲击回转钻进工艺。钻压低、转速慢，减小倾倒力矩、减小孔壁间隙，此外冲击产生的冲击载荷具有消除钻头上"钻速差"的效果。

10.3 井下落物处理预案

这里讲的井下落物泛指一切非主观投放的所有落物，包括钻杆折断，钻头脱落，提钻时跑钻，测斜仪器掉进孔内，工具等小物件掉入孔内等。井下落物是钻进中常常会发生的现象，如果不及时处理或处理不当，都会影响正常的钻进。为加快井内落物的处理速度，需要提前做好预案，准备好必要的处理工具。

10.3.1 钻杆折断

10.3.1.1 钻杆折断的原因

钻杆柱是在各种负荷所产生的各种复杂应力状态下，进行着繁重的工作，因而极易折断，尤其在以下几种情况下，折断的机会更多。

（1）施加于钻头上的压力过大时。

（2）发生各种过大应力的情况下，转速也过高。

（3）钻头吃入岩石深度过大时。

（4）岩石抗破碎阻力（抗破碎强度）过高时。

（5）使用弯曲钻杆时。

（6）弯曲的孔段，钻杆反复承受交变应力，丝扣连接处尤其严重，易造成疲劳折断。

（7）钻杆加工的缺陷常常促使钻杆折断，如丝扣过长、过硬、过渡面无倒角、薄厚不均、微裂纹等。

（8）操作上强力起拔、强行开车等。

（9）无润滑液条件开高转速。

10.3.1.2 钻杆折断的判断

判断钻杆的折断表现在以下几个方面：

（1）泥浆泵压力表压力降低。钻进过程中，泥浆经过钻杆柱和粗径钻具到达孔底，又从孔壁间隙中返回。在这一系列通路中，不断受到管壁、孔壁的摩擦阻力，管材中心孔缩小的水头损失，以及液体在通路中紊流现象遭受的耗损等。因为经常在压力表上表示出一定压力的升高，当钻杆折断后，泥浆循环"短路"，摩擦阻力减小，压力表指针骤然降低。由降低的多少也大致可以推测钻杆折断的部位，降低得越多，折断的部分越靠上（接近孔口）部。

（2）指重表指针急剧摆动之后即升高或降低。配备指重表的钻机在钻进时，指重表的指针将经常保持一定的指数。若钻杆折断，大钩所吊悬的质量或立轴油压缸压力突然发生变化，所以指针即发生急剧的摆动。如果折断的钻杆过多，其质量超过原加的钻头压力，则指针下降，因为这时大钩负荷已减轻；若折断的钻杆减少，其质量小于原加的钻头压力，因大钩负荷上升，则指针升高。总之，指针变动后所示的数字均比钻具离开孔底时的全部质量（总悬重）低。

（3）钻具折断后，残余钻杆下降较快，如果遇到折断的钻杆，旋转后有磨铁声音，并有跳动现象。

（4）如果接近岩心管附近折断，钻杆下降以后能插入取粉管或孔底的岩粉中，继而发生整泵或蹦跳现象。

（5）钻杆柱提起再下放时，孔深发生差异。

10.3.1.3 预防钻杆折断措施

预防钻杆折断的措施如下：

（1）钻杆在保管堆放过程中，管壁及丝扣部分必须涂浓机油或润滑脂。

（2）钻进使用时，丝扣应涂以专门的丝扣油，以产生润滑、封闭、防锈、防蚀和接合严密的作用。丝扣油是用几种原料配制的，具有一定黏度，以防流失。钻杆、钻铤常用的丝扣油见表10－2。

表10－2 钻杆、钻铤常用丝扣油

成 分	质量比例	备 注
铅粉：黄油（润滑油）	1∶2	稠浆糊状
铅粉：机油	2∶3	黏度，半流动

成 分	质量比例	备 注
铅粉:甘油	1:2	不流动
铅粉:锌粉:黄油	1:1:2	
石墨粉:黄油	1:2	石墨粉 0.08~0.125mm（180~120 目）
石墨粉（鳞片状）:黄油:苛性钠:机油	50%:5%:2%:43%	
锌粉:机油:干性植物油	60%:35%:5%	

（3）使用钻铤加压，改善钻杆柱受力条件和应力状态。国土资源部采用的钻铤的主要规格见表 10-3。

表 10-3　钻铤及接箍规格　　　（mm）

钻 铤					接 箍				
外径	壁厚	定尺长度	丝扣外径	每米重/kg	外径	丝扣内径	镗孔直径	长度	毛料规格
68	20	3000~4500		23.40	85				
70	20	3000~4500	66.558	24.66	85	68.005	72	170	87×14
85	25	3000~4500	81.558	37.00	100	83.005	87	170	102×14

注：钻铤端部采用 1:16 锥度，每英寸 8 扣，圆锥螺纹。

（4）合理使用、正确操作，钻进破碎裂缝岩层应适当降低转数和压力，发生卡钻时不应超负荷强力起拔。

10.3.1.4　打捞钻杆用的打捞工具与钻杆打捞方法

钻杆公锥（见图 10-8（a））是打捞落入孔内钻杆的一种常用的打捞工具。一般有两种形式：一种是正丝扣公锥（其下部丝扣型牙齿向顺时针方向扭转），另一种是反丝扣公锥。正丝扣公锥是用来打捞落入孔内的全部钻杆柱，很显然只有在钻杆柱没有被卡或被卡程度不严重的情况下，才能打捞成功；反丝扣公锥是用来分段返回捞取断落的钻杆。为了便于捞取上端带有小孔的内丝扣钻杆接头的钻杆柱，还特别设计了接头公锥。公锥是用优质钢材制成，丝扣型牙齿部分经过"渗炭"热处理，以便具有足够的硬度和耐磨性，当与断落钻杆咬合时，能顺利地套出丝扣来，使两者牢固接合在一起以便一起提取上来。公锥呈截圆锥形，是为了在打捞时能顺利地进入钻杆断头内，上端车有接头丝扣，与钻杆相接后可直接下入孔内；有时断落钻杆稍有偏斜，可在公锥以上接一个具有一定弯曲度的弯曲钻杆。公锥经热处理后不应有裂缝、斑疤、砂眼、发痕等缺陷。

钻头公锥。钻头公锥的下部带一个圆柱形小孔的引体，可以通水，引体的唇面镶有 4~6 块硬质合金，用于钻碎断落在钻头内的残留岩心，当岩心破碎后，公锥即可捞取钻头。

钻杆母锥（见图 10-8（b））是专供套住断落钻杆的上端而把它捞取上来的

工具，是用锻制的短钢管，内面车制出一定丝扣型牙齿后，经渗炭热处理硬化制成的。上端车成与钻杆相接的丝扣。母锥同时制成正丝扣与反丝扣的两种形式；以便打捞整根钻杆柱或分段返回断落的钻杆；由于其下端是喇叭口状，因此较公锥能更顺利地套住钻杆断头，然后扭转套扣，以便捞取上来，有时钻杆柱稍微偏斜，母锥能自行起一定的引导作用。母锥内面丝扣形牙齿经热处理后，不得有裂痕、发痕、砂眼以及斑疤等。

带导向器的钻杆公锥和母锥（图 10-8（c）、（d））是两种新型的打捞公锥和母锥。由于它本身带有圆筒状的外壳和导向器（引鞋），从而有可能将倒向孔壁的断落钻杆拨入导向器内，然后被公锥或母锥捉住。由于导向器外壳直径较大，因此在使用上受一定的限制，只能在 110mm 以上的钻孔中才可使用。

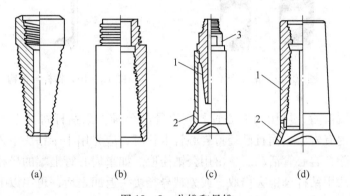

图 10-8　公锥和母锥

（a）钻杆公锥；（b）钻杆母锥；（c）带导向器的钻杆公锥；（d）带导向器的钻杆母锥
1—锥体；2—导向器；3—接头

钻杆捞矛（见图 10-9）是一种打捞钻杆的辅助工具，断面呈正方形，整体呈截头棱锥形。用它可以拨正斜依在孔壁上的钻杆，探寻钻杆断头的位置。当局部钻杆黏附在孔壁泥皮上时，必须先用钻杆把捞矛下入孔内，插入断头后慢慢扭转钻具，这样可以解除黏附的影响，然后再下入公锥捞取。

钻杆导正钩（见图 10-10）。当断落钻杆在孔内歪倒时，必须先下入钻杆导正钩将其拨正后才能捞取；导正钩也能辅助探寻钻杆断头的位置，以便下入带导正器的公母锥去捞取。

10.3.2　岩心管脱落和打捞

岩心管脱落有以下几种原因：

（1）岩心管两端丝扣磨损或管壁磨薄，直径磨损超过 1mm。

（2）岩心管与钻头和异径接头丝扣旋接的不紧。

（3）钻孔弯曲或在直钻孔中使用弯曲的岩心管。

图10-9 钻杆捞矛　　　　　图10-10 钻杆导正钩

岩心管脱落后，可用与岩心管相应直径的公锥，用钻杆将其下入孔内去捞取。如果孔内有岩心，而且已经将岩心管卡住时，应先用十字钻头下入管内，将岩心钻碎冲除，岩心管活动后，再用公锥捞取。如果岩心管上端的异径接头还未卸掉，应设法用钻杆公锥去捞取，或先把异径接头返回之后，再用以上方法捞取岩心管。

套管打捞器如图10-11所示，水压打捞器如图10-12所示。岩心管打捞的方法具体如下：

（1）折断脱落的套管断口距离孔口过远，在钻孔口径许可条件下可入小一级套管。

（2）折断的套管难于起拔上来时，在即将终孔的情况下，可以注入水泥将套管及局部原孔身封闭，利用补打斜孔的方法，钻一新孔完成钻孔任务。

（3）孔内连接法（见图10-13）。如果孔壁较完整，套管脱落孔深离孔口不远，可试用上段套管下到脱扣处去对扣，在孔内将两段套管连接起来。为了衔接的顺利和防止套管丝扣损坏，可在上段套管最下端的丝扣处带一个导正木塞，以拨正下段套管柱达到上下段套管顺利连接丝扣的目的。

（4）用反正扣套管接箍（见图10-14），下入孔内，按箍下端的正丝扣与孔内套管口丝扣相接。接箍上端的反丝扣是为了用反丝扣钻杆及特制接头往孔内送接箍时用的。接箍上口呈放射状，是为了使粗径钻具在管口外不致受阻而做的。

脱落，折断的套管管口往往已损坏或被钻坏，这时必须先把这一段套管用公锥卸掉，再用以上各法继续处理。

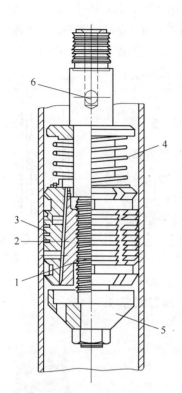

图 10－11　套管打捞器

1—芯子；2—锥形体；3—齿瓦；
4—弹簧；5—下盖；6—水孔

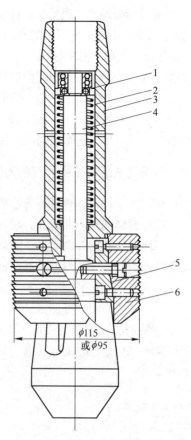

图 10－12　水压打捞器

1—活塞；2—弹簧；3—外壳；
4—活塞杆；5—滑槽；6—齿瓦

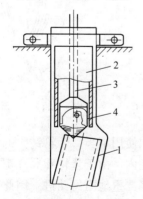

图 10－13　孔内连接法

1—脱落套管；2—上段套管；
3—钻杆；4—导正器

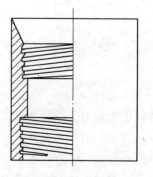

图 10－14　正反扣套管接箍

（5）套管断口距孔口很远，并证实上下两段套管口稍有错动，而且下段套管已被卡塞，打捞困难，同时钻孔直径亦不允许再缩小时，可用螺旋木锥（见图10-15）套在上段套管的下端，尖端露出，下入孔内，木锥将上下两段套管口对正，然后往管内注入稀水泥，水泥即可顺螺旋槽均匀地分布到套管与孔壁的间隙中，待水泥干固后用钻头将木锥钻掉，在两端套管口之间形成一节人造水泥管，使上下贯通。

木锥用硬木料做成，下端锥度较大，上端锥度较小，其外径稍小于套管内径，遇水可膨胀，能紧紧卡在套管内。

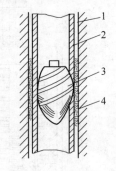

图10-15 螺丝木锥

1—孔壁；2—套管；

3—木塞；4—水泥浆

10.3.3 牙轮钻头的牙轮脱落与刮刀钻头翼片折断

近年来，由于地球物理探矿方法中测井工作的发展与应用，而且测井精确度在不断提高，矿体产状稳定地区或者已全部掌握了地层岩性的详勘矿区，除局部岩层或矿层及矿层顶、底板以外的岩层，取得地质部门的许可，可采用无岩心钻进法（孔底全面钻进）钻进，这样能更经济更迅速地探明矿体产状，以便进一步计算储量。

无岩心钻进法在硬岩层使用牙轮钻头（见图10-16），钻软岩层则使用鱼尾钻头（见图10-17）、刮刀式钻头（见图10-18）。

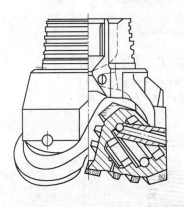

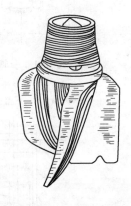

图10-16 三牙轮钻头　　图10-17 鱼尾钻头　　图10-18 三翼刮刀钻头

牙轮钻头和刮刀式钻头这两种类型的钻头如使用不当，牙轮钻头的牙轮会自钻头体上脱落，刮刀钻头翼片能被整断而落入孔内。由于牙轮和翼片都是堆焊过碳化钨硬质合金的，本身很坚硬，留于孔底，将严重地阻碍钻进。因此必须设法将它打捞上来，否则将不能继续钻进，如果勉强为之，就会很快把新钻头磨损，或把钻孔钻斜，严重时甚至造成双重钻头事故或整断钻杆。

造成牙轮脱落、翼片折断的原因，主要有以下几点：

（1）牙轮从牙轮钻头本体脱落之前，大多是由于它的轴承（球轴承及滚柱轴承）被金属屑末或泥砂所阻塞的缘故，使牙轮被卡死不能自由转动。这样位于钻头底部与岩石接触的各个"牙齿"因受高热迅速地被磨损，牙轮被磨穿之后，滚球和滚柱即从缺口流出，牙轮即脱落。

（2）有时也因孔内掉入了小的金属工具，直接把牙轮磨落或把翼片整断。

（3）很多牙轮钻头或刮刀钻头的破损是由于钻探工作者盲目追求进尺，钻头在超高压的工作环境下，长时间不起钻，以致轴承磨损，牙轮脱落，有时从焊接处折断连同钻头掌子一起落入井内。刮刀式钻头翼片在这种环境下，有时折断，有时钻头磨成锥形，取上来的钻头已面目全非。钻进塑性岩层，泥浆泵排量不足，形成糊钻现象，如继续钻进，牙轮尾部与掌子间的间隙被磨大，滚珠、滚柱窜出，牙轮便自动脱落。钻进过程中应防止跳钻现象（钻具剧烈跳动），如发现应立即加以消除，否则钻头较长时间承受冲击负荷，轴承即被震断或翼片被震断。

（4）有些钻头由于本身制造中存在缺点而引起牙轮脱落或翼片折断的。例如，焊接不密合有砂眼气泡，牙齿相互咬死或轴承不灵，使牙轮转动不灵敏；牙轮与翼片未经正火热处理，本身或表面退火变软迅速磨损，有时钻头偏心度过大或不在同一平面上（三个牙轮距中心线不等距离，三个翼片边缘不在一同心圆周上等）都能使个别翼片或牙轮负荷过重被磨损脱落。

（5）起下钻过程中粗心大意，钻具中途脱落（跑管），留在孔底，是发生牙轮脱落、翼片折断的另一重要原因。

发生牙轮脱落、翼片折断之后，将有以下征兆：进尺效率突然降低或完全不能钻进，同时伴有跳钻或钻具整劲现象，立轴负荷及转动情况极不均匀，如猛烈停止转动钻具有打倒车的现象，有时可以听到孔内有磨铁声音。

预防牙轮脱落、翼片折断，必须做到以下几点：

（1）加强钻头的管理。检查和登记工作必须有专人和专用表格记录钻头的历史，各回次使用过程中的进尺数，采用的技术规范以及钻进时孔内的情况、连续使用的时间等。下入孔内以前必须经班长或机长亲自用钻头规程检查钻头的直径、偏心度、高度以及焊缝质量等；不合格的钻头不得下入孔内，牙轮体内如注润滑油，只有在灵敏转动的情况下，才能下入孔内。牙齿互相咬合的应加以适当修整。

（2）钻塑性岩层或孔内泥浆不清洁时，钻头下到套管鞋处及到达孔底之前（距孔底0.5~1.0m）应分别循环泥浆，并慢转下放，搅动孔底积存的岩粉。只有彻底冲净后才能开始钻进。

（3）有条件应有指重表配合钻进，准确地调整钻头压力。较长时间钻进，要每隔一定时间提起钻具校验钻头压力，防止偏轻或过重，泥浆黏度应保持在

20~25s，即可免于糊钻，又能减小泥浆中所含砂粒在高速冲洗情况下对钻头的磨损。调节钻头压力、泵量和转速，以进尺既快又均匀无跳钻现象为原则。发现跳钻、蹩劲应即刻查找原因加以消除。各技术规范指标，以不超过原制造厂推荐的数据为准。钻进中遇到机械钻速降低30%~40%，应立即起钻，检查钻头磨损状态。孔内落入铁器或金属物，不得将钻头下入孔内。遇到卡钻不宜强提。根据每次对起出钻头磨损状态的分析，判断技术规范是否恰当，有无牙轮脱落、翼片折断的危险，以便确定处理措施。

10.3.4 提引器落入孔内

提引器随钻杆柱落入孔内，往往是在下钻过程中发生的。由于下钻速度过快，钻具中途遇到阻碍（如缩径、岩层滑动、钻孔极度弯曲处），突然瞬时停止下降，而钢丝绳与大钩仍继续下降时，此时提引器从大钩中脱出。但由于钻具向下冲击力，致使中途遇阻现象又被消除，于是提引器随钻具落入孔内。

10.3.5 钢丝绳落入孔内

卷筒上缠绕的钢丝绳末端原固定在卷筒盘的根部，日久绳卡可能松脱。在这种情况下，由于卷筒上经常有3~5圈的余绳，也不至于发生跑绳危险。如果制带不灵，操作不熟练，下钻速度过快时，钻具质量迫使卷筒高速旋转，以致将余绳全部退净，最后从卷筒上脱开，落入孔内。有时在处理事故时，由于强拉硬提在超负荷情况下，钢丝绳被拉断，或因使用不当、安装不当、保养不善使钢丝绳早期磨损后而引起突然折断，落入孔内。

10.3.6 小物件或专用工具落入孔内的原因与防止措施

地面所用的小型物件或专用工具如锤子、扳子、牙钳、螺母、螺栓、垫叉等，由于粗心大意失手落入孔内是常发生的故障，往往由于这些工具奇形异状，若不设计专用打捞工具就很难顺利地捞取上来。防止小物件落入孔内的有效办法有以下几点：（1）钻具从孔内取出后应立即将孔口盖严，在没盖孔口之前不得用锤子、撬杠等工具在孔口附近工作。（2）小工具可用绳索事先系在机架上然后再进行工作，在起拔套管时所用卡瓦和钻杆卡瓦必须用绳索系在一起方得使用。（3）大口径开孔钻进，在未下孔口管之前，由于孔口裸露很大，特别要防止小工具落入孔内。

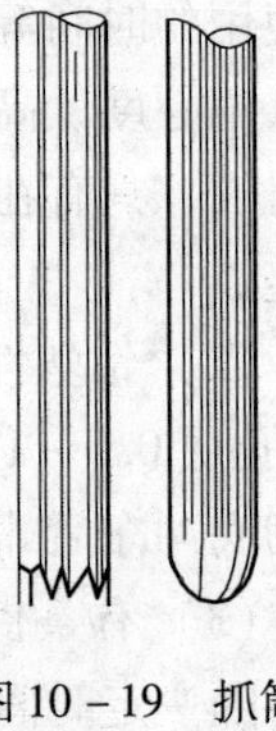

图10-19 抓筒

10.3.7 几种特殊的打捞工具

钻探中所用的特殊打捞工具有：抓筒（见图10-19）、

铣鞋式抓筒（见图10－20）、磁力打捞器（见图10－21）、钢丝绳捞矛（见图10－22）、收取器（见图10－23）、捞冠（见图10－24）。

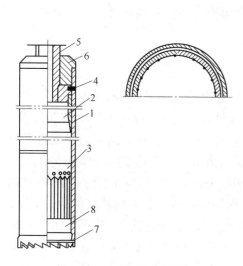

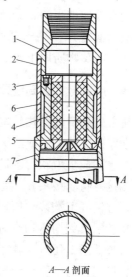

A—A剖面

图10－20　铣鞋式抓筒

1—厚壁套管；2—压环；3—弹簧环；

4—铜销钉；5—特制方钻杆；

6—接头；7—齿状铣鞋；8—引鞋

图10－21　磁力打捞器

1—异径接头；2—外壳；3—上极；

4—永磁；5—下极；

6—铜套；7—铣鞋

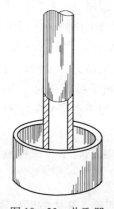

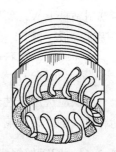

图10－22　钢丝绳捞矛　　　图10－23　收取器　　　图10－24　捞冠

10.3.8　用抓筒打捞小物件以及脱落的牙轮、折断的翼片等

抓筒是用废岩心管或废套管改制的。将套筒一端先在烘炉上加热退火，使之变软，用锯条锯成长150～250mm的牙齿，牙齿下端锯成尖锥形，另一端丝扣必须完整，以便连接岩心管接头，用钻杆送入孔内，送入之前牙齿尖端须稍向里折

曲一些，遇到脱落物件如果没有恰恰套到，可以稍稍转动，待套住后向下加压，并稍提起顿动数次，使抓筒各牙齿向中心折拢，因而将落物抓住不致落出。

为有效地把小的、光滑的或呈片状的落物牢固地卡在抓筒内，事先可向孔内投入适量黏土球，黏土球包糊在落物周围，使落物堵在抓筒内，再借"牙齿"的并拢，将落物捞取上来。

10.3.9 用铣鞋式抓筒捞取小物件

铣鞋式抓筒的结构较复杂，但比套管改制的抓筒可靠而耐用。

在厚壁套管 1 做成的圆筒内，装有用 20 根左右弹簧片做成的弹簧环 3，弹簧片下端也制成尖齿状，圆筒下端装一牙齿状铣鞋 7，铣鞋内表面铣成弧形面，圆筒上端接一特制接头 6，接头中心孔为正方形，一节特制的方钻杆 5 可从正方孔通过，方钻杆下端接一压环 2，压环用铜销钉 4 与圆筒体相铆合。下入孔内之后，如需旋转钻具铣切落物，方钻杆可带动抓筒旋转。当落物被套住后，下压钻具，铜销钉被剪断，压环 2 下行推动弹簧环，弹簧片沿铣鞋内弧下行，即将落物抓住。岩粉岩泥与落物一起进入抓筒，所以能牢固地抓住不致中途脱落，抓筒可钻进 0.3~0.5m，如岩石或落物较硬，铣鞋牙齿上可镶嵌硬质合金。

10.3.10 磁力打捞器捞取小物件

磁力打捞器用来打捞金属小型工具、金属小物件以及脱落的钻头牙轮、翼片等小物件特别有效。磁力打捞器只要绝缘良好，保存优良，则可以无故障的工作而且效果良好。磁力打捞器是由连接钻杆的接头 1、外壳 2、上极 3、永磁 4、下极 5、铜套 6 和铣鞋 7 装配而成。磁铁及上下两极中空，可以通冲洗液。磁力打捞器用钻杆下入，到底后开泵钻进，慢慢将落物套住，由于铣鞋向下钻进，落物即逐渐接近下极 5，当落物被下极吸住后，下极上的通水孔即被堵塞；泵压升高应关闭泥浆泵，进行起钻。如工作顺利每次有 10~15min 时间，即可将落物抓住（不包括起下钻时间）。

磁铁应选用磁性较强的磁铁合金，这种磁铁经久耐用，耐腐蚀，而且不受震动和温度剧变的影响。

10.3.11 用钢丝绳捞矛捞取落入孔内的钢丝绳

螺旋式钢丝绳捞矛是专供打捞落入孔内的钢丝绳用的专用工具，是用圆钢锻造而成（如能用竹节钢制作则更好），下端做成钳形，上端做出与钻杆相接的丝扣。捞矛表面尽管粗糙不光滑，但对捞取工作有利，两矛条之间的间隙应稍大于钢丝绳直径。

脱落的钢丝绳大多成螺旋状卷曲在钻孔内，捞矛借钻杆送入孔内即插在卷曲的钢丝绳上，转动钻具使钢丝绳牢牢地缠绕在捞矛上然后提升钻具（见图10－25）。

10.3.12 用收取器、捞冠打捞脱落的金刚石

金刚石落入孔内，如孔内无岩心，收取器用钻杆下入孔底，开泵冲洗，并不时停泵以待金刚石沉落到收取器内。

如孔内有残留岩心，可用同直径空白钻头改制，在钻头下部开成数个规模形巢槽，在其中填以黄蜡。下入孔内冲洗钻孔，关泵后将捞冠下到孔底，轻轻下压并稍稍转动约半周，金刚石即可进入巢穴中的黄蜡内，进而被粘取上来。

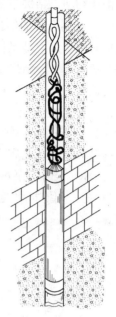

图10－25　用钢丝绳捞矛打捞钢丝绳

10.4　金刚石钻头烧毁

烧钻是金刚石钻探最容易发生的事故之一，是充分发挥金刚石钻探优越性和潜力的最大障碍，应密切注意，严加预防。

10.4.1 被烧钻头的表面现象

被烧钻头有以下几种形式：

（1）微烧。钻头胎体、钢体轻微变色，金刚石粒粒可数，但失去光泽，钻头无明显变形，仍可再用，但钻头进尺显著降低。

（2）烧钻。钻头胎体变成蓝色或黑棕色，局部金刚石碳化变黑，胎体上带有烧结的岩粉，底唇面有时出现拉槽现象，钻头不能再用。

（3）严重烧钻。钻头胎体、钢体严重变形，金刚石全部烧毁，有时胎体与岩心烧结在一起，提钻困难，有时卡钻。

（4）恶性烧钻。钻头全部磨光，不复存在，个别情况下扩孔器与部分岩心管溶于孔内，参与的岩心管扭成麻花状，或残破不全，常伴随严重卡钻事故。

10.4.2 降低烧钻的根本措施

降低烧钻的根本措施如下：

（1）经常保持泥浆泵具备良好的工作性能，吸水性能良好，排量准确，管道畅通，有足够泵压。

（2）保持全部钻杆柱良好的密封性能，切实防止中途泄漏冲洗液。

（3）下钻离孔底0.20m，要开泵冲孔，循环畅通后，用慢转下到孔底，开始

减压慢速初磨，钻进正常后再快速钻进。切忌用金刚石钻头扫孔。

（4）控制合理的给进速度。用金刚石钻进均质中硬至硬（4~8级）岩层时，钻速极易增快，但是操作者要心中有数，不能一味求快。如果盲目追求钻速，以致钻孔净化不良，结果不但烧毁钻头，而且因为钻压过高，促成钻孔弯曲，严重时还会造成卡钻、断钻杆等事故。

（5）钻强研磨性岩层，要加大泵量，预防烧钻。

（6）保持孔底干净，孔底残留岩粉不得超过0.5m，超过时应专门冲孔排粉，或专程捞取。进行孔底净化方法措施如下：

1）冲：定时大泵量循环，岩粉返出孔口，沉淀清除。

2）捞：用捞杯（见图10-26）、各种捞筒（见图10-27和图10-28）、取粉管等。

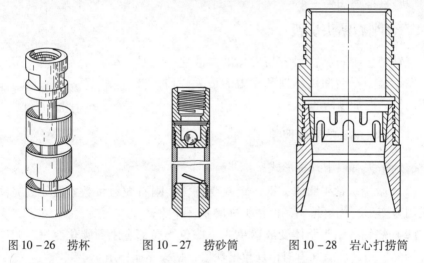

图10-26　捞杯　　　　图10-27　捞砂筒　　　　图10-28　岩心打捞筒

3）捣：用一字或十字钻头边捣、边磨、边冲。

4）磨：用各种磨孔钻头（见图10-29）研磨孔内岩块、碎屑，然后冲捞。

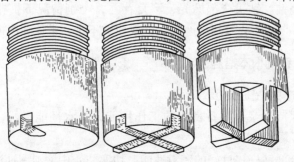

图10-29　磨孔钻头

5）粘：用粘取器（见图 10 - 30）等。

6）抓：用抓筒（见图 10 - 31）、抓簧钻头、卡簧打捞器等。

7）吸：用磁力打捞器（见图 10 - 32）。

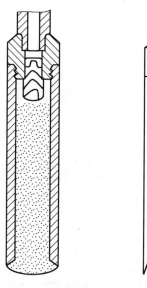

图 10 - 30　粘取器　　　　图 10 - 31　抓筒　　　　图 10 - 32　磁力打捞器掏心钻头

8）套：用小径导向钻具（见图 10 - 33）钻，厚径套取。

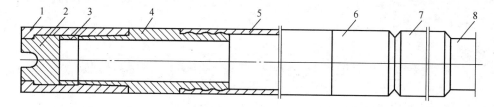

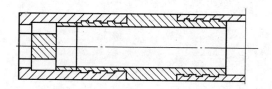

图 10 - 33　磁钢打捞器

1—钢管；2—磁钢；3—铜套；4—接箍；5—岩心管；

6—异径接头；7—喷反器；8—钻杆

孔底喷射反循环钻具如图 10 – 34 所示。

AOB 剖面

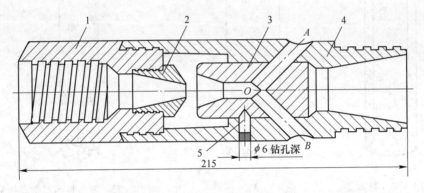

图 10 – 34 孔底喷射反循环钻具
1—接头；2—喷嘴；3—喉管；4—下接头；5—定位销

11 组 织 管 理

11.1 钻探组织"十大"管理职责

钻探组织"十大"管理主要指：（1）钻探总工程师办公室职责；（2）钻探队的职责；（3）钻探技术员职责；（4）钻探机长职责；（5）材料员职责；（6）钻探班长职责；（7）钻探记录员职责；（8）现场工具材料员职责；（9）机械电力维修人员的职责；（10）泥浆管理员职责。

钻探组织"十大"管理职责分述如下：

（1）钻探总工程师办公室的主要职责。

1）组织编写地质设计及地质报告中的探矿工程部分，以及年度施工计划，并负责审查。

2）组织编制探矿技术发展规则，组织探矿技术攻关。

3）组织贯彻执行钻探、坑探技术操作规程，以及制度实施细则。

4）组织总结，推广先进经验，引进试验，签订新技术、新机具、新工艺。

5）掌握国内外探矿技术发展的新动态，及时组织交流科技情报。

6）对施工中出现的重大技术问题，要及时组织力量进行研究，负责提出相应技术措施和处理意见，并作出最后决定。

7）参考有关部门对探矿技术力量的调配、技术装备平衡和探矿生产任务，安排技术措施和处理意见，并作出最后决定。

8）协同有关部门开展探矿工人技术人员的技术学习、技术培训和技术考核。

9）负责审查核实探矿工程技术资料（各项专题技术报告、矿区结束技术总结、重大技术革新等），并签署意见。

（2）钻探队的主要职责。

1）负责组织编写和审查设计每年施工计划及钻孔技术指示书的探矿工程部分。

2）提出季度、月度施工安排意见，协助分队长组织施工力量做好施工准备，抓好施工调度。

3）负责贯彻执行探矿工程各项规程制度、管理办法和实施原则。

4）经常深入现场了解工程进度、工程质量和安全生产情况，对生产的技术问题，提出处理意见，并有权作出决定。

5）针对生产技术关键，组织开展群众性的技术革新和攻关，总结、推广先进经验。

6）组织填报探矿工程年、季、月报表，负责编写各项专题技术报告、工作总结以及矿区结束技术总结。

7）负责探矿工人技术学习和岗位技术练兵。

8）会同地质组商定工程位置变动和分层质量指标等特别问题。

9）做好探矿工程技术档案的分析研究工作，从中找出规律指导生产。

10）对钻孔技术档案负责指导和检查，并要签署意见，对违章生产、冒险作业等不安全现象，有权停止作业。

（3）钻探技术员职责。

1）编写地质设计及地质报告中的探矿工程部分和探矿年度施工设计以及钻孔、浅井等施工设计。

2）参考设计部门和机台等生产单位制定年、季、月度生产计划或作业计划。

3）根据年度施工设计提出季、月度施工安排、意见，协助领导组织施工力量检查施工准备，抓好施工调度。

4）施工前向机台介绍钻孔技术指示书的探工部分，根据施工设计要求及地层情况，提出保证质量，提高效率，降低材料消耗和预防各类事故的技术措施，完工后协助机台总结经验和教训。

5）认真执行并模范遵守钻探操作规程各项制度、管理办法和实施细则，对违章生产、冒险作业及不安全现象，有权停止作业。

6）深入现场，掌握施工进度、工程质量和安全生产情况。定期进行生产动态分析，发现问题及时研究解决。

7）针对生产问题，进行技术革新和攻关，及时总结先进经验。

8）施工中发生重大事故时，深入现场与研究处理方案，并向领导报告，总结经验教训。

9）协助做好探矿工人技术培训、工人技术学习和岗位技术练兵。

10）抓好工程质量工作。

①参加施工前的安装质量检查。

②施工过程中按设计要求定期检查各项工程质量指标完成情况。

③负责测斜仪器的保管使用，维修保养和资料整理保管工作。

④完工后参加质量验收，认真对工程质量提出评价意见。

11）按时填报有关探矿工程报表，编写各项专题技术报告。并做总结以及矿区结束后技术总结。

12）整理探矿工程技术档案资料，做好综合研究分析工作，找出规律，提交领导，直到生产。

（4）机长的主要职责。

1）机长在分队（或大队）直接领导下，在各有关业务部门的指导下，认真贯彻上级各项指示，依靠群众努力完成各项生产任务，对全机台的生产技术、生活管理等实行全面领导。

2）对机场设备、仪器、金刚石钻头、扩孔器、工具材料以及工程质量，安全生产员全部负责，并经常检查督促各岗位工作。

3）根据上级下达的年、季、月生产任务，组织全机人员制定具体措施，保质保量，节约、安全地完成生产任务。

4）模范遵守各项规章制度，并督促全机人员贯彻执行，对好人好事和违章作业者，应分别给予表扬和批评。

5）十到现场：机场自行安装、开孔、终孔、封孔、岩矿心难采和质量达不到要求或补取矿心、检修设备、处理复杂事故、起下套管、试验新方法新机具以及发生人身事故或排除不安全因素时，都必须亲临现场指挥。

6）组织全机人员开展业务学习，并负责对新工人进行安全技术教育。

7）根据大队或分队的布置，做好全机人员的奖金分配、年终评比、考核工作，对钻工转迁、晋级等有权向劳动部门提出建议。

（5）材料员的主要职责。

1）在机长领导下依靠群众，搞好机场经济核算，做到用材有计划，消耗有定额，领料有记录，月月有核算，并定期公布成本情况。

2）负责机场各种油料、材料、工具、管材、钻头、磨料，计划的编制、领退和送修。

3）贯彻勤俭节约的精神，精打细算，修旧利废，改制代用，努力降低成本。

4）会同各班各岗，搞好机场各种材料、工具、管材的存放与保管。

（6）钻探班长职责。

1）负责本班生产技术和考勤，主持班前班后会议，组织好钻探现场操作和按岗位交换班。

2）检查各岗工作，严守各项制度，制止违章作业，做到安全生产。

3）掌握孔内情况和工程质量情况，发现问题及时解决，处理不了的问题报告机长。

4）日常钻进或在复杂地层中钻进，采取矿心，处理孔内事故和孔内情况不正常及下钻时，必须亲自（或指定人员）操作，发生孔内事故时，要准确掌握钻具长度和组织情况。

5）金刚石钻进时，合理选用钻头、扩孔器与卡簧，认真执行金刚石岩心钻探操作规程。

6）及时（或通知有关人员）测量钻孔弯曲，校正孔深审核报表等，并于交班后向机长报告本班情况。

7）本班为下班打好基础，白班为夜班创造条件。

（7）钻探记录员职责。

1）填写本班各种报表及金刚石钻头、扩孔器的钻进记录表，保管金刚石钻头、扩孔器及测量工具，记录及时，内容真实，数字准确，字迹清楚。

2）负责岩心的管理、编号、填写岩心卡片，防止混乱、丢失，负责简易水文观测和校正孔深。

3）配钻具，丈量和记录机上余尺。

4）记录钻进技术参数。

（8）现场工具材料员的职责。

1）登记各种材料、油料、磨料的消耗量。

2）管理和交接机场工具（包括打捞工具）磨料，发现损坏丢失，及时清查并将结果报告班长。

3）负责天车、活动工作台、水龙头的维修保养。

4）负责现场前部环境和卫生。

（9）机械电力维护员的职责。

1）负责柴油机或电动机及照明发电机的使用和维护保养，参加现场检修。

2）正确使用柴油机（电动机）、禁止超负荷和带病运转并要求做到：三好（管好、修好、用好），四会（会使用、会维修、会检查、会排除故障）。

3）认真做好班保养，并协助有关人员做好周、月维修保养工作。

4）保管油料、动力机配件、专用工具及防火用具。

5）负责机场后部的环境卫生及照明，电器材料的保管。

（10）泥浆管理员的职责。

1）负责水泵及泥浆搅拌机的使用和维护保养，参加现场检修，保管泥浆仪器，水泵专用工具和配件。

2）负责冲洗液的配制、调整与维护，经常测定冲洗液的性能，及时清理循环系统和保持环境清洁，排除积水。

3）使用保管黏土粉、润滑剂及化学处理剂。

4）寒冷季节施工，较长时间停泵时，清洗、放净泵体和管中的冲洗液，以防冻裂泵体和堵塞管道。

11.2 钻孔技术档案编制

（1）钻孔技术档案编制主要包括以下内容：钻孔技术档案，为固体矿产机械岩心钻探钻孔技术档案。由各种表格、技术资料和总结组成。钻孔终孔后于一周内由探矿公司工程队探矿组负责编制、汇总、装订成册。经公司探矿科或总工程师审定后，交资料室统一编号存档。

在钻探施工过程中，应及时、严肃认真地按规定内容收集原始资料，逐项详细填写。各项数据必须准确、齐全、字迹清楚。对数字不准确、字迹模糊、缺项欠页者，探矿科有权责成工程队探矿组重新填报。

（2）钻孔技术档案是钻探基础技术资料，应妥善保存。50m 以内的浅孔一般不立档，但对有代表性、有价值的浅孔，公司有权决定是否全部立档或部分立档。

（3）水文地质、工程地质钻孔档案内容，按有关部门关于"水文地质钻孔技术档案"的通知办理。

（4）钻孔技术档案由钻档 1～19 组成，具体填制说明如下：

1）钻档 1：钻孔综合情况表。钻孔终孔后，由机长和统计人员提供基础数据和原始记录资料，技术员核实，汇总填写。

2）钻档 2：钻孔定位和机械安装通知书。其格式按《中华人民共和国地质部固体矿产普查勘探原始地质编录规范》（以下简称"规范"）表 6 探矿工程定位和机械安装通知书。由地质调查所地调分队签发，探矿公司工程队探矿组签字，并通知安装队进行安装。

3）钻档 3：开孔检查验收单。由工程队长主持召集地质、钻探、安全技术、安装、机长等有关人员逐项验收填写。

4）钻档 4：钻孔施工通知书。由地调分队签发，工程队下达机台执行。开钻后，机长退交探矿组存档。

5）钻档 5：地质技术设计书。地质部分由地调分队编写。钻进技术措施部分由工程队探矿组编写，经工程队长审核后交机台执行。终孔后，机长退交探矿组存档。

6）钻档 6：钻孔变更任务通知书。由地调分队签发，工程队交机台执行，执行后，机长签字退交探矿组存档。

7）钻档 7：见矿通知书。由地调分队签发机台。终孔后，机长退交探矿组存档。

8）钻档 8：补采矿心通知书。由地调分队签发，探矿组将补采技术措施与通知书交机台执行。执行后，机长在通知书上写明补采区段、矿心数量、日期，签字后将通知书与补采技术措施一并退交探矿组存档。

9）钻档 9：钻孔终止通知书。采用"规范"表 11 探矿工程终止通知书。由地调分队签发。机长执行后退交探矿组存档。

10）钻档 10：孔深检查、弯曲度测量结果登记表。孔深检查部分由机长按班报表记录提供数据，由技术员填写。弯曲度测量部分由技术员填写，并将原始测量资料附后，终孔后交探矿组存档。

11）钻档11：钻孔封孔设计和实际封孔记录表。终孔前，地调分队签发封孔要求（采用地调分队式样），探矿组编写封孔设计连同封孔要求一并交机台执行。执行后，机长将封孔要求、封孔设计退交探矿组，并会同操作班长提供实际封孔（取样）资料，由技术员填写。探矿组存档。

12）钻档12：钻孔质量验收报告。采用"规范"表13钻孔质量验收报告。终孔后，地调分队在收到测斜、简易水文、钻具丈量、封孔等资料后三日内，吸收工程队有关人员参加，完成验收工作，并签发验收报告。探矿组存档。

13）钻档13：岩矿心验收单。由机长填写（一式两份），验收人、护送人签字。一份交地调分队，一份待终孔后交探矿组存档。

14）钻档14：重大事故（孔内、机械、质量、人身）处理登记表。凡发生孔内、机械、质量等事故，处理时间超过72h者，人身事故为重伤或重大未遂事故者，由机长会同事故班长填写本表，并有技术员、专职安全员、机长、队长签字，交探矿组存档。

15）钻档15：冲洗液及护孔堵漏记录表。技术员会同机长共同填写，探矿组存档。

16）钻档16：金刚石钻头、扩孔器使用情况登记表。机长提供基础数据与原始记录资料，技术员汇总填写。探矿组存档。

17）钻档17：钻孔技术经济指标分析。机长和统计人员提供基础数据与原始记录等资料，技术员汇总填写。探矿组存档。

18）钻档18：钻孔遗留物登记表。终孔后，如孔内遗留套管、事故钻具、工具等物，由机长会同班长填写。如无遗留物也应注明。探矿组存档。

19）钻档19：钻孔（新技术、新方法）小结。技术员会同机长对施工中保证质量、提高效率、降低成本以及试验、推广新技术、新机具、新方法（包括图纸）等主要情况进行总结。探矿组存档。

（5）所发档案，缺少钻档2、4、5、6、7、8、9、12，由使用者用18开纸补齐，按上述要求写明钻档题头、编号，将地调分队签发内容附上，组成一份完整档案。

钻档 1

钻 孔 综 合 情 况 表

矿区＿＿＿＿＿＿＿＿　　　　孔号＿＿＿＿＿＿＿＿

基　本　情　况			
开孔日期		终孔日期	
设计孔深		实际孔深	
开孔孔径		终孔孔径	
设计方位角		终孔方位角	
设计倾角		终孔倾角	
岩心：长度/进尺		岩心采取率	
矿心：长度/进尺		矿心采取率	
孔深误差		简易水文观测	
原始班报		封　孔	
台月数		台月效率	
钻月数		钻月效率	
平均时效		总台时	
纯钻进(%)		辅助(%)	
事故停待(%)		其中：孔内(%)	
设备(%)		其他(%)	
平均岩石级别		冲洗液类型	
钻　塔		钻　机	
水　泵		动力机	
钻孔质量评述			

机　　长：　　　　　　　　　技术员：

技术负责：　　　　　　　　　队　长：

年　月　日

钻档 2

_____矿区 ZK _____钻孔定位和机械安装通知书

批准_____

按照地质设计于_____勘探线_____（或其坐标 X
_____ Y _____ H _____）布置了_____，设计深度
_____米，方位角_____，倾角_____其他要求：

_____

_____

_____

_____

地 质 组 长_____   探矿组长_____

水文地质组长（员）_____   测量组长_____

年　　月　　日

于　　年　　月　　日开始工作   于　　年　　月　　日安装完毕

安装队长（机长）_____

钻档 3

开 孔 检 查 验 收 单

矿区_____　　　　孔号_____

	验收项目	验收情况
地质要求	孔位 方位角、倾角 天车、立轴和钻孔同心线	
机械设备	钻机、泥浆泵 动力机、发电机、 泥浆测试仪器	
附属设备	钻探、基台木、绷绳、 活动工作台、电器设备、 照明线路、滑车系统、 冲洗液循环系统、 搅拌机、取心工具	
安全设施	塔板、地板、梯子、避雷针 场房、塔布、防护栏杆、 各种防护罩、天车安全挡板、 地基、防洪、排水、防火设施	
其他	孔口管、孔口板、传动皮带、 胶管、供水设备	
验收意见		

机　　　长：　　　　　　安 装 队 长：

安 全 员：　　　　　　钻探技术员：

钻探技术负责：　　　　地质技术负责：

队　　　长：

年　月　日验收

钻档 4

钻 孔 施 工 通 知 书

_____分队

_____矿区

No. _____

批准_____

按照地质设计于 _____ 勘探线 _____ 布置了 _____，现已安装（准备）完毕。设计深度（长度）_____ 米，开孔直径_____毫米，终孔直径_____毫米（掘进断面_____米^2），方位角_____，倾角（坡度）_____。

其他要求：_____

_____

_____

以上各项经检查符合要求，同意即行施工。

地质组长：_____   探矿组长：_____

水文地质组长（员）_____   测量组长：_____

年   月   日

附注：本通知书一式二份，地质组存并通知探矿组。

钻档 5

ZK 地质技术设计书

设 计 孔 深_____ 钻孔类别_____

设计方位角_____ 施工机号_____

设 计 倾 角_____ 钻机类型_____

孔深 (米)	理想柱状图	钻孔结构	岩石可钻性及 钻探方法选择	质量要求	钻进技术措施	备注

地 质 员_____ 钻探技术员_____

地 质 组 长_____ 技术负责_____

水文地质组长（员）_____ 分 队 长_____

年 月 日 年 月 日

钻档 6

钻孔变更任务通知书

_____地质局_____地质大队_____分队

_____矿区

No. _____

于_____年_____月_____日施工的_____

原设计_____米，现需增加（减少）_____米。

变更原因：_____

_____

_____

地质员_____探矿组长

地质组长_____技术负责

水文地质组长（员）_____

年_____月_____日

附注：本通知书一式二份，地质组存并通知探矿组。

钻档 7

_____地质局　　　　_____地质大队

_____分　队　　　No. _____

_____矿　区　　　批准人_____

见矿通知书

根据地质情况_____孔于_____米至_____米见_____矿希按地质

要求施工。

地　质　　　　　　　　分　队

地　质　组　长_____

分队技术负责_____

年　月　日

钻档 8

补采矿心通知书

_____地质局_____地质大队_____分队

_____矿区

No. _____

于_____年_____月_____日施工的_____钻孔，需从_____米

至_____米采取补采矿心措施，立即（终孔后）进行。

补采矿心原因：_____

_____

_____

注意事项：_____

_____

补采具体要求：_____

_____

地质员_____   探矿组长_____

地质组长_____   技术负责_____

年_____月_____日

附注：本通知书一式二份，地质组存并通知机台。

钻档 9

_____地质局_____地质大队_____分队

钻孔终止通知书

No. _____

批准_____

经研究决定_____于深（长）度_____米处停止钻（掘）进。

终止原因_____

_____

终止后的要求（存在问题及处理意见）_____

_____

_____

地质员_____   探矿组长_____

地质组长_____   水文地质组长（员）_____

年   月   日

附注：本通知书一式二份，地质组存并通知探矿部门。

钻档 10

孔深检查、弯曲度测量结果登记表

矿区_____　　　　　孔号_____

孔深检查				弯曲度测量					
检查 次序	钻进记录 孔深（米）	丈量孔深 （米）	误差 （米）	测量次序	测量孔深 （米）	方位角	倾角	测量方法	测量人

备注：

　　机　长：　　　技术员：

　　技术负责：　　队　长：

　　　　　　　　　　　　　　　年　月　日

钻档 11

_____矿区 ZK _____封孔设计书

地质部分								钻探部分						
地质矿层代号	地层柱状	止矿深度（m）	矿层厚度（m）	封闭段距		封闭段距（m）	封闭柱状	换径深度（m）	封闭材料					封孔方法及质量要求
				起（m）	止（m）				材料名称	水泥（kg）	河沙（kg）	清水（kg）	配置比例	

地质编录员：　　　项目技术负责：　　　日期：　　　钻探机长：　　　日期：

钻档 12

_____地质局

_____地质大队_____分队

_____矿区

_____钻孔

钻孔质量验收报告

分　队　长_____

分队技术负责_____

钻探地质组长_____

探　矿　组　长_____

机　　　　长_____

地　质　员_____

水　文　地　质　员_____

年　　月　　日

设计孔深		米	实际孔深			米		设计方位角			设计倾角	
施工目的							施工结果					
机　号			开孔日期		年　　月			日		终孔日期			年月日

岩矿心采取率	矿层	矿体顶板采取率			矿心采取率			矿体底板采取率			质量评定
		顶板厚（米）	岩心长（米）	采取率（%）	矿体厚（米）	矿心长（米）	采取率（%）	底板厚（米）	岩心长（米）	采取率（%）	
	1										
	2										
	3										
	4										
	5										
	6										
	矿体总厚度（米）			矿心总长度（米）			采取率（%）				
	岩石总厚度（米）			岩心总长度（米）			采取率（%）				

孔深校正	次　数	1	2	3	4	5	6	7	8	9	10	质量评定
	记录孔深（米）											
	丈量孔深（米）											
	误差（米）											
	应丈量次数				实际丈量次数				超差次数			

弯曲度测量	次　数	1	2	3	4	5	6	7	8	9	10	质量评定
	测量孔深（米）											
	天顶角											
	方位角											
	应测次数				实测次数				超差次数			

简易水文观测	孔内水位	应测次数			实测次数			合格率（%）		质量评定
	冲洗液消耗量	应测次数			实测次数			合格率（%）		

原始记录	班报表	应记次数		实记合格次数		合格率（%）		质量评定
	岩心牌	应填次数		实填合格次数		合格率（%）		
	残留岩心	应测次数		实测次数		合格率（%）		
	其 他							
封孔	层 数	1	2	3	4	5	6	质量评定
	应封闭位置							
	封孔位置							
	木塞位置长度							
	材料用量							
	封孔方法							
	树桩情况							
	其 他							
钻孔结构	孔径（毫米）							
	孔深（米）							
	套管长度（米）							

孔内遗留物件	名 称	规 格	数量（米）	孔径（毫米）	长度（米）

分队验收意见	
大队验收意见	

钻档 13

岩 矿 心 验 收 单

矿区：_____   孔号：_____

收到   号孔岩（矿）心   箱

1. 岩心总长   米。矿心总长   米。

2. 回次自   次至   次。

3. 箱号自   号至   号。

4. 验收日期   年   月   日。

机（班）长：

验 收 人：

护 送 人：

钻档 14

重大事故（孔内、机械、质量、人身）处理登记表

矿区：_____   孔号：_____

事故性质		事故责任者		事故日期	
事故经过					
处理结果					

事故责任者：　　　　　　　专职安全员：

　　班　　长：　　　　　　　技　术　员：

　　机　　长：　　　　　　　技术负责：

　　　　　　　　　　　　　　队　　长：

　　　　　　　　　　　　　　　　　年　月　日

钻档 15

冲洗液及护孔堵漏记录表

矿区：_____ 孔号：_____

冲洗液类型及性能		坍塌漏失处理示意图
坍塌漏失程度		
材料用量及配方		
效果		

班　　长：

机　　长：

技　术　员：

技术负责：

队　　长：

年　月　日

钻档 16

金刚石钻头、扩孔器使用情况登记表

_____矿区 ZK _____号钻孔

产地	种类	胎体硬度	进尺		纯钻进时间	小时效率	单价	评价	备注
			本孔进尺	累计进尺					

班长： 技术员：

机长： 技术负责：

年　　月　　日

钻档 17

钻孔技术经济指标分析

矿区＿＿＿＿＿　　　　孔号＿＿＿＿＿

孔深（米）	效　率					钻头平均进尺	扩孔器平均进尺	每米材料费	单位成本	其他
	台月数	台月效率	钻月数	钻月效率	小时效率					

时间利用分析	总台时（小时）	计入台月												不计入台月	
		小计	纯钻		辅助			停钻及事故							
			台时	%	台时	%	小计	孔内		设备		其他		小计	
								台时	%	台时	%	台时	%		

孔内事故分析	折断		脱落		漏失		坍塌		卡埋钻		烧钻							
	次数	台时	次数	台时	次数	台时	次数	台时	次数	台时	次数	台时	次数	台时	次数	台时	次数	台时

设备事故分析	钻机（台时）	水泵（台时）	动力机（台时）

岩心采取方法	进尺（米）		平均回次进尺（米）	平均提钻间隔（米）	最高提钻间隔（米）	回次数	打捞成功次数	打捞成功率	提钻原因及次数										
									合计（次）	换钻头	弹卡锁串动	卡簧座倒扣	检查钻头	检查钻具	钢绳折断	钻杆折断	岩心堵塞	岩心脱落	烧钻

机　长：　　　　　　　　　　技术员：

技术负责：　　　　　　　　　队　长：

年　月　日

钻档 18

钻孔遗留物登记表

矿区_____   孔号_____

名　称	规格	数量	遗留孔深（米）	遗留孔径（毫米）	遗留物示意图	备　注

班　长：_____   技术负责：_____

机　长：_____   队　长：_____

钻档 19

钻孔（新技术、新方法）小结

矿区：_____　　　　　　孔号：_____

新技术新方法名称	使用孔深	使用日期	情况小结

机　　长：　　　　　　　　技术员：
技术负责：　　　　　　　　队　长：

钻档 19

钻孔小结（含新技术、新方法）

ZK0318－10 钻孔小结（范例）

1. 基本情况

钻孔 ZK0318－10 位于矿区名称 F03 构造带 18 勘探线上，目的是为验证 M03 矿脉深部延伸情况。该孔为斜孔，设计钻孔方位 172°、倾角 87°。静态 GPS 测量孔口坐标：$X = 3740647$，$Y = 0604654$，$H = 711m$。钻机类型为 XY－4 型，于 2012 年 8 月 11 日开钻，2012 年 9 月 23 日停止钻进，终孔孔深 622.22m。钻孔已进行岩心照相存档。全孔分层采样，共采集劈心基本分析化学样 9 件。岩心已经入库。

2. 地质情况

（1）围岩。通过系统钻孔编录，孔深 0.00～557.36m，岩性主要为钾长花岗岩和蚀变花岗岩，少量岩心为含斑花岗岩，呈似斑状结构，斑晶主要为钾长石。孔深 557.36～600.66m，为 F03 构造蚀变带，岩性为蚀变花岗岩、含萤石矿化硅化带、强硅化蚀变花岗岩；孔深 600.66～622.22m，岩性为二长花岗岩。

（2）构造蚀变带。F20 构造蚀变带在孔深 557.36～600.66m，其真厚15.50m，岩心采取率在 98% 以上。带内主要岩性为蚀变花岗岩，呈灰绿色、灰白色，变余花岗结构，局部碎裂结构，块状构造。岩心上部蚀变以绿泥石化、高岭土化蚀变为主，下部则主要为硅化，且可形成强硅化带。另为含萤石矿化硅化带，大部萤石与石英共生，因硅化较强萤石呈矿化产出。较好萤石晶形多发育在硅石晶腺、晶洞内，沿玉髓脉壁萤石可呈团块状产出，且萤石晶形上可见有黄铁矿晶粒。萤石呈翠绿色、紫色。

（3）见矿情况。F03 构造带内 569.36～575.36m 岩心段与孔深 583.06～593.36m 段见有萤石矿。真厚分别为 2.00m、3.69m，采取率 98.00% 以上。萤石矿类型为萤石－石英型，因两段见矿岩心均硅化较强，所以萤石多呈矿化产出。见有萤石晶洞、晶簇，萤石胶结状，局部沿玉髓脉为团块状。萤石呈翠绿色、紫色。需要指出的是，在钻孔 170.50～174.00m（真厚 1.25m）、317.77～323.27m（真厚 1.97m）、443.36～449.36m、466.60～470.21m，岩心中断续见有辉钼矿，辉钼矿多呈星散状沿岩石裂隙发育，局部为细脉浸染状，脉宽 2mm。辉钼矿产出位置岩性为钾长花岗岩与蚀变岩。

3. 样品采集情况

基本分析化学样：在见辉钼矿矿岩心段（孔深 466.60～470.21m）和萤石矿化蚀变较好的层位（孔深 582.51～590.26m），岩心使用切割机，分别连续劈心采样。严格样品采集规范，共采集样品 9 袋并依次编号。

4. 质量情况

ZK0318 - 10 岩心采取率为 95.61%，矿心采取率为 98.52%，符合地质规范要求；使用测斜仪器进行孔内测斜 13 次，使用标准钢尺进行孔深校正 13 次，误差均在允许范围内，符合地质设计要求；终孔后对全孔进行了 425 号水泥砂浆封孔，孔口已埋设明标，明标上已注明钻孔号、终孔日期和施工单位，并在孔口中心位置刻划十字线。以上各项均符合地质要求，质量验收为合格孔。

2012 年 9 月 28 日

12　金刚石岩心钻探装备配套

12.1　概述

进行钻探生产时,具备合理而完备的装备配套是相当重要的。它直接影响钻探生产的效率、质量、成本和安全,所以在生产之前就必须做好钻探装备的配套工作。从事不同类型的钻探生产,其装备的配套是有差别的。应根据钻孔的类型、钻孔的结构、工作量的大小、设备与材料的供应条件等,在生产之前进行认真的选择和准备。原地质矿产部于1983年下发了《金刚石岩心钻探装备配套表》,现请参考。

12.2　设备表

设备选配表见表12-1。

表 12-1　设备选配

名称	单位	按钻孔深度配备量/m										备注
		100		300		600		1000		1500		
		型号	数量	型号	数量	型号	数量	型号	数量	型号	数量	
钻机	台	YDC-100 或 XY-1型	1	XY-2型	1	XY-3型	1	XY-4型或 XU-1000型 或 XP-4型	1	XY-5型	1	不含备用钻机
钻机配套动力机	台	285型 (10HP)	1	柴100B2型 (33HP) 或电 Y180L-4 (22kW)	1	柴2135B2型 (40HP) 或电 Y200L-4 (30kW)	1	柴410 (45HP) 或 2135G (40HP) 或电 Y200L (30kW) 或 Y2255-4 (37kW)	1	柴4120型 (65HP) 或 电 Y225M-4 (45kW)	1	
泥浆泵	台	65/15 或 75/10型	1	BW-90型	1	BW-90型 或 BW-150 型或 BW-300型	1	BW-150型 或 BW-250 型或 BW-300型	1	BW-150型 或 BW-250 型或 BW-300型	1	使用冲击回转钻具及螺杆钻具的机台配备;1500m钻机可配双泵

名称	单位	按钻孔深度配备量/m										备注
		100		300		600		1000		1500		
		型号	数量	型号	数量	型号	数量	型号	数量	型号	数量	
钻机配套动力机	台	柴285型(10HP)或电Y132S-4(5.5 kW)	1	柴285型(10HP)或电Y132S-4(5.5 kW)	1	柴285型(10HP)或电Y132S-4(5.5 kW)	1	柴285型或2135型或Y132型或电Y180M-4(18.5 kW)	1	柴285型或2135型或Y132型或电Y180M-4型	1	柴油机或电动机传动由用户自选
发电机组	套			2135-40HP(30kW)	1	4135-40HP(50kW)	1	6135-120HP(64kW)	1	6135-120HP(75kW)	1	
寝车	部	衡阳、沈阳厂产品(六床位)	5	衡阳、沈阳厂产品(六床位)	5	衡阳、沈阳厂产品(六床位)	5	衡阳、沈阳厂产品(六床位)	5	衡阳、沈阳厂产品(六床位)	5	根据施工地区具体情况配备,不适宜配备寝车的地区(矿区)可改配活动房子
餐车	部	可供80~120人轮流用餐	1		1		1		1		1	
淋浴车	部		1		1		1		1		1	根据施工具体情况配备
摩托车辆	辆	三轮带篷	2		2		2		2		2	

12.3 附属设备类

附属设备选配表见表 12 - 2。

表 12 - 2 附属设备选配

名称	单位	按钻孔深度配备量/m										备注
		100		300		600		1000		1500		
		型号	数量	型号	数量	型号	数量	型号	数量	型号	数量	
照明发电机(交直流两用)	台	1.3kW	1	1.3kW	1	3kW	1	3kW	1	3kW	1	用电做动力的机台免配

续表 12-2

名称	单位	按钻孔深度配备量/m 100 型号	数量	300 型号	数量	600 型号	数量	1000 型号	数量	1500 型号	数量	备注
拧管机	台			NY-100或绳索取心拧管机 JSN-56	1	NY-100或绳索取心拧管机 JSN-56	1	NY-100或绳索取心拧管机 JSN-56	1	NY-100或绳索取心拧管机 JSN-56	1	NY-3型为张家口探矿机械厂造，JSN-56型为北京地质机械厂造
泥浆搅拌机	台	NJ-300型或 TS-600型	1	NJ-600型或 TS-600型	1	NJ-600型或 TS-600型	1	NJ-600型或 TS-600型	1	NJ-600型或 TS-600型	1	NJ系列西安探矿厂产，TS-600型系山东一队造
水泥混合器	台			TS-600型	1	TS-600型	1	TS-600型	1	TS-600型	1	
泥浆除砂器或泥浆除泥器	台				1		1		1			正研制
绳索取心绞车	台			JY-2或 SC-56J	1	SC-56J		SC-56J或 JSJ-1000型			1~2	JY-2为液压式，用于立轴钻机，由重探厂配套生产，SC-56J各钻具厂均生产
测斜绞车	台		1		1		1		1		1	JSJ-1000型电动绞车为北京市地质机械厂造
变速箱	台		1		1		1		1			用于冲击回转钻进，如钻机有低于60r/min挡者可不配备
随车液压吊	辆	UD-3	1	UD-3	1	UD-3	1	UD-3	1	UD-3	1	根据具体情况配备
爬山虎或拖拉机	辆			集材50或 东方红75		集材50或 东方红75		集材50或 东方红75		集材50或 东方红75		
无线电双功能对讲机	台	MDZ-202型（工作半径50km）	1	MDZ-202型（工作半径50km）2.5t	1	MDZ-202型（工作半径50km）2.5t	1	MDZ-202型（工作半径50km）2.5t	1	MDZ-202型（工作半径50km）2.5t	1	
车装油罐车	台		1		1		1		1			可根据矿区条件配备
电动凿岩机	台		1		1		1		1		1	根据实际需要，可分配到分队

12.4 专用仪表、仪器类

专用仪表、仪器类选配表见表 12-3。

表 12-3 专用仪表、仪器类选配

名　称	规格和型号	单位	按钻孔深度配备量/m					备　注
			100	300	600	1000	1500	
泥浆性能测试仪器	泥浆测试箱	箱	1	1	1	1	1	含：DNN-0 型漏斗黏度计 DNN-1 型含砂量计 DNN-1 型比重秤 DNN-1 型固相测定仪 DNN-1 型气压式失水仪
水泥性能测定仪	水泥性能测试箱	箱		1	1	1	1	含微型压力机、维卡仪、流动仪可配备到分队或矿区，独立作业机台也可配备
钻进参数仪表	SZT 钻参仪	台		1	1	1	1	上海地质仪器厂（三参数）
	HDK-1A 或 HDK-1B							哈无线电七厂产（六参数）
钻进参数仪表	ZY-600 型充油簧管式孔底压力表	块			1			如未配备成套钻参仪者，应先配单参量仪表
	ZY-300 型充油簧管式孔底压力表			1				
	ZY-10 型柱塞泵压表				1			
	ZY-15 型柱塞泵压表					1		
	YK-1 型						1	
钻进参数仪表	ZZ-2 型电磁流量计或 LZZ-1 型钻控用金属转子流量计 JCY-3 型（扭矩、流量）							如未成配套配备参数仪表者，应选配单参数仪表，ZZ-2 型系北京地质矿产局产，LZZ-1 型为成都钻探工艺所制，JCY-3 型为北京地质仪器厂制
钻孔测斜仪	JTL-50 或 JXT-247A 型	套			1	1	1	大队测斜组应配备各类测斜仪一套
	陀螺测斜仪				1			
	JGC-40 感光测斜仪			1				
	多点照相测斜仪				1	1	1	
	测斜仪校正台	台	1	1	1	1	1	
钻孔定向仪	ZDX-1 型	台	1	1	1	1	1	根据施工矿区需要选配
钻孔测漏仪	JCL-1 型或 CL-3 型	套		1	1	1	1	JCL-1 型上海地质仪器厂产，CL-3 成都钻探工艺所产
随钻岩心定向仪	KDS-1 型（φ56）	套		1	1	1	1	根据实际情况选配。用于钻孔深度小于 500mm 的排磁性矿区。上海地质仪器厂产

12.5 特殊钻探工具类

特殊钻探工具选配见表 12 - 4。

表 12 - 4 特殊钻探工具选配

名 称	规格和型号	单位	按钻孔深度配备量/m					备 注
			100	300	600	1000	1500	
液动冲击器	ZF - 54 或 YZ - 54 或江宁 - 54 或 SC - 54 φ73 阀式冲击器或 SC - 73 射流冲击器	套	1	1	1	1	1	每套包括三组钻具并配以 BWB - 300 或 BWB - 250 泵（衡阳探矿机械厂），ZF - 54 为河北地矿局研制，YZ - 54 为勘探技术研究所研制，辽宁 - 54 为辽宁地矿局研制，以上三种均为部选型产品，由无锡钻探工具厂生产
绳索取心器	SC - 46	套			1			根据不同矿区不同钻孔深度口径，合理选配。每套包括三组钻具 *地层复杂矿区可酌配
	SC - 56（59）			1	1	1	1	
	SC - 75			1*	1*	1	1	
普通双层岩心管	φ45×3.5/φ35×2	套	2	2				双管长度：3.0m、4.5m、5.0m（定货时提出定长）
	φ55×3.5/φ45×2		4	4	4	4	4	
	φ75×3.5/φ65×2					4	4	
螺杆钻具（定向钻探用）	YL - 54 型	套			2	2	2	应该配套选购，包括专用泵、弯接头、测斜仪器等。YL - 54 - Ⅱ型系无锡钻探工具厂制造。专用泵指 BWB - 300（衡阳探机械厂制造）
连续作用偏心楔	φ73	套		2	2	3	3	地矿部探矿工艺所研制

12.6 专用工具类

专用工具选配见表 12 - 5。

表 12 - 5 专用工具选配

名 称	规格和型号	单位	按钻孔深度配备量/m					备 注
			100	300	600	1000	1500	
提引环	2t	个	2					
	3t			2				
	5t				2			
	8t					2		
	10 ~ 12t						2	

名　称	规格和型号	单位	按钻孔深度配备量/m					备　注
			100	300	600	1000	1500	
水龙头	SG - Ⅰ	个	2	2	2			有两种形式可选配一样
	SG - Ⅱ				(2)	2		
	SG - Ⅲ					(2)	2	
钻杆接头 提引器	φ43	个	2	2	2	2		
	φ50			2	2	2	2	
垫　叉	φ43	个	2	2	2	2		
	φ50			2	2	2	2	
绳索取心用 手搓式提引器	ST - 56（φ53 钻杆）	个		2	2	2	2	如成套购置钻具时，可不必单独配备
	ST - 75（φ71 钻杆）					2	2	
绳索取心用 球卡式提引器	S - 56T（φ53 钻杆）	个		2	2	2	2	
	S - 75T（φ71 钻杆）					2	2	
绳索取心 用夹持器	SJ - 56	个		2	2	2	2	如成套购置，可不再配
	SJ - 75					2	2	
绳索取心用 打捞器	SC56 - D	个		3	3	3	3	
	SC75 - D					3	3	
二节式 钻杆钳	φ42/φ53	把	2	2	2	2	2	
	φ50/φ53			2	2	2	2	
	φ70/φ73					2	2	
三节式 四用钳	φ36/φ46	把	2	2	2			
	φ46/φ56		2	2	2	2	2	
	φ66/φ76				2	2	2	
岩心管 自由钳	φ89/φ73	把			2	2	2	
	φ127/φ108					2	2	
套管夹板	φ55	副			1	1	1	1
	φ75			1	1	1	1	
	φ89					1	1	
	φ108					1	1	
搬叉（钻杆接 头搬手）	φ43	把	2	2	2	2		
	φ50			2	2	2	2	

12.7 管材类

管材选配见表 12 - 6。

表 12 - 6 管材选配

名称	规格和型号	单位	100	300	600	1000	1500	备 注
主动钻杆	51×46×φ25×6000（六方） 59×53×φ27×(6000~6500)（六方） φ65×55×φ28×7000（两方）	根	 1(XY-2用)	(1) 1(XU-600用)		 1 	 1	随机配套时，可不再配（主动钻杆丝扣用户自行加工）
钻杆	φ33×5×3000 φ43×6×3000或4500 φ50×5.5×3000 4500(或φ50×6.5×3000或4500)	米	 20 110 	 20 330 330	20 660 	 20 1200	 20 1800	采用绳索取心钻进时，可不配或少配备
绳索取心钻杆	φ53×4.5×3000 φ71×5（或4.5）×3000	米		 330 	 660 	1200 800	1800 1200	孔深300m、660m按110%配备，孔深1000m、1500m按120%配备按钻孔深80%配备，壁厚4.5mm者，为对焊接头钻杆（张家口探矿机械厂生产）
钻杆接头	φ43钻杆公接头	个	40(25)	115(75)				（1）300m孔深以下按13m钻塔、立根9m计算； （2）600m孔深按18m钻塔、立根9m计算； （3）1000~1500m孔深，按23m钻塔、18m立根长度计算； （4）未加括号的数据，是按单根长3m计算，括号内的数据是按单根长4.5m计算； （5）接头数量中，含有15%的备用量
	φ43钻杆母接头		15(15)	40(40)				
	φ50钻杆公接头			115(75)	230(226)	390	575(385)	
	φ50钻杆母接头			40(40) 110 110	50 220 220	 65 (65)	 95 (95)	
	φ53钻杆公接头					400	600	
	φ53钻杆母接头					400	600	
	φ71钻杆公接头					400	600	
	φ43钻杆母接头					400	600	

续表 12 - 6

名称	规格和型号	单位	按钻孔深度配备量/m					备　注
			100	300	600	1000	1500	
套管	φ55×3.5	根	2					根据矿区地层情况和拟采用套管护孔的深度酌情增减，每根长4.5m或6m
	φ75×3.5		2	10	10	10	50	
	φ89×4			20	20	20	30	
	φ108×4.25				10	10	10	
	φ127×4.5					2	2	5
单层岩心管	φ74×4.5	根			2	2	2	单根每根长4.5m
	φ54×4.5		2	2	2	2		
	φ44×4.5		2					

12.8　变丝接头类

变丝接头选配见表12 - 7。

表12 - 7　变丝接头选配

名　称	规格和型号	单位	按钻孔深度配备量/m					备　注
			100	300	600	1000	1500	
变丝接头	水龙头丝扣（母）/主动钻杆丝扣（母）	个	2	2	2	2	2	用于绳索取心 用于绳索取心 用于50钻杆和43丝锥连接 用于绳索取心 普通小口径用： （1）100m栏主动钻杆变丝接头由对上自配； （2）其他栏变丝接头，可根据管材类中相应主动钻杆丝扣自行加工
	主动钻杆（母）/φ50（公）		3	3	3	3	3	
	φ50（公）/φ43（母）		2	2				
	φ50（公）/φ53（公）			3	3	4	4	
	φ50（公）/φ71（公）					4	4	
	φ50（母）/φ42（母）			3	3	3	3	
	φ50（母）/φ42（公）			3	3	3	3	
	φ50（母）/φ53（公）			3	3	3	3	
	主动钻杆（公）/φ43（公）		2	2				
	主动钻杆（母）/φ43（公）		2	2				
	主动钻杆（公）/φ50（公）				2	2	2	
	主动钻杆（母）/φ50（公）				2	2	2	
正反扣接头	φ43	个	2			2	2	
	φ50				2	2	2	
	φ53				2	2		
	φ73					2	2	

名　称	规格和型号	单位	按钻孔深度配备量/m					备　注
			100	300	600	1000	1500	
反扣钻杆变丝接头	$\phi 50/\phi 43$	个	2	2	2	2	2	连接反扣丝锥
正扣钻杆变丝接头	$\phi 50/\phi 43$	个			2	2	2	连接钻杆接头丝锥
换径接头	$\phi 56/\phi 46$	个			2			
	$\phi 76/\phi 56$				2	2	2	
	$\phi 93/\phi 76$					2	2	
	$\phi 110/\phi 93$					2	2	
测斜接头	$\phi 46$	个	1	1				
	$\phi 56$			1	1	1	1	
	$\phi 76$					1	1	
喷反接头		个						根据矿区地层情况，由队自行配备
双管接头	$\phi 45 \times 35$	个	6	6				
	$\phi 55 \times 45$		6	6	8	8	8	
	$\phi 76 \times 65$				6	6	6	
单管接头	$\phi 44$	个	2					
	$\phi 54$		2	2	2	2	2	
	$\phi 74$				2	2	2	

12.9　打捞工具类

打捞工具选配见表 12 - 8。

表 12 - 8　打捞工具选配

名　称	规格和型号	单位	按钻孔深度配备量/m					备　注
			100	300	600	1000	1500	
正丝锥子	30～45/54 母锥	个	2	2				打捞钻杆、钻杆接头用
	34～54/43 公锥			2	3	3	3	
	44～64/43 公锥			2	3	3	3	打捞钻杆、套管、岩心管
	24～44/43 公锥		2	2	2	2	2	
	12～27/43 公锥		2	2	2	2	2	打捞钻杆、钻杆接头用

名 称	规格和型号	单位	按钻孔深度配备量/m					备 注
			100	300	600	1000	1500	
反丝锥子	30 ~ 45/54 母锥		2	2				打捞钻杆、钻杆接头用
	34 ~ 54/43 公锥			2	3	3	3	打捞钻杆、套管、岩心管
	44 ~ 64/43 公锥			2	3	3	3	
	12 ~ 27/43 公锥		2	2	2	2	2	打捞钻杆、钻杆接头用
	24 ~ 44/43 公锥		2	2	2	2	2	打捞钻杆、套管、岩心管
套管割刀	ϕ55	个		2	2			
	ϕ75					2	2	
	ϕ89						2	
吊锤	50kg	个	1	1				
	100kg				1	1	1	
打箍	ϕ43，ϕ50 正扣	个	2	2	2	2	2	根据所用钻杆，选配一种规格
	ϕ43，ϕ53 反扣		2	2	2	2	2	
冲击把手	ϕ43，ϕ50 正扣	个	2	2	2	2	2	
	ϕ43，ϕ53 反扣		2	2	2	2	2	
反丝钻杆	ϕ43	米	110	330				根据实际情况选配，分队或大队集中管理
	ϕ50			330	660	1200	1800	
反丝钻杆接头	ϕ43（公）	个	32	95				根据实际情况选配，由分队或大队集中管理。为提升与处理事故方便，每根钻杆分别配公母接头各一个
	ϕ43（母）		32	95				
	ϕ50（公）			95	160	270	400	
	ϕ50（母）			95	160	270	400	
反事故接头	ϕ43	个		2			2	
	ϕ50		2	2	2	2		
油压千斤顶4	40t	个		1	1			可配备至分队、矿区，单独作业机台可选配一种，括号中供选配时参考
	75t				1	1	1	
	100t					(1)		
	25t		1					
套管卡瓦	ϕ55	副	2	2				
	ϕ65			2				
	ϕ75		2	2	2	2		
	ϕ89				2	2	2	
	ϕ108				2	2		

名　称	规格和型号	单位	按钻孔深度配备量/m					备　注
			100	300	600	1000	1500	
钻杆卡瓦	φ43	副	2	2				
	φ50			2	2	2	2	
	φ53			2	2	2	2	
	φ73					2	2	
磁力打捞器	XD-500型 φ54	个	1	1	1	1	1	无锡钻探工具厂产品
	XD-500型 φ73				1	1	1	
	XD-500型 φ90						1	
反管器	根据实际钻具尺寸配备	个						由队上自己配备

12.10　钻头、扩孔器类

钻头、扩孔器选配见表12-9。

表12-9　钻头、扩孔器选配

名　称	规格和型号	单位	按钻孔深度配备量/m					备　注
			100	300	600	1000	1500	
普通硬质合金钻头	φ130	个		5	5	5	5	根据开孔直径选配
	φ110			5	5	5	5	
	φ91		5	5	5	5	5	
针状合金钻头	φ75	个			10	10	10	供开孔钻进用
	φ56 (59)		5	5	5	5		
金刚石钻头	φ75	个				18	18	
	φ56 (59)		14	14	14	18	18	
	φ46		10	10				
绳索取心金刚石钻头	φ75	个				14	18	只按开钻配备，不做消耗定额；75规格根据实际情况配备
	φ56			14	18	18	18	
扩孔器	φ75	个				6	6	
	φ56 (59)		6	6	6	6	6	
	φ46		3	3				
十字钻头	φ75							由野外队自行配备，加工图纸参见勘探技术研究所1977年印制的《小口径钻进用套管割刀、套管铣刀、平面铣刀、十字钻头》图
	φ56							
	φ46							

名　称	规格和型号	单位	按钻孔深度配备量/m					备　注
			100	300	600	1000	1500	
磨孔钻头	φ75							
	φ56							
	φ46							
掏心钻头	φ56（59）							参见《十字钻头》注
	φ46							
	φ36							
锥形铣刀	φ75							
	φ56（59）							
	φ46							
平面铣刀	φ75							
	φ56（59）							
	φ46							

12.11　常用材料类

常用材料选配见表 12 – 10。

表 12 –10　常用材料选配

名　称	规格和型号	单位	按钻孔深度配备量/m					备　注
			100	300	600	1000	1500	
高压胶管	化工部标准 HG₄ –406 –75	米	12	12	12	12	12	外径 38 ~ 40mm，内径 25mm，工作压力 10.78MPa
大麻绳		条	1	1	1	1	1	
卡簧	φ76、φ56（59）	个	10	10	15	25	25	普通小口径钻进用（不做消耗额数）
卡簧座			6	8	10	15	15	
短节			4	6	8	10	12	
卡簧	φ76、φ56（59）	个		10	15	25	25	绳索取心钻进用，具体规格根据实际需要配备
卡簧座				8	10	15	15	
短节				6	8	10	12	
钢丝绳	φ9.3mm	米	30					钻机升降机用
	φ12.5mm			50				
钢丝绳	φ18.5mm	米			100	120		
	φ19.5mm						140	
钢丝绳	φ4.8 ~ 5.1mm	米		350	700	1100	1600	绳索取心绞车用；也可作为测斜绞车钢绳
	φ3mm							

名 称	规格和型号	单位	按钻孔深度配备量/m					备 注
			100	300	600	1000	1500	
卡瓦	φ56 木马式	块		4	6	8	10	绳索取心附属器具
	φ76 木马式			4	6	8	10	
滑车	1t	个	1	1	1	1	1	
	1.5t					1	1	
吸水胶管		条	1	1	1	1	1	按选用水泵要求配备
泥浆循环槽	220 或 250×200	米	15	18	18	30	30	有选流除砂器、除泥器者配备长度可酌减
水源箱	2m³	个	2	2	2	3	3	
沉淀箱	0.5 m³	个	1	1	2	2	3	
流量箱	0.20 m³	个	1	1	1	1	1	
	0.50 m³					2	2	
泥浆罐	10 m³					1	2	
泥浆处理剂箱	0.5 m³	个	1	1	2	2	2	
端管器	φ73	套				1	1	
	φ53			1	1	1	1	
	φ50			1	1	1	1	
	φ43		1	1				
紧绳器	300mm	个	5	5	5	8	8	
小滑车	0.50t	个	2	2	2	2	2	
铁椅子	（软座）	把	1	1	1	1	2	
卡簧座扳手	S76					1	1	绳索取心钻进用
	S56			1	1	1	1	
塑料岩心箱	φ46、φ56（59）、φ76	个	5	5	10	10	10	供开孔用
丝扣油	自配	千克						

12.12 五金类

五金选配见表 12 – 11。

表 12 – 11 五金选配

名 称	规格和型号	单位	按钻孔深度配备量/m					备 注
			100	300	600	1000	1500	
游标卡尺	0 ~ 250mm	把	1	1	1	1	1	精度 0.02mm

名　称	规格和型号	单位	按钻孔深度配备量/m					备　注
			100	300	600	1000	1500	
钢卷尺	20m	个	1	1	1	1	1	包括机长、材料员各一个
	2m		6	6	6	6	6	
机上余尺尺杆	2m	根	1	1	1	1	1	可用轻型材料制作
电测水位计	φ40	套	1	1	1	1	1	包括测绳、测钟
铁水平尺	350mm（14″）	把	1	1	1	1	1	
地质罗盘		个	1	1	1	1	1	
活扳手	300×36	把	2	2	2	2	2	
	250×30		2	2	2	2	2	
	200×24		2	2	2	2	2	
管钳子	36″	把	2	2	2	2	2	
	24″		2	2	2	2	2	
	18″		1	1	1	1	1	
螺丝刀	大（250mm）	把	1	1	2	2	2	
	中（200mm）		2	2	2	2	2	
	小（150mm）		1	1	2	2	2	
电动螺丝把手		套	1	1	1	1	1	用电的机台配备
克丝钳	5000V200mm	把	1	1	1	1	1	
钢锯弓子	300mm	把	1	1	1	1	1	
锉刀	300mm（圆锉）	把	1	1	1	1	1	
	300mm（半圆锉）		1	1	1	1	1	
	300mm（半圆锉）		1	1	1	1	1	
	300mm（平锉）		1	1	1	1	1	
水桶	18L	个	3	4	4	4	5	
剪刀		把	1	1	1	1	1	
斧头		把	1	1	1	1	1	
工具袋		个	1	1	1	1	1	
油抽子		个	1	2	2	2	2	
机油壶	容积0.5kg	个	1	1	1	1	1	
黄油枪		个	1	1	1	1	1	
油漏子		个	1	1	1	1	1	
钢笔		支	3	4	4	4	4	
钢丝刷子		把	1	1	1	1	1	

名　称	规格和型号	单位	按钻孔深度配备量/m					备　注
			100	300	600	1000	1500	
铁筛子		个	1	1	1	1	1	
灭火器		个	4	4	4	5	5	
各类油桶		个	2	3	3	4	5	
安全带		条	4	6	6	6	6	非自己安装可酌减
试电笔	220V	支	4	4	4	4	4	
木锯		把	1	1	1	1	1	
铁锤	12磅	把	1	1	1	2	2	
	4磅		1	1	1	2	2	
	1磅		1	1	1	1	2	
橡皮锤	3磅	把	1	1	1	1	2	
算盘	9档	个	1	2	2	2	2	
电子计算器	+ – × ÷ % √	个	6	6	6	6	6	每班记录岗配一个、机长、材料员各一个
闹钟		个	4	4	4	4	4	每班配一个
台虎钳	250mm	个	1	1	1	1	1	
套筒扳手	17件袋	套	1	1	1	1	1	
丁字镐		把	1	1	1	1	1	
铁锹		把	2	2	2	2	2	
工具集装箱	自制	个	4～7	4～7	4～7	4～7	4～7	包括合金钻头、打捞工具、钻杆接手、各种钳子等分别装在各自规格的箱中
带背座椅工具箱	自制	个	4	4	4	4	4	每班配一个
钻头箱		个	4	4	4	4	4	
折叠式记录桌		张	1	1	1	1	1	
小黑板		块	1	1	1	1	1	
小阀门	2″	个	2	4	6	8	10	
	1.5″		2	4	6	8	10	
电动喷砂机		台	1	1	1	1	1	用于修复孕镶金刚石钻头
电动砂轮机		台	1	1	1	1	1	
放大镜	10倍	个	4	4	4	4	4	每班配一个

名　称	规格和型号	单位	按钻孔深度配备量/m					备　注
			100	300	600	1000	1500	
胶皮手套		双	4	4	4	4	4	
电暖褥	单人用	床						根据机台人数配备
保温水桶		个	1	1	1	1	1	
电饭锅	26cm	个	1	1	1	1	1	
椀灯（安全灯）		盏	1	1	1	1	1	
电炉	1000W	只	1	1	1	1	1	只作现场热饭烧水用
电风扇	16″	台	4	4	4	4	4	住在炎热、干燥矿区工作的每班配一台
洗衣机		台	1	1	1	1	1	
保健箱		个	1	1	1	1	1	

12.13　其他

其他选配见表 12-12。

表 12-12　其他选配

名　称	规格和型号	单位	按钻孔深度配备量/m					备　注
			100	300	600	1000	1500	
润滑剂	皂化溶解油	千克			240	480	800	1400	根据实际情况配备
聚丙烯酰胺	30% 水解度							
膨润土粉	造浆率 >10m³/t							
丝扣油	无锡工具厂产							

参 考 文 献

[1] 屠厚泽，高森. 岩石破碎学 [M]. 北京：地质出版社，1990.

[2] 张祖培，刘宝昌. 碎岩工程学 [M]. 北京：地质出版社，2004.

[3] 李世忠. 钻探工艺学（上册）[M]. 北京：地质出版社，1992.

[4] 李世忠. 钻探工艺学（中册）[M]. 北京：地质出版社，1989.

[5] 刘广志. 金刚石钻探手册 [M]. 北京：地质出版社，1991.

[6] 韩广德. 中国煤炭工业钻探工程学 [M]. 北京：煤炭工业出版社，2000.

[7] 张良弼，左汝强，陈小宁. 地质矿产行业标准汇编（五）[M]. 北京：中国标准出版
社，1998.

[8] 张士博. 钻头与钻具设计制造新工艺新技术与质量验收标准规范实务全书 [M]. 北京：
北方工业出版社，2005.

[9] 王达，何远信，等. 地质钻探手册 [M]. 长沙：中南大学出版社，2014.

[10] 张春波，等. 绳索取心金刚石钻进技术 [M]. 北京：地质出版社，1985.

[11] 王世光. 钻探工程（上册）[M]. 北京：地质出版社，1986.

[12] 王让甲. 金刚石钻探设备与工具 [M]. 北京：地质出版社，1986.

[13] 国土资源部. 岩心钻探规程 [M]. 北京：地质出版社，1992.

[14] 刘广志. 岩心钻探事故预防与处理 [M]. 北京：地质出版社，1982.

[15] 郭绍什. 钻探手册 [M]. 武汉：中国地质大学出版社，1993.

[16] 《钻探管材手册》编写组. 地质、水文、石油钻探管材手册 [M]. 北京：地质出版
社，1975.

[17] 李国民，刘宝林，李国萍. 绳索侧壁补心技术 [J]. 探矿工程，2009（增刊）：85 ~
86，99.

冶金工业出版社部分图书推荐

书　名	作　者	定价(元)
绳索取心钻探技术	李国民　等	39.00
环境地质学	陈余道	28.00
地质灾害治理工程设计	门玉明	65.00
工程地质学	张荫	32.00
土力学与基础工程	冯志焱	28.00
基坑支护工程	孔德森	32.00
岩土工程测试技术	沈扬	33.00
土力学	缪林昌	25.00
岩石力学	杨建中	26.00
建筑工程经济与项目管理	李慧民	28.00
土木工程施工组	蒋红妍	26.00
碎矿与磨矿技术问答	肖庆飞	29.00
滑坡演化的地质过程分析及其应用	王延涛	23.00
地质学（第5版）	徐九华	48.00
黄土滑坡灾害特征及其防治对策	陈新建　等	39.00
复合散体边坡稳定及环境重建	李示波	38.00